大学物理实验新教程

主编 王廷志

苏州大学出版社

图书在版编目(CIP)数据

大学物理实验新教程/王廷志主编. —苏州:苏州大学出版社,2015.12(2024.1重印)
ISBN 978-7-5672-1565-8

Ⅰ. ①大… Ⅱ. ①王… Ⅲ. ①物理学－实验－高等学校－教材 Ⅳ. ①O4-33

中国版本图书馆 CIP 数据核字(2015)第 276989 号

大学物理实验新教程

王廷志　主编

责任编辑　周建兰

苏州大学出版社出版发行
(地址:苏州市十梓街1号　邮编:215006)
常熟市华顺印刷有限公司印装
(地址:常熟市梅李镇梅南路218号　邮编:215511)

开本 787 mm×1 092 mm　1/16　印张 19.25　字数 480 千
2015 年 12 月第 1 版　2024 年 1 月第 12 次修订印刷
ISBN 978-7-5672-1565-8　定价:59.00 元

苏州大学版图书若有印装错误,本社负责调换
苏州大学出版社营销部　电话:0512-65225020
苏州大学出版社网址　http://www.sudapress.com

前 言

本书是根据教育部高等学校物理学与天文学教学指导委员会2008年颁布的《理工类大学物理实验课程基本要求》的精神,结合我校物理实验的实际情况,总结我校多年来物理实验教学改革和课程建设实践的基础上编写而成的.

学生在学习物理实验课程时,主要面临两大问题:第一是看不懂实验教材、看不到实验器材,第二是从中学不到创新思想.本书力求在以上两点取得突破.本书的创新点如下:第一,在实验内容部分,除给出原理图外,还给出实物图,用图文并茂的方式讲明实验内容及操作技巧;第二,在知识拓展部分,主要讲述与该实验有关的科学家传记、历史背景、创新过程,力求将物理学史融入具体的实验之中.显然,第一点创新主要是让学生看懂教材,第二点创新则是让学生开阔视野、陶冶情操,从中学到如何做人、如何学习、如何生活、如何创新.

全书共分为六章:第1章重点介绍物理实验的基本知识,包括测量误差、测量结果的不确定度评定和实验数据处理的基本方法;从第2章到第6章依次为:基础性实验、提高性实验、研究性实验、科研训练实验和实验拓展.从第2章到第4章共介绍了27个不同层次的大学物理实验,在一些实验后面附有相应的设计性实验,每个实验按实验目的、实验仪器、实验原理、实验内容、实验数据记录及处理、知识拓展等顺序编写.第5章是科研训练实验,主要介绍了实验中心一些教师的科研方向,希望有科研兴趣的同学及时联系相关教师,早日进入科研实战状态,将科研训练、毕业设计及进一步深造的方向规划为一个目标链,使自己的科研沿着一个主方向向纵深发展.第6章是实验拓展,主要介绍基于现有实验基础上的一些研究,使同学们在做了相关实验后,从中学到一些科研思路.附录1给出了第1章习题的参考答案,附录2列出了常用的物理实验参数,以方便读者查阅.

本书由王廷志、史苏佳、陈健、朱纯、聂延光、叶恩钾、刘诚、谢广喜、张成亮、史海峰编写.其中,前言,实验8、10、11、12、14、16、25、26、33,实验拓展4、5、6由王廷志编写;绪论、第1章的3、4节,实验1、5、7、9、13、18、24、27以及附录1由史苏佳编写;第1章的1、2节,实验2、15、19、21以及实验拓展1、2、3、9由陈健编写;实验6、17、20、30和附录2由朱纯编写;实验3、22由聂延光编写;实验4、23、31由叶恩钾编写;实验拓展7、8由谢广喜编写;实验32由刘诚编写;实验28由张成亮编写;实验29由史海峰编写.全书由王廷志统稿和修改定稿.本书在编写过程中,参阅了我校历年编写的物理实验教材、讲义和许多兄弟院校的教材及网上的相关资料,得到了江南大学理学院领导和物理实验中心全体人员的大力支持,在此一并表示衷心的感谢.

由于编者水平有限,加上时间仓促,书中还有不完善和需要改进之处,恳请广大读者和同行专家批评指正.

编者
2017年9月于江南大学

绪论 ·· 1

第1章 误差理论与实验数据处理 ·· 7

    第1节 测量与误差 ·· 7
    第2节 测量结果的不确定度评定 ·· 12
    第3节 有效数字及运算规则 ··· 17
    第4节 实验数据处理的基本方法 ·· 21
    练习题 ··· 29

第2章 基础性实验 ·· 30

    实验1 长度测量 ·· 30
    实验2 金属杨氏弹性模量的测定 ·· 37
    实验3 二极管伏安特性的测定 ··· 44
    实验4 电桥法测铜电阻温度系数 ·· 55
    实验5 示波器的使用 ·· 61
    实验6 磁感应强度的测定 ·· 72
    实验7 薄透镜焦距的测定 ·· 77
    实验8 牛顿环干涉 ·· 84
    实验9 分光计的调节与使用 ··· 91
    实验10 迈克耳孙干涉仪的调节与使用 ·· 102

第3章 提高性实验 ··· 108

    实验11 箱式电位差计的使用及热电偶温差电动势的测定 ···························· 108
    实验12 双光束干涉测光波波长 ··· 116
    实验13 衍射光栅常数和谱线波长的测定 ·· 123
    实验14 声速的测定 ·· 127
    实验15 碰撞打靶研究抛体运动 ··· 132
    实验16 利用光电效应法测普朗克常数 ··· 138
    实验17 模拟电冰箱制冷系数的测量 ·· 146
    实验18 音频信号光纤传输技术实验 ·· 151
    实验19 液晶电光效应实验 ·· 161

第4章 研究性实验 ... 171

- 实验 20 波尔共振实验 ... 171
- 实验 21 夫兰克-赫兹实验 ... 180
- 实验 22 电子顺磁共振实验 ... 188
- 实验 23 扫描 Fabry-Perot 干涉仪及其在塞曼效应等高分辨率光谱检测中的应用 ... 194
- 实验 24 电子束(比荷测量)实验 ... 208
- 实验 25 磁悬浮动力学基础及碰撞(Z、N)设计性实验 ... 224
- 实验 26 多普勒效应的研究与应用 ... 235
- 实验 27 转动惯量与切变模量的测量 ... 247

第5章 科研训练实验 ... 255

- 实验 28 磁性相变功能材料研究 ... 255
- 实验 29 半导体光催化研究及实验 ... 258
- 实验 30 基于荧光光谱分析的食品安全检测 ... 262
- 实验 31 低维纳米材料器件中的电子输运 ... 264
- 实验 32 PIE 成像技术 ... 266
- 实验 33 创新实验室与专利申请 ... 267

第6章 实验拓展 ... 271

- 实验拓展 1 物理实验常用的基本测量方法 ... 271
- 实验拓展 2 分光计的等距离调节法 ... 276
- 实验拓展 3 关于牛顿环调整的误差考虑 ... 277
- 实验拓展 4 分光计的调节技巧 ... 278
- 实验拓展 5 光电效应实验对原创能力的培养 ... 280
- 实验拓展 6 磁感应强度的测定实验对原创能力的培养 ... 284
- 实验拓展 7 类比——创造性思维的起点 ... 287
- 实验拓展 8 从可测量函数观点理解大学物理实验模型的理论建构 ... 288
- 实验拓展 9 一体型激光杨氏模量测定仪 ... 290

附录 1 第 1 章练习题参考答案 ... 293

附录 2 物理实验常用数据 ... 293

参考文献 ... 299

绪 论

一、物理实验课程的任务

物理实验是高等学校对学生进行科学实验基本训练的重要基础课程,是本科生接受系统实验方法和实验技能训练的开端.物理实验是科学实验的先驱,体现了大多数科学实验的共性,是各学科科学实验的基础.

物理实验课程覆盖面广,具有丰富的实验思想、方法、手段,同时能提供综合性很强的基本实验技能训练,是培养学生科学实验能力、提高科学素质的重要基础.它在培养学生严谨的科学态度、活跃的创新意识、理论联系实际和适应科技发展的综合应用能力等方面,具有其他实践类课程不可替代的作用.

本课程的具体任务是:

1. 培养学生科学实验技能,提高学生科学实验素质,使学生初步掌握科学实验的思想和方法,培养科学思维和创新意识,提高学生发现问题、分析问题和解决问题的能力.

2. 提高学生科学素养,培养学生理论联系实际和实事求是的科学作风,认真严谨的科学态度,积极主动的探索精神,遵守纪律、团结协作、爱护公共财产的优良品质.

二、实验教学的基本要求

物理实验教学的基本要求如下:

1. 掌握测量误差的基本知识,具有正确处理实验数据的基本能力.

(1)掌握测量误差与不确定度的基本概念,逐步学会用不确定度对直接测量和间接测量的结果进行评估.

(2)掌握处理实验数据的一些常用方法,包括列表法、作图法、逐差法和最小二乘法等,学习使用计算机通用软件处理实验数据.

2. 掌握基本物理量的测量方法,了解数字化测量技术在物理实验中的应用.

例如,长度、质量、时间、温度、压强、压力、电流、电压、电阻、磁感应强度、光强度、折射率、电子电荷、普朗克常量等常用物理量及物理参数的测量.

3. 了解常用的物理实验方法,并逐步学会使用.

例如,比较法、转换法、放大法、模拟法、补偿法、平衡法和干涉、衍射法,以及在近代科学研究和工程技术中广泛应用的其他方法.

4. 掌握实验室常用仪器的性能,并能够正确使用.

例如,长度测量仪器、计时仪器、测温仪器、变阻器、电表、交/直流电桥、通用示波器、低频信号发生器、分光仪、光谱仪、常用电源和光源等仪器.

5. 掌握常用的实验操作技术.

例如,零位调整、水平/铅直调整、光路的共轴调整、消视差调整、逐次逼近调整、根据给定的电路图正确接线、简单的电路故障检查与排除等.

6. 了解物理实验史和物理实验在现代科学技术中的应用知识.

三、能力培养的基本要求

通过物理实验课程的学习,重点培养以下几方面的能力:

1. 独立实验的能力.

能够通过阅读实验教材、查询有关资料和思考问题,掌握实验原理与方法,理解实验思想与设计思路.正确使用仪器设备,独立完成实验内容.科学观测实验现象,正确记录和处理实验数据,科学表达实验结果,撰写合格的实验报告,逐步形成自主实验的基本能力.

2. 分析与研究的能力.

能够融合实验原理、设计思想、实验方法及相关的理论知识,对实验结果进行分析、判断、归纳与综合.掌握通过实验进行物理现象和物理规律研究的基本方法,培养基本的实验分析与研究能力.

3. 理论联系实际的能力.

能够在实验中发现问题、分析问题并学习解决问题,逐步提高综合运用所学知识和技能解决实际问题的能力.

4. 实验创新能力.

能够完成符合规范要求的设计性、综合性实验,进行初步的实验研究与设计,增强学习的主动性和创新意识,逐步培养实验创新能力.

四、实验课程的具体要求

物理实验课程要求学生在教师指导下独立完成每次的实验任务,具体要求做好以下几方面的工作:

1. 课前预习.

提前做好实验预习工作,仔细阅读实验教材,明确实验目的,理解实验原理,了解实验内容和步骤,了解实验仪器的使用方法,明确实验要测量哪些物理量、如何测量,设计实验数据表格,在预习的基础上撰写实验预习报告.

每次实验前指导教师检查学生预习情况,合格后方可进行实验.对未认真预习的学生可做适当处理,直至取消其实验资格.

2. 课堂实验.

按课表规定或预约的时间进行实验,不得无故缺席或迟到、早退.

严格遵守实验操作规程和注意事项,以科学的态度独立完成实验.

上实验课应携带文具、计算器、草稿纸、作图纸等必要的实验用具.实验过程中保持良好的实验环境,不大声讲话,注意环境卫生.爱护仪器设备,注意实验安全,不得擅自搬弄、拆卸仪器.如有违规操作造成人为损坏的,照章赔偿.

实验前,合理安排好仪器的位置,需要经常调整和测量的仪器一般置于近处,以方便操作和读数.

实验时,首先对仪器进行必要的调整,如水平调节、垂直调节、零位调节、量程选择等.实验过程中遇到问题或故障,应自己动脑分析,力求自我排除.经努力不能自行解决的问题可报告指导教师协助解决.

测量时,仔细观察实验现象,将数据整齐记录在数据表格中,特别注意有效数字.

测量结束后,请教师检查实验数据.如有错误或遗漏,须重做或补做.原始数据经教师审查签字,并整理好仪器设备、将桌面和凳子收拾整齐后方可离开实验室.

3. 撰写实验报告.

按照一定的格式和要求表达实验过程和结果的文字材料称为实验报告.它是实验工作的全面总结和系统概括,是实验工作中不可缺少的一个环节.写实验报告的过程,是对所测取的数据加以处理,对所观察的现象加以分析并从中找出客观规律和内在联系的过程.因此,书写实验报告,对于理工科大学生来讲,是一种必不可少的基础训练,同时也是培养学生将来从事科学研究和工程技术开发论文书写的基础,同学们应认真对待.书写实验报告要使用统一规格的实验报告纸,要求字迹端正、文字通顺、内容简明扼要、数据记录整洁、图表规范、结果正确、讨论认真.

一份完整的实验报告通常包括下述内容:① 实验名称;② 实验目的;③ 实验原理;④ 实验仪器设备;⑤ 实验内容及步骤;⑥ 数据记录及处理;⑦ 小结或讨论;⑧ 原始实验数据草表.该表作为附件附在实验报告后面,交实验报告时一并交给指导老师.

(1) 实验名称.

实验报告的名称,又称标题,列在报告的最前面.实验名称应简洁、鲜明、准确.字数要尽量少,一目了然,能恰当反映实验的内容.

(2) 实验目的.

实验目的,通常教材都给予明确阐述,但在具体实验过程中,有些内容并不进行,或实验内容做了改变.因此,不能完全照搬书本,应按课堂要求并结合自己的体会来写,简明扼要地说明为什么要进行本实验,实验要解决什么问题.

(3) 实验原理.

在理解的基础上,用简短的文字扼要地阐述实验原理,切忌整篇照抄,力求做到图文并茂.具体要求如下:

① 画出必要的电路图、光路图或实验装置示意图,如图不止一张,应依次编号.

② 必须有简明扼要的语言文字叙述,用自己的语言进行归纳阐述,文字务必清晰、通顺.

③ 写明实验所用的公式及简要的推导过程,说明式中各物理量的意义和单位以及公式的适用条件.

(4) 实验仪器设备.

每一个实验中用到的仪器设备是根据实验内容的要求来配置的,在书写这部分内容时应根据实验的实际情况如实记录仪器的名称、型号、规格和数量,不要照抄教材.电磁学实验中普通连接导线不必记录,写上导线若干即可,但特殊的连接电缆必须注明.

(5) 实验内容及步骤.

简明扼要地写出实验的主要内容,根据实际操作程序,按时间的先后划分为几个步骤,并在前面标上1、2、3……使实验内容条理清晰.

(6) 数据记录及处理.

数据记录是将实验过程中记录在原始数据记录表格里、从测量仪表所读取的实验数据重新整理填入画好的数据表格.

数据处理是把测量所得的原始数据根据不确定度的估算、测量结果的表示方法以及数据处理的基本方法来进行处理. 例如, 采用作图法、图解法时, 根据作图法的要求, 画出相关的曲线后再求解.

(7) 小结或讨论.

这部分内容不限, 可以从理论上对实验结果进行客观的评价, 对实验中出现的异常现象进行讨论, 分析误差的大小和产生的原因以及如何提高测量精度, 指出实验中存在的问题, 总结实验的收获或心得体会, 回答问题等.

附: 实验报告范例

一、实验名称

衍射光栅常数和谱线波长的测定.

二、实验目的

1. 进一步掌握分光计的调节和使用方法.
2. 观察光栅衍射现象, 测定光栅常数和汞原子光谱的部分谱线的波长.

三、实验原理

如图 1 所示, 根据夫琅和费的衍射理论, 当一束平行单色光垂直入射到光栅面上时, 光通过每个狭缝都发生衍射, 所有狭缝的衍射光又彼此产生干涉. 相邻两狭缝对应点射出的光线到达 P 的光程差为 $\Delta = d\sin\varphi_k$, 当此光程差等于入射光波长 λ 的整数倍时, 多光束干涉使光振动加强, 则产生一明条纹. 光栅衍射产生明条纹的条件为

$$d\sin\varphi_k = k\lambda, \quad k = 0, \pm 1, \pm 2, \cdots \tag{1}$$

式(1)称为光栅衍射方程. 若已知某一条光谱线的波长为 λ, 测出该光谱线第 k 级明条纹对应的衍射角为 φ_k, 便可计算出所使用光栅的光栅常数 d. 反过来也可以用此式计算波长 λ.

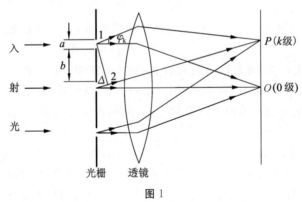

图 1

四、实验仪器

JJY-1 型分光计、复制光栅、汞灯各 1 件.

五、实验内容和步骤

1. 按图1, 将光栅放置在分光计平台中央, 使平台调平螺丝 B_1、B_2 的连线与光栅面垂直, 以光栅面作为反射面, 用自准直法和各半调节法使望远镜只能接受平行光, 望远镜光轴与分光计主轴垂直.

2. 开启汞灯照亮平行光管的狭缝, 将望远镜转至对准平行光管狭缝处, 以望远镜为基

准,使狭缝像于望远镜的中央,松开狭缝装置锁紧螺丝,前后伸缩狭缝装置,使狭缝像边缘清晰;旋转狭缝装置,使狭缝像竖直;调狭缝宽度螺丝,使狭缝像尽量细狭,但中间不要出现断痕.

3. 为了使平行光管发出的平行光垂直入射到光栅平面上,可使望远镜对准平行光管,转动望远镜,使零级明条纹与望远镜中分划板上竖直叉丝重合,调节平行光管下倾斜螺丝,使零级明条纹被望远镜中分划板上水平叉丝平分,这时平行光管发出的平行光垂直照射光栅;然后转动平台,使反射十字像落在望远镜分划板叉丝的上方交点处,此时望远镜光轴垂直于光栅平面.

4. 转动望远镜,观察汞灯发出的衍射光谱的分布情况,在中央零级明条纹的两边,对称地排列±1级和±2级光谱线组,如左右谱线有高低,是因为光栅上的刻痕与转轴不平行,可调节平台调平螺丝B_3使全部谱线高低一致.

5. 依次测出-1级和$+1$级的绿、蓝、黄$_1$、黄$_2$谱线的各方位角θ_{+1}和θ_{-1}.

六、数据记录及处理

（一）数据记录

实验数据记录如表1所示.

表1

		θ_{+1}	θ_{-1}	$|\varphi_1|$	$|\bar{\varphi}_1|$
汞紫谱线	左窗读数	286°20′	256°16′	15°2′	15°2′
	右窗读数	106°21′	76°18′	15°2′	
汞绿谱线	左窗读数	290°22′	252°19′	19°2′	19°2′
	右窗读数	110°23′	72°20′	19°2′	
汞黄$_1$谱线	左窗读数	291°28′	251°10′	20°9′	20°9′
	右窗读数	111°29′	71°11′	20°9′	
汞黄$_2$谱线	左窗读数	291°29′	251°9′	20°10′	20°10′
	右窗读数	111°30′	71°10′	20°10′	

（二）数据处理

1. 计算光栅常数d.

已知汞绿谱线的波长$\lambda=546.1$ nm,则光栅常数

$$d=\frac{\lambda}{\sin\bar{\varphi}_{1绿}}=\frac{546.1}{\sin 19°2′}\text{nm}=1\ 674.5\ \text{nm}$$

2. 计算汞紫谱线、汞黄$_1$谱线、汞黄$_2$谱线的波长,并计算测量值和标准值之间的百分误差E.

（1）$\lambda_{紫测}=d\sin\bar{\varphi}_{1绿}=1\ 674.5\times\sin 15°2′\ \text{nm}=434.3\ \text{nm}$

已知$\lambda_{紫标}=435.1$ nm,则

$$E_{紫}=\frac{|\lambda_{紫测}-\lambda_{紫标}|}{\lambda_{紫标}}\times100\%=\frac{|434.3-435.1|}{435.1}\times100\%=0.18\%$$

（2）$\lambda_{黄_1测}=d\sin\bar{\varphi}_{1黄_1}=1\ 674.5\times\sin 20°9′=576.8\ \text{nm}$

已知 $\lambda_{黄_1标}=577.0$ nm，则

$$E_{黄_1}=\frac{|\lambda_{黄_1测}-\lambda_{黄_1标}|}{\lambda_{黄_1标}}\times 100\%=\frac{|576.8-577.0|}{577.0}\times 100\%=0.035\%$$

(3) $\lambda_{黄_2测}=d\sin\bar{\varphi}_{1黄_2}=1\,674.5\times\sin 20°10'$ nm $=577.3$ nm

已知 $\lambda_{黄_2标}=579.0$ nm，则

$$E_{黄_2}=\frac{|\lambda_{黄_2测}-\lambda_{黄_2标}|}{\lambda_{黄_2标}}\times 100\%=\frac{|577.3-579.0|}{579.0}\times 100\%=0.29\%$$

七、原始实验数据草表

略。

第 1 章

误差理论与实验数据处理

大学物理实验中,除了要定性地观察各种物理现象外,还要定量地测量相关物理量,并通过对实验数据的具体分析和处理,得出确切的实验结论.因此,误差理论与实验数据处理是物理实验的必备基础,也是实验工作者必须掌握的基本知识和开展科学实验的前提.

本章重点介绍误差理论与实验数据处理的基本知识,包括测量与误差、测量结果的不确定度评定、有效数字和运算规则以及实验数据处理的基本方法.

第 1 节 测量与误差

测量及其分类

一、测量

所谓测量,是指用一定的计量工具或仪器,通过实验的方法,直接或间接地与被测对象进行比较,从而获得测量结果的过程.测量是物理实验的重要内容和基本手段,是获得实验数据的必要途径.一个物理量的完整测量结果包括该物理量的数值、单位以及结果的可信赖程度(用不确定度表示).

二、测量的分类

1. 直接测量与间接测量.

按测量手段的不同,可将测量分为直接测量与间接测量.

直接测量是用测量仪器直接获得测量结果的测量.例如,用米尺测身高,用秤测物体质量,用秒表测单摆的摆动周期,用电压表测电压等.直接测量是物理实验中最基本、最常见的一种测量方式.

间接测量是借助待测量与其他物理量之间的函数关系,由直接测量的物理量经过计算间接获得的测量.例如,在用伏安法测电阻实验中,测出电阻两端的电压 U 和流过电阻的电流 I,依据欧姆定律 $R=\dfrac{U}{I}$,求出待测电阻 R.这里的电压 U、电流 I 是直接测量量,而电阻 R 是间接测量量.

有些物理量既可以直接测量,也可以间接测量,这主要取决于测量条件、测量要求、测量方法和使用的仪器.例如,我们可以用伏安法间接测量电阻,也可以用万用表的电阻挡直接测量电阻.直接测量是一切测量的基础.随着科学技术的发展和测量仪器的开发,很多原来只能间接测量的量,现在都可以直接测量了.变间接测量为直接测量,有利于简化测量过程,是实验仪器设计开发的一条思路.

2. 单次测量与多次测量.

按测量次数的不同,可将测量分为单次测量和多次测量.

单次测量是指由于条件限制等原因,只对待测量测一次.例如,百米赛跑的时间测量,公路上的车速监控测量等.

多次测量是指对待测量进行多次重复的测量.从避免测量失误、提高测量准确程度来看,多次测量的好处是显而易见的.因此,在可能的条件下,应提倡对待测量进行多次测量.

多次测量要比单次测量花费较多的时间,有时还要花费较多的费用.因此,对待测量到底是采取单次测量还是采取多次测量,应在确保获得有效测量结果的前提下具体情况具体分析.

3. 等精度测量与非等精度测量.

按测量条件的不同,可将测量分为等精度测量与非等精度测量.

等精度测量是指在同等实验条件下对某一物理量进行的多次重复测量.例如,同一个实验者,用同一台仪器、采用同一种方法、在同样环境下对同一物理量进行的多次重复测量.由于没有任何依据来判断某次测量一定比另一次测量更精确,因此可认为这一系列的测量是等精度的.

非等精度测量是指在不同实验条件下对某一物理量进行的多次重复测量.例如,对某一物理量用不同仪器进行的测量,用不同方法进行的测量,在不同温度下进行的测量等.由于测量条件发生了改变,因而测量的结果可认为是不等精度的.

在物理实验中,凡是要求对某物理量进行多次重复测量的均指等精度测量.本课程中有关误差理论和实验数据的讨论,都是以等精度测量为前提的.

误差及其分类

一、真值与误差

任何一个物理量都有它的客观大小,这个客观存在的值称为该物理量的真值(true value).测量的目的就是希望能够获得该真值.但由于受测量方法、测量仪器、测量条件以及观测者水平等多种因素的限制,任何测量值都不可能绝对精确地与真值完全一致,测量值与真值之间往往存在一定的偏差,这种偏差称为测量误差,简称误差(error).

设某物理量的测量值为 x,相应的真值为 x_0,则测量误差 Δx 为

$$\Delta x = x - x_0 \tag{1-1}$$

Δx 反映了测量值偏离真值的大小和方向,因此又称为绝对误差(absolute error).由于 x 可能大于 x_0,也可能小于 x_0,因此绝对误差 Δx 可正可负.绝对误差是一个有量纲的量.

绝对误差与真值的大小之比称为相对误差(relative error),记为

$$E(x) = \left|\frac{\Delta x}{x_0}\right| \times 100\% = \left|\frac{x-x_0}{x_0}\right| \times 100\% \tag{1-2}$$

相对误差是一个无量纲的量,通常又称为百分误差(percentile error).

由于物理量的真值虽然客观存在,但无法确切知道,因而误差也就无法精确求出.在一些具体问题中,可以用理论值、公认值或约定真值代替 x_0 来估算误差.后面我们将改用不确定度来评定测量结果.

二、误差的分类

根据误差产生的原因,可将误差分为系统误差与随机误差两大类.

1. 系统误差(systematic error).

系统误差是由于测量系统不完善而产生的误差.测量系统具有广义性,包括测量仪器、测量方法、测量环境和测量者等.系统误差的来源主要有以下几个方面:

(1) 仪器误差.

由于仪器本身的缺陷或没有按规定条件使用仪器而造成的误差.例如,仪器刻度不准、精度不够、安装调整不当等引起的误差.

(2) 理论误差.

由于实验所依据的理论公式的近似性或实验方法本身不完善所引起的误差.例如,用单摆测重力加速度实验中所用的公式 $g=4\pi^2\dfrac{l}{T^2}$ 本身就是近似公式;又如,在实验中忽略摩擦、散热、接触电阻等引起的误差.

(3) 环境误差.

由于测量环境不满足要求或环境不稳定而产生的误差.例如,测量过程中环境温度、湿度、气压变化引起的误差,如材料发生热胀冷缩等.

(4) 操作误差.

由于观测者个人感官和运动器官的反应不同或不良观测习惯所引起的误差.例如,观测方位不当,操作动作总是超前或滞后等引起的误差.

系统误差的特征是具有确定性,即在同一条件下对同一物理量进行多次测量时,系统误差的大小恒定,方向一致(测量值要么总是偏大,要么总是偏小);或当测量条件改变时,误差按某一确定的规律变化(如线性变化、周期性变化等).

在具体实验中,如能确切掌握系统误差的大小和变化规律,则可在测量过程中采取措施予以消除,或对测量结果进行系统误差的修正.例如,用游标卡尺或螺旋测微计测量工件尺寸时,若零点不对,应记下零点读数,对测量值进行零点修正,以消除系统误差.如果系统误差的大小和变化规律不能确切掌握,则一般难以做出修正,只能估计出它的极限范围.

2. 随机误差(random error).

随机误差是由实验中的各种随机因素产生的误差.引起随机误差的原因有很多.例如,电源电压的波动,空间电磁波的干扰,气流的变化,估计某次读数时可能偏大或偏小等.

随机误差的特点是具有随机性,即在同一条件下对同一物理量进行多次重复测量时,测量值的随机误差时大时小,时正时负,因而难以控制.对物理量进行多次测量可以减小随机误差,并可用统计方法估算出随机误差的大小.

假设系统误差已经修正,当测量次数足够多时,随机误差的分布具有明显的统计规律性.大多数情况下,随机误差服从正态分布(又称高斯分布),其函数表达式为

$$f(x) = \frac{1}{\sqrt{2\pi}\sigma} e^{-\frac{(x-x_0)^2}{2\sigma^2}} \qquad (1\text{-}3)$$

式中 $x - x_0$ 为测量值 x 的随机误差；$f(x)$ 是 x 的概率密度函数；σ 是该函数的一个参数，称为正态分布的标准误差，它是将各次测量的误差的平方取平均值后再开方，故又称"方均根误差"，即

$$\sigma = \sqrt{\frac{\sum_{i=1}^{n}(x_i - x_0)^2}{n}} \quad (n \to \infty \text{ 时}) \qquad (1\text{-}4)$$

正态分布曲线如图 1-1 所示，它是一条中间高两边低的钟形曲线．图中横坐标 x 表示测量值，纵坐标 $f(x)$ 表示 x 的概率密度．图中概率密度最大值对应的横坐标 x_0 就是测量量的真值；横坐标上任一点 x_i 到 x_0 的距离 $\Delta x_i = x_i - x_0$ 就是第 i 个测量值的随机误差；$x_0 - \sigma$ 和 $x_0 + \sigma$ 为曲线拐点的横坐标．

图中曲线与 x 轴之间的面积表示测量值 x 在某一范围内的概率，用 P 表示．概率密度函数满足归一化条件

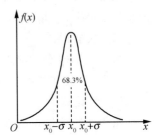

图 1-1　正态分布曲线

$$\int_{-\infty}^{+\infty} f(x) \mathrm{d}x = 1 \qquad (1\text{-}5)$$

上式代表图中曲线下方的总面积为 1，即在 $(-\infty, +\infty)$ 范围内，$P = 1$．给定区间不同，则测量值出现的概率也不同．这个给定的区间称为置信区间，相应的概率称为置信概率．

由下列定积分计算，可得测量值 x 落在置信区间 $(x_0 - \sigma, x_0 + \sigma)$ 或误差落在 $(-\sigma, \sigma)$ 内的概率为

$$\int_{x_0 - \sigma}^{x_0 + \sigma} f(x) \mathrm{d}x = 0.683 = 68.3\% \qquad (1\text{-}6)$$

同理，可得误差落在 $(-2\sigma, 2\sigma)$ 内的置信概率为 95.4%，落在 $(-3\sigma, 3\sigma)$ 内的置信概率为 99.7%．由于测量值误差超过 $\pm 3\sigma$ 范围的情况几乎不会出现，所以把 3σ 称为极限误差．

由图 1-1 可见，服从正态分布的随机误差具有以下特点：

(1) 单峰性．

正态分布曲线只在 $x = x_0$ 处有一极大值，形成曲线的单峰．x 取临近 x_0 的值的概率大，取远离 x_0 的值的概率小，说明绝对值小的随机误差出现的概率大，绝对值大的随机误差出现的概率小．

(2) 对称性．

曲线关于 x_0 对称，在 x_0 的两侧，绝对值相等的正负误差出现的概率相同．

(3) 有界性．

绝对值很大的随机误差出现的概率趋于零，即误差的绝对值不超过一定的界限，3σ 为极限误差．

(4) 抵偿性．

随机误差的算术平均值随着测量次数的增加而趋于零，即

$$\lim_{n \to \infty} \frac{\sum_{i=1}^{n}(x_i - x_0)}{n} = 0$$

所以有

$$\lim_{n\to\infty}\frac{\sum_{i=1}^{n}x_i}{n}=x_0$$

上式表明,若排除系统误差,在测量次数 $n\to\infty$ 时,各测量值的算术平均值即为真值.因此,增加测量次数可以减小随机误差,使算术平均值趋于真值.

实际上测量次数总是有限的.在等精度多次测量的情况下,如果测量次数 n 不太小,仍可用测量值的算术平均值

$$\overline{x}=\frac{1}{n}\sum_{i=1}^{n}x_i \tag{1-7}$$

作为真值的最佳近似值.根据误差理论,算术平均值的标准偏差为

$$\sigma=\sqrt{\frac{\sum_{i=1}^{n}(x_i-\overline{x})^2}{n(n-1)}} \tag{1-8}$$

可以证明,x 落在置信区间 $(\overline{x}-\sigma,\overline{x}+\sigma)$ 内的概率为 68.3%.

由正态分布曲线和上述讨论可见,σ 大,则随机误差分布的离散程度大;σ 小,则随机误差分布的离散程度小.

以上讨论的误差不包括由于实验者在操作、计数、记录和运算等过程中出现失误而使测量值明显偏离真值所造成的过失误差(又称粗大误差).在实验过程中应尽量避免过失误差的出现,并按一定原则分析判断和剔除这类误差.

测量的精密度、正确度和精确度

对于实验测量结果的优劣,常用精密度、正确度和精确度来评价.

一、精密度(precision of measurement)

精密度是指对同一物理量进行多次重复测量时,各测量值之间的彼此接近程度.精密度反映随机误差的大小:精密度越高,说明各测量值越接近,随机误差越小;反之,精密度越低,说明各测量值越离散,随机误差越大.

二、正确度(correctness of measurement)

正确度是指测量值与真值的接近程度.正确度反映系统误差的大小:正确度越高,说明测量值越接近真值,系统误差越小;反之,正确度越低,说明测量值越偏离真值,系统误差越大.

三、精确度(accuracy of measurement)

精确度是指测量结果的重复性与接近真值的综合好坏程度.精确度全面反映了随机误差和系统误差的大小程度,精确度高,说明精密度和正确度都高.精确度又称准确度.

精密度、正确度和精确度的意义及相互关系,可以用打靶时子弹着靶点的位置及分布来形象地理解,参见图 1-2,图中靶心代表被测量的真值,黑点代表各测量值.

通常所说的测量精度或计量器具的精度,一般即指精确度(准确度).

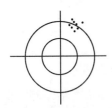 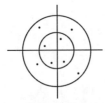 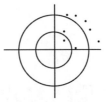 

  精密度高，正确度低 正确度高，精密度低 精密度和正确度均低 精密度和正确度均高，精确度高

图 1-2 精密度、正确度和精确度的相互关系

第 2 节 测量结果的不确定度评定

 不确定度的概念及分类

一、不确定度的概念

  由于测量误差不可避免,使得真值无法确定.为合理评价测量结果的可靠程度,1993 年国际计量组织(BIPM)、国际标准化组织(ISO)、国际电工委员会(IEC)、国际理论与应用物理联合会(IUPAP)、国际临床化学联合会(IFCC)、国际理论与应用化学联合会(IUPAC)和国际法制计量组织(OIML)七个国际组织联合发布了"测量不确定度表示指南"(Guide to the Expression of Uncertainty in Measurement,简称 GUM),为计量标准的国际对比和测量结果评定方法的统一奠定了基础.我国国家计量技术规范中,也明确提出采用不确定度来评定测量结果.

  测量结果的不确定度(uncertainty)表示由于测量误差的存在而使测量值偏离真值的不确定程度.不确定度是表征测量结果可靠程度的一个参数,它给出了一个取值范围,被测量的真值以一定的概率(如 $P=68.3\%$)包含在该范围内.

  目前,不确定度在物理实验的结果评定中已得到广泛应用.但由于与不确定度相关的各种法规文件不只是针对物理实验制定的,因而在结合物理实验具体应用时,不确定度的评定和表示方法不尽统一.本教材介绍对物理实验较为适用的、通用性和可操作性较强的不确定度评定与表示方法,其中进行了一定程度的简化.

二、不确定度的分类

  测量量 x 的不确定度用 $u(x)$ 表示,它由 A 类不确定度 $u_A(x)$ 和 B 类不确定度 $u_B(x)$ 这两个分量组成,其中 A 类不确定度 $u_A(x)$ 是采用统计方法评定的不确定度,B 类不确定度 $u_B(x)$ 是采用非统计方法评定的不确定度.

  总不确定度 $u(x)$ 由 A 类不确定度 $u_A(x)$ 和 B 类不确定度 $u_B(x)$ 这两个分量按一定规则合成得到,故又称合成不确定度.物理实验中用合成不确定度综合评价测量结果.

 直接测量的不确定度评定

一、多次直接测量的不确定度评定

  1. A 类不确定度分量.

  在相同条件下对被测量 x 进行多次重复测量,设测量次数为 n,则用测量值 $x_1, x_2, \cdots, x_n$ 的算术平均值

$$\overline{x} = \frac{1}{n}\sum_{i=1}^{n}x_i \tag{1-9}$$

作为测量结果的最佳近似值,简称最佳值,它的 A 类不确定度用平均值的标准偏差乘以因子 t_P 表征:

$$u_A(x) = t_P\sqrt{\frac{\sum_{i=1}^{n}(x_i-\overline{x})^2}{n(n-1)}} \tag{1-10}$$

式中 t_P 称为"t 因子",它与测量次数 n 和置信概率 P 有关,参见表 1-1.

表 1-1 不同测量次数 n 下 t 因子的数值

n	3	4	5	6	7	8	9	10	∞
$t_{0.683}$	1.32	1.20	1.14	1.11	1.09	1.08	1.07	1.06	1.00
$t_{0.95}$	4.30	3.18	2.78	2.57	2.45	2.36	2.31	2.26	1.96

在物理实验中,如果无特殊说明,置信概率 P 一般取 0.683.当测量次数较多(5 次以上)时,为简便起见,一般取 $t_{0.683}=1$,故 A 类不确定度分量由下式计算:

$$u_A(x) = \sqrt{\frac{\sum_{i=1}^{n}(x_i-\overline{x})^2}{n(n-1)}} \tag{1-11}$$

上式表明真值落在置信区间 $(\overline{x}-u_A,\overline{x}+u_A)$ 内的置信概率为 68.3%.以下如无特别说明,则实验中 A 类不确定度 $u_A(x)$ 均用式(1-11)计算.

2. B 类不确定度分量.

引起 B 类不确定度的因素很多且复杂,一般只考虑仪器因素造成的不确定度.

在使用仪器进行各种测量并记录数据时,由于仪器自身的原理、结构、制造工艺上的不完善和测量环境的影响,测量过程中仪器产生的误差客观存在.一般情况下,仪器误差不会超过一定的限值,即存在仪器误差限.仪器误差限是指在规定条件下仪器所允许的误差范围,用 $\Delta_{仪}$ 表示,其确定方法如下:

(1) 查仪器说明书或使用手册,获得该仪器的允许误差限或示值误差,即 $\Delta_{仪}$.

(2) 无资料可查时,$\Delta_{仪}$ 一般可取仪器的最小分度值.

表 1-2 给出部分仪器的误差限 $\Delta_{仪}$.

表 1-2 物理实验中常用仪器的误差限 $\Delta_{仪}$

仪器名称	误差限 $\Delta_{仪}$	备注(参数或等级)
游标卡尺	0.1 mm	分度值 0.1 mm
游标卡尺	0.05 mm	分度值 0.05 mm
游标卡尺	0.02 mm	分度值 0.02 mm
螺旋测微计	0.004 mm	一级,0~25 mm
秒表(机械/电子)	0.2 s	—
水银温度计	最小分度值	—
指针式电流表/电压表	$A_m \cdot a\%$	A_m 为量程,a 为准确度等级

B 类不确定度分量的计算公式为

$$u_B(x)=\frac{\Delta_仪}{C} \tag{1-12}$$

式中,$\Delta_仪$为仪器误差限;C为置信系数,它与置信概率和仪器误差的分布特性有关.通常仪器不确定度的概率分布有正态分布、均匀分布和三角分布,对应的置信系数C分别取 3、$\sqrt{3}$和$\sqrt{6}$.物理实验中,如无特殊说明,一般可认为仪器误差在误差限内是均匀分布的,即误差在区间$(-\Delta_仪,\Delta_仪)$以外出现的概率为零,在区间$(-\Delta_仪,\Delta_仪)$以内,误差出现的概率相同,故取$C=\sqrt{3}$,于是,B 类不确定度可按下式估算:

$$u_B(x)=\frac{\Delta_仪}{\sqrt{3}} \tag{1-13}$$

以下如无特别说明,则实验中 B 类不确定度$u_B(x)$的计算均用上式.

3. 合成不确定度.

通过上述方法得到的 A 类和 B 类不确定度分量,采用"方—和—根"的方式合成,可得测量量的合成不确定度 $u(x)$:

$$u(x)=\sqrt{u_A^2(x)+u_B^2(x)} \tag{1-14}$$

由于合成不确定度中的 A 类分量是用标准偏差表示的,所以又称标准不确定度.标准不确定度的置信概率为 68.3%.若无特殊说明,本书提到的不确定度均指标准不确定度.在某些情况下,需要用高置信概率的扩展不确定度来评定实验结果,此处不做介绍.

二、单次直接测量的不确定度评定

若对某物理量 x 只进行单次测量,并以单次测量值作为测量结果,则无法用统计的方法求 A 类不确定度,此时只有 B 类不确定度.单次测量的 B 类不确定度一般取仪器的误差限,即

$$u(x)=u_B(x)=\Delta_仪 \tag{1-15}$$

三、直接测量的结果表示

对多次直接测量:

$$\begin{cases} x=\overline{x}\pm u(x) & （单位）\\ E_x=\dfrac{u(x)}{\overline{x}}\times 100\% \end{cases} \tag{1-16-1}$$

对单次直接测量(x_1 为单次测量值):

$$\begin{cases} x=x_1\pm\Delta_仪 & （单位）\\ E_x=\dfrac{\Delta_仪}{x_1}\times 100\% \end{cases} \tag{1-16-2}$$

上两式中,E_x 为相对不确定度.

间接测量的不确定度评定

在物理实验中,许多物理量不是直接测得的,而是由直接测量的物理量经过计算间接获得的.由于直接测量量不确定度的存在,由直接测量量经过运算得到的间接测量量也必然存在不确定度,这一过程称为不确定度的传递.

设间接测量量 y 与直接测量量 $x_1,x_2,\cdots,x_n$ 的函数关系为

$$y=f(x_1,x_2,\cdots,x_n)$$

每个直接测量量 $x_1, x_2, \cdots, x_n$ 的测量结果分别为
$$x_i = \bar{x}_i \pm u(x_i), \quad i = 1, 2, \cdots, n$$

一、间接测量量的最佳值

将直接测量量 $x_1, x_2, \cdots, x_n$ 的最佳值 $\bar{x}_1, \bar{x}_2, \cdots, \bar{x}_n$ 代入函数 $y = f(x_1, x_2, \cdots, x_n)$，可得间接测量量 y 的最佳值为

$$\bar{y} = f(\bar{x}_1, \bar{x}_2, \cdots, \bar{x}_n) \tag{1-17}$$

二、间接测量量的不确定度

由于不确定度是微小的量，相当于数学中的"增量"，所以间接测量结果的不确定度评定方法可参照数学中的全微分公式，其中用不确定度代替微分元并按"方—和—根"方式合成，可得间接测量量 y 的不确定度 $u(y)$ 为

$$\begin{aligned} u(y) &= \sqrt{\left(\frac{\partial f}{\partial x_1}\right)^2 u^2(x_1) + \left(\frac{\partial f}{\partial x_2}\right)^2 u^2(x_2) + \cdots + \left(\frac{\partial f}{\partial x_n}\right)^2 u^2(x_n)} \\ &= \sqrt{\sum_{i=1}^{n} \left(\frac{\partial f}{\partial x_i}\right)^2 u^2(x_i)} \end{aligned} \tag{1-18}$$

式中，间接测量量 y 对直接测量量 $x_1, x_2, \cdots, x_n$ 的偏导数 $\frac{\partial f}{\partial x_1}, \frac{\partial f}{\partial x_2}, \cdots, \frac{\partial f}{\partial x_n}$ 称为不确定度的传递系数.

y 的相对不确定度为

$$\begin{aligned} E_y &= \frac{u(y)}{y} = \sqrt{\left(\frac{\partial \ln f}{\partial x_1}\right)^2 u^2(x_1) + \left(\frac{\partial \ln f}{\partial x_2}\right)^2 u^2(x_2) + \cdots + \left(\frac{\partial \ln f}{\partial x_n}\right)^2 u^2(x_n)} \\ &= \sqrt{\sum_{i=1}^{n} \left(\frac{\partial \ln f}{\partial x_i}\right)^2 u^2(x_i)} \end{aligned} \tag{1-19}$$

利用上述不确定度传递公式，不仅可以计算间接测量量的不确定度，而且还能分析各直接测量量的不确定度对最后测量结果不确定度的影响大小，从而为改进实验提出方向. 在设计物理实验时，利用不确定度传递公式能为合理选择测量方法和测量仪器等提供重要依据.

注意：

（1）当函数 $y = f(x_1, x_2, \cdots, x_n)$ 为简单的加减关系时，可先求函数的不确定度 $u(y)$，然后再计算相对不确定度 E_y.

（2）当函数 $y = f(x_1, x_2, \cdots, x_n)$ 为乘除关系时，可先求函数的相对不确定度 $E_y = \frac{u(y)}{y}$，再由

$$u(y) = E_y \cdot \bar{y}$$

求出不确定度 $u(y)$.

三、间接测量量的结果表示

$$\begin{cases} y = \bar{y} \pm u(y) & \text{（单位）} \\ E_y = \frac{u(y)}{\bar{y}} \times 100\% \end{cases} \tag{1-20}$$

物理实验中常用函数的不确定度传递公式参见表 1-3. 测量结果的不确定度的评定步骤参见表 1-4 和表 1-5.

表 1-3 常用函数的不确定度传递公式

函数表达式	不确定度传递公式
$y = x_1 + x_2$	$u(y) = \sqrt{u^2(x_1) + u^2(x_2)}$
$y = x_1 - x_2$	$u(y) = \sqrt{u^2(x_1) + u^2(x_2)}$
$y = x_1 \cdot x_2$	$\dfrac{u(y)}{y} = \sqrt{\left[\dfrac{u(x_1)}{x_1}\right]^2 + \left[\dfrac{u(x_2)}{x_2}\right]^2}$
$y = \dfrac{x_1}{x_2}$	$\dfrac{u(y)}{y} = \sqrt{\left[\dfrac{u(x_1)}{x_1}\right]^2 + \left[\dfrac{u(x_2)}{x_2}\right]^2}$
$y = kx$	$u(y) = k u(x)$
$y = \sqrt[k]{x}$	$\dfrac{u(y)}{y} = \dfrac{1}{k}\dfrac{u(x)}{x}$
$y = \dfrac{x_1^l x_2^m}{x_3^n}$	$\dfrac{u(y)}{y} = \sqrt{l^2\left[\dfrac{u(x_1)}{x_1}\right]^2 + m^2\left[\dfrac{u(x_2)}{x_2}\right]^2 + n^2\left[\dfrac{u(x_3)}{x_3}\right]^2}$
$y = \sin x$	$u(y) = |\cos x| \cdot u(x)$
$y = \cos x$	$u(y) = |\sin x| \cdot u(x)$
$y = \ln x$	$u(y) = \dfrac{u(x)}{x}$

表 1-4 直接测量结果的不确定度评定步骤

a. 多次直接测量时

1. 列表记录实验数据	$x_1, x_2, \cdots, x_n$（n 为除粗大误差后的有效数据个数）
2. 求最佳估计值 $\overline{x}$	$\overline{x} = \dfrac{1}{n}\sum\limits_{i=1}^{n} x_i$
3. 计算不确定度的 A 类分量	$u_A(x) = \sqrt{\dfrac{\sum\limits_{i=1}^{n}(x_i - \overline{x})^2}{n(n-1)}}$
4. 计算不确定度的 B 类分量	$u_B(x) = \dfrac{\Delta_{仪}}{\sqrt{3}}$
5. 计算合成不确定度 $u(x)$	$u(x) = \sqrt{u_A^2(x) + u_B^2(x)}$
6. 计算相对不确定度	$E_x = \dfrac{u(x)}{\overline{x}} \times 100\%$
7. 表示测量结果	$x = \overline{x} \pm u(x)$（单位） $E_x = \dfrac{u(x)}{\overline{x}} \times 100\%$

b. 单次直接测量时

1. 列出单次直接测量量	$x = x_1$
2. 计算不确定度	$u(x) = \Delta_{仪}$
3. 表示测量结果	$x = x_1 \pm u(x)$（单位） $E_x = \dfrac{u(x)}{x_1}$

表 1-5　间接测量结果的不确定度评定步骤

1. 按表 1-4 的方法表示各直接测量量	$x_1 = \overline{x}_1 \pm u(x_1), x_2 = \overline{x}_2 \pm u(x_2), \cdots, x_n = \overline{x}_n \pm u(x_n)$
2. 求最佳估计值	$\overline{y} = f(\overline{x}_1, \overline{x}_2, \cdots, \overline{x}_n)$
3. 计算不确定度 $u(y)$	$u(y) = \sqrt{\sum\limits_{i=1}^{n}\left(\dfrac{\partial f}{\partial x_i}\right)^2 u^2(x_i)}$
4. 计算相对不确定度	$E_y = \sqrt{\sum\limits_{i=1}^{n}\left(\dfrac{\partial \ln f}{\partial x_i}\right)^2 u^2(x_i)}$
5. 表示测量结果	$y = \overline{y} \pm u(y)$（单位） $E_y = \dfrac{u(y)}{\overline{y}} \times 100\%$

关于不确定度评定和测量结果中的有效数字规定，参见本章第 3 节.

第 3 节　有效数字及运算规则

测量值的有效数字

一、有效数字

在使用仪器对物理量进行测量读数时，能准确读到仪器的最小分度值，这部分数字称为可靠数字（或准确数字）. 在最小分度值以下，一般还可以再估读一位，由于估读位带有一定的误差，因而称为可疑数字（或存疑数字）.

如图 1-3 所示，用米尺测量一物体的长度，读数分别为 5.14 cm、5.15 cm 和 5.16 cm，这些读数的前两位数 5.1 cm 是根据米尺刻度直接读出来的，因而是可靠数字，而最后一位数是估读出来的，因而是可疑数字. 尽管估读结果因人而异或因测量次数而异，但它们都是有效的.

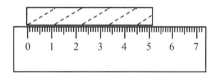

图 1-3　用米尺测量物体的长度

为了正确而有效地表示测量结果，我们引入有效数字的概念. 有效数字由若干位可靠数字加上一位可疑数字组成. 有效数字的位数从第一位不为零的数字开始数起. 例如，5.14 cm 为三位有效数字，0.024 00 kg 为四位有效数字，1 小时 30 分为三位有效数字.

测量物理量时，其有效数字位数的多少与被测量本身的大小、所用仪器的精度和测量方法等有关. 例如，在长度测量实验中，先后用米尺、游标卡尺、螺旋测微计去测量同一长度，其结果分别是 1.36 cm、1.362 cm、1.362 1 cm. 可见，仪器精度越高，测量值的有效数字位数就越多.测量结果有效数字的最后一位表示不确定度所在位.

二、有效数字的记录

1. 确保记录的数据为有效数字.

在记录数据时,应确保有效数字由可靠数字加上一位可疑数字组成. 有效数字不允许没有可疑数字,也不允许有多位可疑数字.

2. 单位换算或小数点移动时,不改变有效数字的位数.

例如,1.80 mm=0.180 cm= 0.001 80 m,都是三位有效数字.

对有效数字中的"0"要特别注意,第一位非零数字前的"0"不是有效数字;第一位非零数字后的"0"均为有效数字.因此,数据最后的"0"不能随便加上,也不能随便减去.

3. 科学计数法.

大于等于 100 或小于 0.1 的数据常采用科学计数法.科学计数法将小数点放在第一位非零数后面,然后乘以 10 的幂指数来表示数据.用科学计数法可确保在单位换算等情况下准确表达有效数字. 例如:

$$342 \text{ m}=3.42\times10^4 \text{ cm}=3.42\times10^5 \text{ mm}$$
$$(0.006\ 78\pm0.000\ 05)\text{A}=(6.78\pm0.05)\times10^{-3} \text{ A}$$

 有效数字的运算

一、有效数字的一般运算规则

有效数字的运算,除遵循数学运算法则外,还必须遵循以下规则:

可靠数字与可靠数字的运算结果,为可靠数字;

可靠数字与可疑数字的运算结果,为可疑数字;

可疑数字与可疑数字的运算结果,为可疑数字.

二、尾数截留原则

有效数字的运算结果也必须是有效数字,即最终结果只保留一位可疑数字,其后的数字按照"四舍六入五凑偶"的尾数截留原则处理,具体如下:

尾数小于或等于 4 时,直接舍弃;

尾数大于或等于 6 时,直接进位;

尾数等于 5 时,把尾数的前一位(即有效数字的末尾)凑成偶数.

例如,将 1.354 6 保留四位有效数字为 1.355("六入");保留三位有效数字为 1.35("四舍");保留两位有效数字为 1.4("五凑偶").

三、有效数字的常见数学运算

1. 几个有效数字做加减运算时,其结果有效数字的存疑数字与参加运算的各数中最先出现的存疑数字对齐. 例如:

例 1 130.4+56.78+10.326=? (例题中数字下加下划线的是存疑数字)

解 先观察一下具体的运算过程:

$$\begin{array}{r} 130.4\\ 56.78\\ +\ 10.326\\ \hline 197.506 \end{array}$$

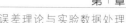

一个数字与一个存疑数字相加或相减后必然是存疑数字,结果有效数字的存疑数字在小数点后第一位,根据有效数字是由若干个准确数和一位存疑数组成,计算结果只要保留一位存疑数字,其后的尾数按照尾数截留原则去掉,所以 130.4+56.78+10.326=197.5,这与上面叙述的加减运算法则一致,本例各数中最先出现存疑数字的位置在小数点后第一位(即 130.4 的 4 上).

2. 乘除运算:几个有效数字做乘除运算时,其结果有效数字的位数与参加运算的各数中有效数字位数最少的一个相同.

例 2 1.214×1.35=?

看一下具体的运算过程:

$$\begin{array}{r} 1.214 \\ \times\ 1.35 \\ \hline 6070 \\ 3642\ \\ 1214\ \ \\ \hline 1.63890 \end{array}$$

一个数字与一个存疑数字相乘或相除后必然是存疑数字,从上面的运算过程可见,小数点后面第二位的"3"及其以后的数字都是存疑数字,根据有效数字是由若干个准确数和一位存疑数组成,计算结果只要保留一位存疑数字,其后的尾数按照尾数截留原则去掉,所以 1.214×1.35=1.64,这与上面叙述的乘除运算法则一致,本例中四位有效数字与三位有效数字相乘,计算结果为三位有效数字.

3. 乘方或开方的有效数字位数与底数相同.例如:

$$4.25^2=18.1, \quad \sqrt{86.25}=9.287$$

4. 对数函数运算结果的有效数字中,小数部分的位数与真数的位数相同.例如:

$$\lg 5.186=0.7148, \quad \ln 10.4=2.342$$

5. 指数函数运算结果的有效数字中,小数点前保留一位非零数,小数点后保留的位数与指数小数点后的位数相同,包括紧接着小数点后的"0".例如:

$$10^{0.0035}=1.0081, \quad e^{8.24}=3.79\times 10^3$$

6. 三角函数运算结果的有效数字位数,与角度的有效数字位数相同.用仪器读角度时,如能读到 1′,一般取四位有效数字.例如:

$$\sin 30°00'=0.5000$$

7. 常数 π、e、$\sqrt{2}$ 等参加运算时,可认为它们的有效数字位数是无限的,故在实际运算中不必考虑它们的位数.通常比其他参与运算的有效数字位数最少的数多取一位有效数字.

 注意事项

物理实验的测量值必须是有效数字,实验结果也必须用有效数字表达.在计算数据和表达结果时应注意以下几点:

1. 不确定度一般只取一位有效数字,并且"只进不舍",以确保真值落在置信区间的概率.

2. 相对不确定度一般取两位有效数字.

3. 为避免误差累积,运算过程的中间结果可视具体情况多保留一位有效数字.
4. 测量结果最佳值的有效数字末位必须与不确定度的有效数字末位对齐.

例3 用游标卡尺和物理天平测量一钢质圆柱体的密度并计算其不确定度.

用游标卡尺测量圆柱体的直径 d、高度 h,测量数据如表 1-6 所示.

表 1-6 圆柱体直径与高度的测量

测量次数 n	1	2	3	4	5	6
直径 d/mm	14.96	14.92	14.98	14.94	14.96	14.92
高度 h/mm	39.96	40.00	40.02	39.92	39.98	39.94

游标卡尺的量程为 0~125 mm,分度值为 0.02 mm,误差限为 0.02 mm.

用物理天平测得圆柱体的质量 $m=55.24$ g,天平分度值为 0.02 g,误差限为 0.02 g.

解 (1) 圆柱体直径的测量结果表示.

圆柱体直径的最佳值为

$$\bar{d} = \frac{1}{6}\sum_{i=1}^{6} d_i = 14.95 \text{ mm}$$

直径 d 的不确定度评定:

$$u_A(d) = \sqrt{\frac{\sum_{i=1}^{n}(d_i - \bar{d})^2}{n(n-1)}}$$

$$= \sqrt{\frac{0.01^2 + 0.03^2 + 0.03^2 + 0.01^2 + 0.01^2 + 0.03^2}{6 \times 5}} \text{ mm} = 0.010 \text{ mm}$$

$$u_B(d) = \frac{\Delta_d}{\sqrt{3}} = \frac{0.02}{\sqrt{3}} \text{ mm} = 0.012 \text{ mm}$$

$$u(d) = \sqrt{u_A^2(d) + u_B^2(d)} = \sqrt{0.010^2 + 0.012^2} \text{ mm} = 0.016 \text{ mm}$$

故圆柱体直径的测量结果为

$$d = \bar{d} \pm u(d) = (14.95 \pm 0.02) \text{ mm}$$

(2) 圆柱体高度的测量结果表示.

高度的最佳值为

$$\bar{h} = \frac{1}{6}\sum_{i=1}^{6} h_i = 39.97 \text{ mm}$$

高度 h 的不确定评定:

$$u_A(h) = \sqrt{\frac{\sum_{i=1}^{n}(h_i - \bar{h})^2}{n(n-1)}}$$

$$= \sqrt{\frac{0.01^2 + 0.03^2 + 0.05^2 + 0.05^2 + 0.01^2 + 0.03^2}{6 \times 5}} \text{ mm} = 0.016 \text{ mm}$$

$$u_B(h) = \frac{\Delta_h}{\sqrt{3}} = \frac{0.02}{\sqrt{3}} \text{ mm} = 0.012 \text{ mm}$$

$$u(h)=\sqrt{u_A^2(h)+u_B^2(h)}=\sqrt{0.016^2+0.012^2}\text{ mm}=0.020\text{ mm}$$

故圆柱体高度的测量结果为

$$h=\bar{h}\pm u(h)=(39.97\pm 0.02)\text{mm}$$

（3）圆柱体质量的测量结果表示.

圆柱体质量 m 的不确定度按单次测量的 B 类不确定度评定,取仪器的误差限,即

$$u(m)=\Delta_m=0.02\text{ g}$$

故圆柱体质量的测量结果为

$$m=(55.24\pm 0.02)\text{g}$$

（4）圆柱体密度的测量结果表示.

圆柱体密度的最佳值为

$$\bar{\rho}=\frac{m}{\frac{1}{4}\pi\bar{d}^2\bar{h}}=\frac{4m}{\pi\bar{d}^2\bar{h}}=\frac{4\times 55.24}{\pi\times 14.95^2\times 39.97}\text{ g/mm}^3=7.873\times 10^{-3}\text{ g/mm}^3$$

圆柱体密度的不确定度评定：评定圆柱体密度的不确定度时,由于密度的函数关系是乘除关系,故可先计算相对不确定度：

$$E_\rho=\frac{u(\rho)}{\rho}=\sqrt{\left[\frac{2u(d)}{\bar{d}}\right]^2+\left[\frac{u(h)}{\bar{h}}\right]^2+\left[\frac{u(m)}{m}\right]^2}=\sqrt{\left[\frac{2\times 0.02}{14.95}\right]^2+\left[\frac{0.02}{39.97}\right]^2+\left[\frac{0.02}{55.24}\right]^2}$$
$$=0.0027=0.27\%$$

密度的不确定度为

$$u(\rho)=E_\rho\cdot\bar{\rho}=7.873\times 10^{-3}\times 0.27\%\text{ g/mm}^3=0.02\times 10^{-3}\text{ g/mm}^3$$

故圆柱体的密度为

$$\rho=\bar{\rho}\pm u(\rho)=(7.87\pm 0.02)\times 10^{-3}\text{ g/mm}^3=(7.87\pm 0.02)\times 10^3\text{ kg/m}^3$$
$$E_\rho=0.27\%$$

👁 注意：

计算的中间过程可多取一位,以保证结果的精确度.各测量结果的表达式中,最终不确定度只取一位有效数字,且只进不舍.测量结果的有效数字末位必须与不确定度的有效数字位对齐.密度的单位应采用国际单位制.

第 4 节 实验数据处理的基本方法

数据处理是物理实验的一项基本任务.物理实验中通过测量获得的各种原始数据必须经过正确的分析处理,才能得出有用的实验结论.实验数据处理包括数据的记录、整理、计算、作图、分析、归纳等工作.物理实验数据处理的基本方法有列表法、作图法、逐差法、最小二乘法等.

列 表 法

列表法就是以列表的方式记录和处理实验数据的方法.物理实验中,常把实验的测量数据按照一定的形式和次序排列成表格来表示.列表法既能简单明确地表示出物理量之间的

对应关系,又便于分析和发现数据之间的联系和规律性.

列表法的基本要求如下:

1. 确定表格名称.

表格的名称要完整清晰,与实验内容相一致.一个实验报告中有多张表格时,还应按先后顺序给表格编号.

2. 根据实验内容合理设计表格形式.

首先明确要测量和计算哪些物理量,然后根据测量的先后次序、测量次数以及测量量之间的关系,合理设置表格的行与列,力求简洁明了,便于体现物理量之间的对应关系.

表格中除原始数据外,还应设计填写有关计算结果的栏目,如平均值、间接测量结果、不确定度等.

同一物理量尽量在同一行(或列)记录.

标明各栏目物理量的名称、符号、单位、数量级等.

3. 数据填入和处理.

将测量和计算的数据按栏目依次填入表格中.表中所填的各种数据应为有效数字.

4. 提供必要的说明.

必要时,提供与表中内容有关的说明,列于表格上部标题下方或表格的下部.如实验时的温度、湿度、大气压、物理量的初值、仪器误差限、单次测量的数据、计算过程中用到的物理常数和其他无法或没有必要列入表格的数据等.

作 图 法

作图法就是在坐标纸上通过描点、连线等方式,将一系列实验数据之间的关系或其变化情况用图线直观表示出来的方法.作图法不仅能形象清晰地显示物理量之间的变化关系,表达一些用简单函数无法表达的数据关系和实验现象,还能从图线上分析实验规律,求出实验需要的某些结果.

一、作图法的步骤和基本要求

作图法的步骤和基本要求如下:

1. 选择合适的坐标纸.

根据物理量之间的函数关系选用合适的坐标纸.常用的坐标纸有直角坐标纸、对数坐标纸、半对数坐标纸、极坐标纸等.物理实验中主要使用直角坐标纸(即毫米方格纸).坐标纸的大小应根据数据的取值范围和有效数字位数等确定.

2. 确定坐标轴:通常以自变量作为横坐标(x轴),因变量作为纵坐标(y轴),画出坐标轴的方向,在轴的末端注明该轴表示的物理量的名称或符号,在其后的括号内注明单位.

3. 标注坐标分度:坐标轴分度值的选取应以不损失实验测量数据的有效位数为依据,即数据中的准确数字在图上也是准确的,所以坐标轴上的最小分格代表的量应与数据中准确数字的最后一位对应的量相当.

在坐标轴上均匀地标出分度值,标记所用有效数字位数与实验测量数据位数相同,坐标的分度以不用计算就能直接确定图线上的每一点的坐标为原则,通常只要用1、2、5而不选用 3、7、9 来表示分度. 纵横坐标的标度可不同,并且坐标分度值也不一定从零开始,以便充分利用图纸.

如果数据特别大或小,可以提出乘积因子,如"$\times 10^n$"(n 为正负整数),写在坐标轴上标注的物理量单位前面.

4. 标实验测量数据点:用削尖的铅笔以"+"符号在坐标纸上标出实验测量数据点,要使各实验测量数据点对应的坐标准确地落在"+"符号的交点上.若要在一张图上画几条曲线时,每条曲线可采用不同的符号,如"×"、"⊕"等以示区别.

5. 描绘图线:连线时要用直尺或曲线板等作图工具,根据不同情况,把数据点连成直线或光滑曲线. 曲线不一定要通过所有测量点,但必须紧靠测量点,让测量点尽量均匀分布在曲线两侧,对那些严重偏离曲线或直线的个别测量点,应舍去或重新测量核对. 对于仪器的校正曲线,绘图时应将相邻的两点连成直线,整条校正曲线呈折线形状.

6. 注解和说明:应在图的明显位置写明图线的名称、作图者姓名、绘图日期.

二、作图法的应用(图解法)

作图完成后,应对图线做必要的分析,有时可利用图线研究物理量之间的函数关系.

1. 图线为直线时,求出斜率、截距和直线方程.

如果所作图线为一条直线,则可用两点法求斜率,用外推法求截距,求出直线方程,从而得到物理量之间的线性关系.

设直线方程为 $y=kx+b$,在直线上取相距较远的两点 $P_1(x_1,y_1)$ 和 $P_2(x_2,y_2)$(P_1 和 P_2 应在图中标出,一般不取原来测量的数据点),则直线的斜率为

$$k=\frac{y_2-y_1}{x_2-x_1} \tag{1-21}$$

截距 b 为 $x=0$ 时的 y 值,若横坐标起点为 0,则可将直线延长到与纵坐标轴相交,便可求得截距. 若横坐标起点不为 0,可由下式:

$$b=\frac{x_2 y_1-x_1 y_2}{x_2-x_1} \tag{1-22}$$

求得截距 b.

2. 把曲线关系用直线表示(曲线改直).

直线作图容易,而且可以方便地求得斜率和截距,但在实际问题中线性关系并不多. 当物理量之间的函数关系为曲线时,在某些情况下,可对变量进行变换,将曲线改为直线,这种方法称为曲线改直. 曲线改直可使分析工作变得简单明了.

例如,两个物理量之间的函数关系为 $y=ax^2+b$,可令 $z=x^2$,则有 $y=az+b$,于是 y 与 z 成为线性关系.

常用曲线改直的数学变换方法见表 1-7,表中 C、a、b 均为常数.

表 1-7 常用的曲线改直变换方法

原非线性关系	变换方法	曲线改直后的关系	线性关系量	斜率	截距
$xy=C$	$z=\frac{1}{x}$	$y=Cz$	$y\sim\frac{1}{x}$	C	0
$x=C\sqrt{y}$	$z=x^2$	$y=\frac{1}{C^2}z$	$y\sim x^2$	$\frac{1}{C^2}$	0

续表

原非线性关系	变换方法	曲线改直后的关系	线性关系量	斜率	截距
$y=ax^b$	两边取对数	$\lg y=\lg a+b\lg x$	$\lg y \sim \lg x$	b	$\lg a$
$y=ae^{bx}$	两边取自然对数	$\ln y=\ln a+bx$	$\ln y \sim x$	b	$\ln a$
$y=ab^x$	两边取对数	$\lg y=\lg a+x\lg b$	$\lg y \sim x$	$\lg b$	$\lg a$
$\dfrac{1}{y}=\dfrac{a}{x}+b$	$y'=\dfrac{1}{y}, x'=\dfrac{1}{x}$	$y'=ax'+b$	$\dfrac{1}{y} \sim \dfrac{1}{x}$	a	b

例 4 各种材料的电阻都与温度有关，在温度变化范围不太大时，可近似表示为 $R=R_0(1+at)$（R_0 是材料在 0 ℃时的电阻值）。由实验测得某铜丝在不同温度下的电阻值，数据如表 1-8 所示，试用作图法画出铜丝电阻 $R(\Omega)$ 与温度 $t(℃)$ 的关系曲线，用图解法求出温度在 0 ℃时铜丝的电阻 R_0 和电阻的温度系数 α。

表 1-8 铜丝在不同温度下的电阻值

$t/℃$	9.3	19.5	29.4	39.7	49.2	60.0	69.4	79.8
R/Ω	1.966	2.055	2.120	2.208	2.271	2.368	2.433	2.521

解：1. 画铜丝电阻 $R(\Omega)$ 与温度 $t(℃)$ 的关系曲线。

根据作图法的步骤和要求：

（1）本例题中铜丝的电阻 $R(\Omega)$ 与温度 $t(℃)$ 的关系曲线呈线性，所以选用直角坐标纸（即毫米方格纸）。

（2）温度 t 为 x 轴，单位为摄氏度（℃）；电阻值 R 为 y 轴，单位为欧姆（Ω）。

（3）$t(℃)$ 数据的个位是准确数字，故在 x 轴上可取一小格代表 1 ℃，$R(\Omega)$ 数据的百分位是准确数字，在 y 轴上可取一小格代表 0.01 Ω。x 轴从 0.0 开始标注分度，间隔取为 10 ℃；y 轴从 1.80 Ω 开始标注分度，间隔取为 0.1 Ω。

（4）用铅笔以"×"符号在坐标纸上标出实验测量数据，并连成直线。

（5）本例题为铜丝电阻与温度的关系曲线，可简单标注为 R-t 图，并在图上写明作者姓名、绘图日期。

铜丝电阻 $R(\Omega)$ 与温度 $t(℃)$ 的关系曲线如图 1-4 所示。

2. 用图解法求出在 t ℃时铜丝的电阻 R_0 和电阻的温度系数 α。

（1）在已作出的 R-t 图上延长直线的实践部分，使其与 y 轴相交于 C 点，C 点的纵坐标便是截距 R_0，从图中可直接读出 $R_0=1.897$ Ω。

（2）在 R-t 图上直线的实线部分，尽量取相距较远的两点为 $A(26.0, 2.100)$、$B(75.0, 2.480)$，直线的斜率为

$$k=\frac{2.480-2.100}{75.0-26.0}\ \Omega/℃=0.00776\ \Omega/℃$$

由于
$$k=R_0\alpha,$$

则
$$\alpha=\frac{k}{k_0}=\frac{0.00776}{1.897}\ 1/℃=4.09\times 10^{-3}\ 1/℃$$

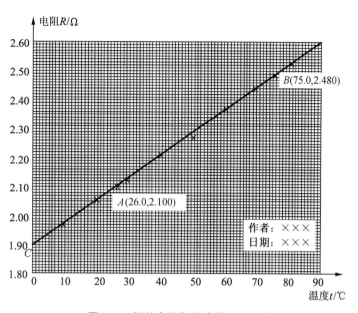

图 1-4 铜丝电阻与温度的关系曲线

逐 差 法

当两物理量呈线性关系($y=kx+b$)且自变量 x 按等间距变化时,可使用逐差法处理数据,计算当自变量 x 等间距变化时因变量 y 变化的平均值.

在用拉伸法测钢丝杨氏弹性模量实验中,就可用逐差法处理数据.该实验要求测量钢丝在外力每增加 1 kg 时的平均伸长量.实验中,钢丝上端固定,下端位置随施加砝码质量的变化而变化,其位置坐标可由标尺读出,用 n 表示.砝码质量用 M 表示.n_0 为未加砝码时标尺的读数.实验中每次加 1 kg 砝码,共加 7 次,列表如下:

M/kg	0	1	2	3	4	5	6	7
n/mm	n_0	n_1	n_2	n_3	n_4	n_5	n_6	n_7

如果用一般的方法求钢丝每增加 1 kg 砝码时的平均伸长量,有

$$\Delta \bar{n} = \frac{(n_1-n_0)+(n_2-n_1)+\cdots+(n_6-n_5)+(n_7-n_6)}{7} = \frac{n_7-n_0}{7}$$

上述计算中,实际上只用了 n_0 和 n_7 两个数据,而中间的数据都相互抵消了.显然,用这种方法处理该实验的数据不够科学.用逐差法能有效避免上述问题的发生.

逐差法的含义和处理数据的基本步骤如下:

(1) 将测量数据按 x 的大小顺序排列,数据取偶数个.

(2) 将数列从中间分割为个数相等的两组.

(3) 按排列顺序将两组数据的对应项依次逐项相减(此为逐差法名称的由来),得逐差值.

(4) 求所有逐差值的平均值.

具体方法如下:

设满足逐差法适用条件的测量数据有 $2n$ 个,依次为
$$(x_1,y_1),(x_2,y_2),\cdots,(x_n,y_n),(x_{n+1},y_{n+1}),\cdots,(x_{2n},y_{2n})$$
其中自变量 x_i 等间距变化,即 $x_{i+1}-x_i=\Delta$.

将数据分成两组:

前组:$(x_1,y_1),(x_2,y_2),\cdots,(x_n,y_n)$

后组:$(x_{n+1},y_{n+1}),(x_{n+2},y_{n+2}),\cdots,(x_{2n},y_{2n})$

对应项逐差:
$$\Delta y_1=y_{n+1}-y_1$$
$$\Delta y_2=y_{n+2}-y_2$$
$$\cdots\cdots$$
$$\Delta y_n=y_{2n}-y_n$$
$$\Delta x=x_{n+1}-x_1=x_{n+2}-x_2=\cdots=x_{2n}-x_n=n\Delta$$

求 Δy 的平均值:
$$\overline{\Delta y}=\frac{\Delta y_1+\Delta y_2+\cdots+\Delta y_n}{n}$$

则斜率为
$$k=\frac{\overline{\Delta y}}{\Delta x}$$

逐差法相当于利用等间距的数据点连了 n 条直线并分别求出其斜率.直线斜率的最终结果是这 n 个斜率的平均值.用这种方法处理数据较为精确合理,实验采集到的所有数据在逐差法中都能得到充分利用.

以上介绍的为一次逐差法.经过一次逐差后,如果所得各差值为常数,则表明因变量和自变量为线性关系.如果经过两次逐差后所得各差值为常数,则表明因变量和自变量的平方呈线性关系.关于两次(或多次)逐差法,此处不做详细介绍.

例 5 已知热电偶的温差电动势 ε 与温度 Δt 的关系为 $\varepsilon=\alpha\Delta t$,$\varepsilon$ 和 Δt 的测量值如表 1-9 所示.试用逐差法求热电偶温差电系数 α_0(不必计算误差).

表 1-9 实验数据

$\Delta t/℃$	20.0	40.0	60.0	80.0	100.0	120.0	140.0	160.0
ε/mV	0.90	1.71	2.55	3.36	4.20	5.08	5.90	6.71

解

$\Delta\varepsilon_1=4.20\ mV-0.90\ mV=3.30\ mV,\ \Delta\Delta t_1=100.0\ ℃-20.0\ ℃=80.0\ ℃$

$\Delta\varepsilon_2=5.08\ mV-1.71\ mV=3.37\ mV,\ \Delta\Delta t_1=120.0\ ℃-40.0\ ℃=80.0\ ℃$

$\Delta\varepsilon_3=5.90\ mV-2.55\ mV=3.35\ mV,\ \Delta\Delta t_1=140.0\ ℃-60.0\ ℃=80.0\ ℃$

$\Delta\varepsilon_4=6.71\ mV-3.36\ mV=3.35\ mV,\ \Delta\Delta t_1=160.0\ ℃-80.0\ ℃=80.0\ ℃$

故
$$\overline{\Delta\Delta t}=80.0\ ℃$$

而
$$\overline{\Delta\varepsilon}=\frac{1}{4}(3.30+3.37+3.35+3.35)\ mV=3.342\ mV$$

则
$$\alpha=\frac{\overline{\Delta\varepsilon}}{\overline{\Delta\Delta t}}=\frac{3.342}{80.0}\ mV/℃=0.041\ 8\ mV/℃$$

最小二乘法（一元线性回归）

将实验结果画成图线可以形象地表示出物理规律，但图线的表示往往不如用函数表示那样明确和定量化．另外，用图解法处理数据，由于绘制图线有一定的主观随意性，同一组数据用图解法可能得出不同的结果．下面介绍一种利用最小二乘法来确定一条最佳直线的方法，这种方法能准确地求出两个测量量之间的线性函数关系（即经验方程）．由实验数据求经验方程，叫作方程的回归．

若自变量 x 与函数 y 之间具有线性关系，则可把函数的形式写成

$$y = A + Bx \tag{1-23}$$

其中 A、B 是待定常数．由于自变量只有 x 一个，故称为一元线性回归，这是方程回归中最简单和最基本的问题．

回归法可以认为是用实验数据来确定方程中的待定常数．在一元线性回归中确定常数 A 和 B，相当于在作图法中求直线的截距和斜率．

我们讨论最简单的情况，即每个测量值都是等精度，且假定 x 和 y 值中只有 y 有明显的测量随机误差．如果 x 和 y 均有误差，只要把相对来说误差较小的变量作为 x 即可．

设实验测得的一组数据为 $(x_1,y_1),(x_2,y_2),\cdots,(x_n,y_n)$．设在 A、B 确定以后，如果实验没有误差，则把数据 $(x_1,y_1),(x_2,y_2),\cdots,(x_n,y_n)$ 分别代入方程 (1-23) 时，方程的左右两边应该相等．但实际上测量总伴随着测量误差，我们把这些误差归结为 y 的测量偏差，并记作 $\varepsilon_1,\varepsilon_2,\cdots,\varepsilon_n$．这样，把数据 $(x_1,y_1),(x_2,y_2),\cdots,(x_n,y_n)$ 代入方程 (1-23) 后，得

$$\left.\begin{aligned} y_1 - (A+Bx_1) &= \varepsilon_1 \\ y_2 - (A+Bx_2) &= \varepsilon_2 \\ &\vdots \\ y_n - (A+Bx_n) &= \varepsilon_n \end{aligned}\right\} \tag{1-24}$$

现在要利用方程组 (1-24) 来确定系数 A 和 B．显然，比较合理的 A 和 B 是使 $\varepsilon_1,\varepsilon_2,\cdots,\varepsilon_n$ 数值上都比较小．从图 1-5 来看，ε_i 是数据点 (x_i,y_i) 与直线在 x_i 处纵坐标的偏差．由于 $\varepsilon_1,\varepsilon_2,\cdots,\varepsilon_n$ 大小不一，而且符号也不尽相同，因此只能要求总的偏差最小，即 $\sum_{i=1}^{n}\varepsilon_i^2$ 为最小．

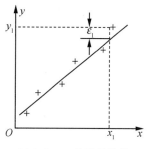

图 1-5 y_i 的测量偏差

由于处理数据的方法要满足偏差的平方和为最小，故称最小二乘法．

令 ε_i 的平方和为 S，则

$$S = \sum_{i=1}^{n}\varepsilon_i^2 = \sum_{i=1}^{n}[y_i - (A+Bx_i)]^2 \tag{1-25}$$

使 S 最小必须满足的条件是

$$\frac{\partial S}{\partial A}=0, \quad \frac{\partial S}{\partial B}=0, \quad \frac{\partial^2 S}{\partial A^2}>0, \quad \frac{\partial^2 S}{\partial B^2}>0$$

把式 (1-25) 分别对 A 和 B 求偏微分并令其为零，得

$$\left.\begin{array}{l}\dfrac{\partial S}{\partial A}=-2\sum_{i=1}^{n}(y_i-A-Bx_i)=0\\[6pt]\dfrac{\partial S}{\partial B}=-2\sum_{i=1}^{n}(y_i-A-Bx_i)x_i=0\end{array}\right\} \quad (1\text{-}26)$$

令 $\overline{x}$ 表示 x 的平均值,即 $\overline{x}=\dfrac{1}{n}\sum_{i=1}^{n}x_i$;$\overline{y}$ 表示 y 的平均值,即 $\overline{y}=\dfrac{1}{n}\sum_{i=1}^{n}y_i$;$\overline{x^2}$ 表示 x^2 的平均值,即 $\overline{x^2}=\dfrac{1}{n}\sum_{i=1}^{n}x_i^2$;$\overline{y^2}$ 表示 y^2 的平均值,即 $\overline{y^2}=\dfrac{1}{n}\sum_{i=1}^{n}y_i^2$;$\overline{xy}$ 表示 xy 的平均值,即 $\overline{xy}=\dfrac{1}{n}\sum_{i=1}^{n}x_iy_i$.

解方程(1-26),得

$$\begin{cases}A=\overline{y}-B\overline{x}\\[4pt]B=\dfrac{\overline{x}\cdot\overline{y}-\overline{xy}}{\overline{x}^2-\overline{x^2}}\end{cases} \quad (1\text{-}27)$$

由上式计算出的 A、B,就是线性回归方程 $y=A+Bx$ 中的待定参数 A 和 B 的最佳估计值.

在待定参数 A 和 B 确定后,为了判断所得的结果是否合理,通常用相关系数 r 来检验. 对于一元线性回归,r 定义为

$$r=\dfrac{\overline{xy}-\overline{x}\cdot\overline{y}}{\sqrt{(\overline{x^2}-\overline{x}^2)(\overline{y^2}-\overline{y}^2)}} \quad (1\text{-}28)$$

可以证明,r 的值在 -1 和 1 之间,即 r 的绝对值在 0 和 1 之间. $|r|$ 越接近 1,说明实验数据点越密集地分布在所求得的直线的附近,用线性函数进行回归是合适的,如图 1-6(a)所示. 相反,如果 $|r|$ 远小于 1 而接近于 0,说明数据点很分散地分布在直线附近,用线性回归不妥,必须改用其他曲线或函数进行拟合,如图 1-6(b)所示. 一般 $|r|\geqslant 0.9$ 时可认为两个物理量之间存在较密切的线性关系,此时用最小二乘法直线拟合才有实际意义.

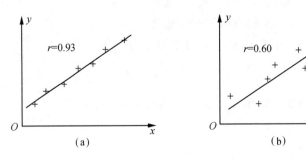

图 1-6 相关系数 r 与线性关系

方程的线性回归,用手工计算较为麻烦. 但不少袖珍型函数计算器上均有线性回归的计算键,计算起来极为方便. 此外,在计算机上用 Excel 等软件,也能方便地得到回归方程和图线.

练 习 题

1. 纠正下列不正确的测量结果表示：
(1) $m = (7.358 \pm 0.15)$ g；
(2) $I = (3.745 \times 10^{-2} \pm 5.67 \times 10^{-4})$ A；
(3) $L = (8.05 \pm 0.008)$ m；
(4) $R = (52\ 375 \pm 500)$ Ω。

2. 按有效数字运算规则，计算下列各式：
(1) $78.375\ 4 - 2.3$；
(2) 85.26×9.3；
(3) $2.5 \times 10^3 - 27$；
(4) $\dfrac{\pi}{4} \times (1.95)^2$ （π 取常数 3.14）；
(5) $\dfrac{1.36^2 \times 8.750 + 2.3}{23.5 - 14.78} - 93.25 \times 0.835 - 17$；
(6) $\lg 135 + \sqrt{27.04}$；
(7) $2.267 \times 10^{-6} \times \sin 19°2'$。

3. 米尺的示值误差为 0.5 mm，今单次测得一长方形木板长 a 为 98.32 cm，宽 b 为 26.47 cm。求该木板的面积 S，估算不确定度，并把测量结果用 $[S \pm u(S), E_S]$ 的形式表示出来。

4. 用示值误差及分度值均为 0.02 mm 的游标卡尺和感量及示值误差均为 0.01 g 的天平对一铝质小球进行测量，测得数据如下：

次数	1	2	3	4	5	6
直径 d/mm	19.06	19.00	19.10	19.02	18.98	19.08
质量 m/g	9.76	9.79	9.77	9.75	9.80	9.73

试求铝球的密度 ρ，估算不确定度，并把测量结果用 $[\bar{\rho} \pm u(\rho), E_\rho]$ 的形式表示出来。

第 2 章

基础性实验

实验 1　长度测量

实验目的

1. 理解游标卡尺、螺旋测微计的测量原理.
2. 掌握游标卡尺、螺旋测微计的使用方法.
3. 巩固误差基础知识和有效数字的概念.

实验仪器

游标卡尺、螺旋测微计、铜杯、钢球各一件.

实验原理

一、游标原理

(一) 直游标 (游标卡尺的测量原理)

如用 a 表示主尺上最小分度的长度,用 b 表示游标上一个分度的长度,用 n 表示游标的分度数. 设计游标卡尺方法之一是使游标的 n 个分度的长度与主尺的 $(n-1)$ 个最小分度的长度相等, 即

$$nb=(n-1)a$$

主尺最小分度与游标分度的长度差, 称为游标卡尺的分度值, 有

$$\delta=a-b=\frac{a}{n}$$

常用的游标卡尺有 10 分度游标、20 分度游标和 50 分度游标三种. 10 分度和 50 分度游标是按以上方法设计的.

10 分度游标 $n=10$, 主尺最小分度的长度是 1 mm, 游标上 10 个分度的总长等于 9 mm, 游标上一个分度的长度是 0.9 mm, 10 分度游标游标卡尺的分度值 $\delta=(1-0.9)$ mm $=\frac{1}{10}$ mm $=0.1$ mm. 当两测量爪合拢时, 游标上的"0"刻度线和主尺上的"0"刻度线重合, 如

图 2-1 所示. 这时,游标上第一条刻度线在主尺第一条刻度线的左边 0.1 mm 处,游标上第二条刻度线在主尺第二条刻度线的左边 0.2 mm 处……以此类推. 如果两测量爪间放一张厚度为 0.1 mm 的纸片,游标的第一条刻度线就与主尺的第一条刻度线重合,而游标上所有其他各条线都不与主尺上任一条刻度线重合;如果纸厚 0.2 mm,游标向右移动 0.2 mm,游标的第二条刻度线就与主尺的第二条刻度线重合……以此类推. 反过来讲,如果游标上第二条刻度线与主尺的第二条刻度线重合,那么纸片的厚度 $l=0.2$ mm;如果游标上第 n 条刻度线与主尺的第 n 条刻度线重合,那么纸片的厚度就是 $l=n\delta$ mm,如图 2-2 所示.

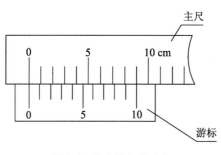

图 2-1 "0"刻度线对齐

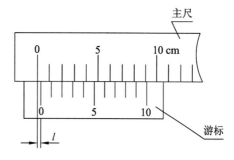

图 2-2 "0"刻度线不对齐

50 分度游标 $n=50$,即游标上 50 个分度的总长等于 49 mm,这样游标上一个分度的长度是 0.98 mm,如图 2-3 所示. 50 分度游标游标卡尺的分度值 $\delta=(1-0.98)$ mm $=\frac{1}{50}$ mm $=0.02$ mm. 为了便于读数,在游标的第 5、10、15、20、25、30、35、40、45 条刻度线上刻有"1、2、3、4、5、6、7、8、9"等字样,表示游标的这些线与主尺的某刻度线对齐时,读数的小数部分分别为 0.10 mm、0.20 mm、0.30 mm ……0.90 mm.

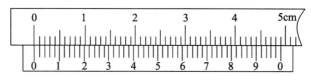

图 2-3 50 分度游标刻度

设计游标卡尺方法之二是使游标 n 个分度的长度与主尺的 $(2n-1)$ 个最小分度的长度相等,即

$$nb=(2n-1)a$$

游标卡尺的分度值为

$$\delta=2a-b=\frac{a}{n}\quad\text{(此处游标上一格和主尺最小分度的两格相当)}$$

20 分度游标就是按照以上方法设计的. 20 分度游标 $n=20$,主尺上最小分度的长度是 1 mm,游标上 20 个分度的总长等于 39 mm (图 2-4),游标上一个分度的长度是 1.95 mm,

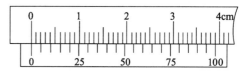

图 2-4 20 分度游标刻度

20 分度游标游标卡尺的分度值 $\delta=(2\times1-1.95)$ mm $=\frac{1}{20}$ mm $=0.05$ mm. 为方便读数,20 分度游标上标有 0、25、50、75、1 等字样. 如游标上第 5 根线(标 25)与主尺对齐,则读数的小

数部分为 5×0.05＝0.25 mm,即可直接读出.

设计游标卡尺还有其他方法,如使游标 n 个分度的长度与主尺的($4n-1$)个最小分度的长度相等,这里不再讨论.

值得一提的是,游标只给出毫米以下的读数,毫米以上的读数要从主尺上读出.

综上所述,用游标卡尺测量物体长 L 时,读数方法如下:

(1) 先读毫米以上的整数:读游标"0"刻度线左边主尺上刻度线的数值 m.

(2) 读毫米以下的小数:若游标上第 n 条线与主尺的某刻度线重合,则小数值为 $n\delta$.

(3) 两次读数相加就是待测物体的长度,即

$$L = m + n\delta$$

(二) 角游标

游标卡尺原理还可以用于角度的精确测量中,称为角游标.测量角度的仪器如分光计、经纬仪等采用的是角游标.角游标是一个沿着圆盘并与其同轴转动的小弧尺,如图 2-5 所示.主尺上最小分度值 a 为 $0.5°(30')$.游标

图 2-5　角游标刻度

上有 $n(30)$ 个分度,其总弧长与主尺上 $n-1(29)$ 个刻度的弧长相等,因此这种角游标的分度值 $\delta = \dfrac{a}{n} = \dfrac{0.5°}{30} = \dfrac{30'}{30} = 1'$.读数方法与直游标相同,图中读数为 $165°30' + 14' = 165°44'$.

二、螺旋测微计的测量原理

当旋转微分筒一圈,微分筒的切口在尺身上移动一格,这一格表示 0.5 mm.而微分筒上又均匀地划分为 50 格,则每一小格为 $\dfrac{0.5}{50}$ mm＝0.01 mm,这就是螺旋测微计的分度值.根据有效数字的读数规则,在微分筒的格子上还应估读一位,这样测量数据就应到毫米的千分位,这也是螺旋测微计或(千分尺)名称的由来.

在测量之前,还必须检查螺旋测微计的零点.方法是旋转测力装置,使夹口合拢,并听到"咯"、"咯"、"咯"三次响声,即停止转动测力装置,记下零点读数.零点读数可正可负.当微分筒上的"0"刻度线在水平线下方时,零点读数取正值;反之,取负值.图 2-6 零点读数大于零为 +0.004 mm,图 2-7 零点读数小于零为 -0.016 mm.

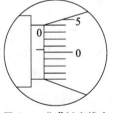

图 2-6　"0"刻度线在水平线下方

图 2-7　"0"刻度线在水平线上方

零点读数会造成系统误差,因而必须修正:

测量值＝测量读数－零点读数

测量读数可先看微分筒切于主尺的读数,要注意的是主尺上有 0.5 mm 的刻度线,当切口超过该刻度线时不可将 0.5 mm 丢掉,再将微分筒上的读数叠加在主尺的读数上就可以了.如图 2-8 所示,其读数为 (4+0.323) mm＝4.323 mm;图 2-9 中读数应为 (5.5+0.240) mm＝5.740 mm.

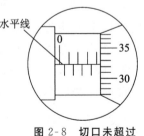

图 2-8　切口未超过 0.5 mm 刻度线

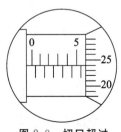

图 2-9　切口超过 0.5 mm 刻度线

实验内容

一、熟悉游标卡尺、螺旋测微计的结构和各部件的作用

（一）游标卡尺

游标卡尺是利用游标原理读数的测长仪器,一般由尺身、尺框、外测量爪、内测量爪和尾尺组成,如图 2-10 所示.尺身为钢制毫米分度尺,尺框上刻有游标.外测量爪用来测量物体的外部尺寸,内测量爪用来测量内径,尾尺用来测量深度.紧固螺钉用来固定尺框,以便于读数.

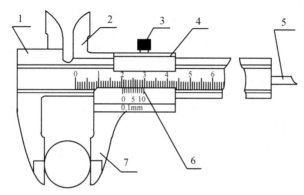

1—尺身;2—内测量爪;3—紧固螺钉;4—尺框;5—尾尺;6—游标;7—外测量爪

图 2-10 游标卡尺

游标卡尺的主要技术规格有分度值和测量范围.国家标准(GB1412—85)推荐的游标卡尺型式有四种,相应的分度值和测量范围见表 2-1.

表 2-1 游标卡尺的型式

型式	测量范围/mm	游标读数值/mm
Ⅰ	0～125、0～150	0.02、0.05、0.10
Ⅱ、Ⅲ	0～200、0～300	
Ⅳ	0～500、0～1 000	

表 2-1 中测量范围就是游标卡尺能够测量工件的最大长度.分度值是游标卡尺能分辨的最小量度.

刻度指示值与两测量面实际分隔的距离之差称为示值误差.为了方便,现将常用的游标卡尺的示值误差列入表 2-2 中.

表 2-2 常用游标卡尺的示值误差

测量长度/mm	游标读数值/mm		
	0.02	0.05	0.10
0～150	±0.02	±0.05	±0.10
150～200	±0.03	±0.05	
200～300	±0.04	±0.08	
300～500	±0.05	±0.08	
500～1 000	±0.07	±0.10	±0.15

使用游标卡尺时应注意以下几点：

(1) 根据测量精度要求及待测物尺寸估计值选择分度值和测量范围合适的游标卡尺.

(2) 检查测量爪的测量面是否平直，尺框移动是否灵活，紧固螺钉是否起作用.

(3) 检查游标卡尺零位. 若零点不对，应记下零点读数，对测量值进行零点修正.

(4) 测量时，掌握好测量爪与被测工件表面的接触压力，使测量面与工件正好接触，同时测量爪还可以沿工件表面自由滑动.

(5) 测量时测量爪不应歪斜.

（二）螺旋测微计

螺旋测微计又称千分尺，是利用螺旋原理制成的，其结构如图 2-11 所示. 螺旋测微计的主要部分是由一根螺距为 0.5 mm 的测微螺杆和固定套管组成的. 测微螺杆、微分筒和测力装置连在一起. 当微分筒相对于固定套管转过一周时，测微螺杆前进或后退 0.5 mm. 微分筒有 50 个分度，当它转过一个分度时，测微螺杆前进或后退 0.01 mm. 在固定套管上刻有毫米刻线和半毫米刻线.

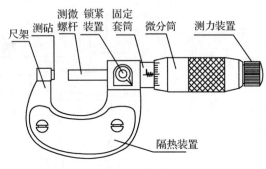

图 2-11　螺旋测微计

螺旋测微计的分度值为 0.01 mm，量程一般为 25 mm，其示值误差为 ±0.004 mm.

使用螺旋测微计时应注意以下几点：

(1) 检查零点读数，若零点不对，应记下零点读数.

(2) 当测量面快要接触或测量面与工件快要接触时，应使用测力装置，听到"咔咔"声，表示已接触好.

(3) 螺旋测微计的测微螺杆中心线应与工件被测长度方向一致，不要歪斜.

二、用游标卡尺测定铜杯的体积

按图 2-12、图 2-13、图 2-14、图 2-15 测量铜杯的外径、内径、高度和深度各 5 次. 每一次测量均要将铜杯更换一下位置.

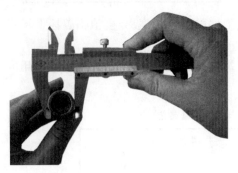

图 2-12　测铜环外径

图 2-13　测铜环内径

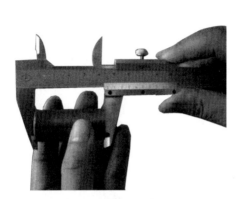

图 2-14　测铜环高度　　　　　　图 2-15　测铜环深度

三、用螺旋测微计测量钢球的体积

按图 2-16 测量钢球的直径 6 次，每次测量均要更换钢球的位置.

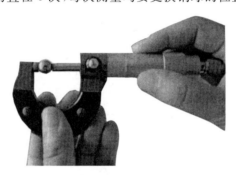

图 2-16　测钢球直径

实验数据记录及处理

一、测铜杯体积

游标卡尺的分度值 δ＝　　　　mm，示值误差＝　　　　mm

测量数据表格

次数	1	2	3	4	5	平均值
外径 D/cm						
内径 d/cm						
杯高 H/cm						
杯深 h/cm						

铜杯体积的最佳值 $\overline{V}=\dfrac{\pi}{4}(\overline{D}^2\overline{H}-\overline{d}^2\overline{h})=$

$\Delta_D=\Delta_d=\Delta_H=\Delta_h=$ _____ ，$u_B(D)=u_B(d)=u_B(H)=u_B(h)=$

$u_A(D)=\left[\dfrac{(D_1-\overline{D})^2+(D_2-\overline{D})^2+\cdots}{5\times 4}\right]^{\frac{1}{2}}=$

$$u(D)=\sqrt{u_A^2(D)+u_B^2(D)}=$$

$$u_A(d)=\left[\frac{(d_1-\overline{d})^2+(d_2-\overline{d})^2+\cdots}{5\times 4}\right]^{\frac{1}{2}}=$$

$$u(d)=\sqrt{u_A^2(d)+u_B^2(d)}=$$

$$u_A(H)=\left[\frac{(H_1-\overline{H})^2+(H_2-\overline{H})^2+\cdots}{5\times 4}\right]^{\frac{1}{2}}=$$

$$u(H)=\sqrt{u_A^2(H)+u_B^2(H)}=$$

$$u_A(h)=\left[\frac{(h_1-\overline{h})^2+(h_2-\overline{h})^2+\cdots}{5\times 4}\right]^{\frac{1}{2}}=$$

$$u(h)=\sqrt{u_A^2(h)+u_B^2(h)}=$$

$$u(V)=\sqrt{\left(\frac{\partial V}{\partial D}\right)^2 u^2(D)+\left(\frac{\partial V}{\partial H}\right)^2 u^2(H)+\left(\frac{\partial V}{\partial d}\right)^2 u^2(d)+\left(\frac{\partial V}{\partial h}\right)^2 u^2(h)}=$$

结果表示：$\overline{V}\pm u(V)=$ ，$E_V=\dfrac{u(V)}{\overline{V}}\times 100\%=$

二、测钢球的体积

螺旋测微计的分度值 $\delta=$ mm，示值误差$=$ mm，零点读数 $d_0=$ mm

测量数据表格

次数	1	2	3	4	5	6	平均值	$\overline{d}-d_0$
d/mm								

钢球体积的最佳值 $\overline{V}=\dfrac{\pi}{6}(\overline{d}-d_0)^3=$

$$u_A(d)=\left[\frac{(d_1-\overline{d})^2+(d_2-\overline{d})^2+\cdots}{6\times 5}\right]^{\frac{1}{2}}=$$

$$\Delta_d= \quad ,u_B(d)=$$

$$u(d)=\sqrt{u_A^2(d)+u_B^2(d)}=$$

$$E_V=\sqrt{3^2 E_d^2}=3E_d=\frac{3u(d)}{\overline{d}-d_0}\times 100\%=$$

$$u(V)=E_V\cdot\overline{V}=$$

结果表示：$\overline{V}\pm u(V)=$ ，$E_V=$

知识拓展

游标卡尺的由来

最具现代测量价值的游标卡尺一般认为是由法国人维尼尔·皮尔（Pierre Vernier，1580—1637）在1631年发明的。他是一名颇具名气的数学家，在他的数学专著《新四分圆的结构、利用及特性》中记述了游标卡尺的结构和原理，而他的名字 Vernier 变成了英文的游标一词沿用至今。而这把赫赫有名的游标卡尺至今没有人见到，因此有人质疑他是否制成了游标卡尺。19世纪中叶，美国机械工业快速发展，美国夏普机械有限公司创始人于1985年秋成功加工出了世界上第一批游标卡尺，1854年荷、法、德、英都普遍用上了游标卡尺，1856年日本也普及了游标卡尺.游标卡尺的制造技术逐渐更新,进而迅速提高,使之成了通用性的长度测量工具.

1992年5月在扬州市西北8公里的邗江区甘泉乡(今邗江区甘泉镇)顺利清理了一座东汉早期的砖室墓,从墓中出土了一件铜卡尺(图2-17),此铜卡尺由固定尺和活动尺等部件构成.固定尺通长13.3 cm,固定卡爪长5.2 cm,宽0.9 cm,厚0.5 cm,固定尺上端有鱼形柄,长13 cm,中间开一导槽,槽内置一能旋转调节的导销,

图2-17 铜卡尺

循着导槽左右移动,在活动尺和活动卡爪间接一环形拉手,便于系绳或抓握,两个爪相并时,固定尺与活动尺等长.使用时,将左手握住鱼形柄,右手牵动环形拉手,左右拉动,以测工件.用此量具既可测器物的直径,又可测其深度以及长、宽、厚,均较直尺方便和精确.可惜因年代久远,其固定尺和活动尺上的计量刻度和纪年铭文已锈蚀难以辨认.东汉原始铜卡尺的出土,纠正了世人游标卡尺是由欧洲科学家发明的这一观念,它比欧洲的游标卡尺早出现了1 600多年.

实验2 金属杨氏弹性模量的测定

杨氏弹性模量是描述固体材料抵抗形变能力的重要物理量,是工程技术中常用的参数,是选择材料的重要依据之一.杨氏弹性模量的测定对研究各种材料的力学性质有着重要意义.测量杨氏弹性模量的方法一般有拉伸法、梁弯曲法、振动法等,本实验用静态拉伸法来测量金属丝的杨氏弹性模量.

实验目的

1. 学会用拉伸法测量金属丝的杨氏弹性模量.
2. 掌握用光杠杆法测量微小长度变化量的原理和方法.
3. 学会用逐差法处理实验数据.

实验仪器

杨氏模量仪、光杠杆、带标尺的望远镜、螺旋测微计、游标卡尺、米尺、砝码.

实验原理

一、拉伸法测杨氏弹性模量

物体在外力作用下会发生形变,当形变不超过某限度时,在撤除外力后,形变随之消失,物体恢复原状,这种形变称为弹性形变.若形变超过了一定限度,在外力撤除后,物体不能恢复原状,形变依然存在,这种形变称为范性形变.本实验只研究弹性形变.

设一长为L、横截面积为S的均匀金属丝,在受到沿长度方向的外力F的作用下伸长ΔL.比值F/S是单位面积上的作用力,称为应力(协强),而比值$\Delta L/L$是金属丝的相对伸长量,称为应变(协变).根据胡克定律,在材料弹性范围内应变与应力成正比,即有

$$\frac{F}{S}=Y\frac{\Delta L}{L} \tag{2-1}$$

式中的比例系数 Y 称为该材料的杨氏弹性模量,简称杨氏模量,它的单位为 $N \cdot m^{-2}$.

由式(2-1)得

$$Y = \frac{F/S}{\Delta L/L} = \frac{FL}{S\Delta L} \tag{2-2}$$

实验证明,杨氏弹性模量与外力 F、物体的长度 L 和横截面积 S 的大小无关,只取决于被测物的材料特性,它是表征固体性质的一个物理量.

由式(2-2)可见,只要测出外力 F、金属丝原长 L 和横截面积 S,以及在外力 F 作用下金属丝的伸长量 ΔL,就可以测出金属丝的杨氏弹性模量 Y. 上述几个量中,F、L、S 都容易测出,而 ΔL 是个微小伸长量,用通常测长度的仪器(游标卡尺、螺旋测微计等)难以测量,这也是本实验要解决的关键问题. 为此,本实验采用光杠杆放大原理来测量金属丝的微小伸长量 ΔL.

二、光杠杆放大原理

微小长度 ΔL 的测量,需要光杠杆与带标尺的望远镜配合使用. 如图 2-18 所示,从望远镜标尺发出的光经远处光杠杆上的平面镜 M 反射后到达望远镜,被观察者在望远镜中看到.

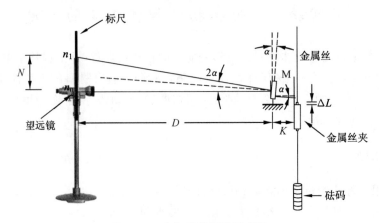

图 2-18 光杠杆的测量原理图

设开始时平面镜 M 处于垂直状态,从望远镜中看到标尺上的刻线读数为 n_0. 当金属丝在外力(砝码)作用下伸长时,光杠杆的后足随金属丝夹下降了 ΔL,带动平面镜 M 转过一个角度 α,经镜面反射的光会相应地改变 2α 的角度,此时观察到标尺刻线读数变化到了 n_1 的位置. 设光杠杆后足尖到两前足尖连线的垂直距离为 K,镜面到标尺的距离为 D,由图中的几何关系可知:

$$\tan\alpha = \frac{\Delta L}{K}$$

$$\tan 2\alpha = \frac{N}{D} (N = n_1 - n_0)$$

由于 $\Delta L \ll K$,角 α 非常小,故 $\tan\alpha \approx \alpha$,$\tan 2\alpha \approx 2\alpha$,所以

$$\alpha = \frac{\Delta L}{K}, \quad 2\alpha = \frac{N}{D},$$

消去 α,得

$$\Delta L = \frac{KN}{2D} \tag{2-3}$$

$N/\Delta L$ 称为光杠杆的放大倍数,由式(2-3)得

$$\frac{N}{\Delta L} = \frac{2D}{K} \tag{2-4}$$

上式表明，D 越大，则光杠杆的放大倍数越大。通常光杠杆的放大倍数可达数十倍。

设金属丝的直径为 d，则横截面积为

$$S = \frac{1}{4}\pi d^2$$

将上式和式(2-3)代入式(2-2)，可得金属丝的杨氏弹性模量为

$$Y = \frac{FL}{S\Delta L} = \frac{8FLD}{\pi d^2 NK} \tag{2-5}$$

实验内容

一、仪器介绍

杨氏模量仪如图 2-19 所示，它由 H 形支柱和一个带有水平调节螺丝的底座组成。支柱上端有带上夹头的横梁，被测金属丝上端被夹紧在上夹头中而固定。支柱中部有一个上下可调的平台，平台中部开有一个圆孔，圆孔中穿有一个可以上下自由移动的下夹头，下夹头为中间有一小孔的圆柱体，金属丝的下端从其中穿过而被夹紧，下夹头下端悬挂砝码。

光杠杆如图 2-20 所示，它由一圆形平面镜装在一个小的三足架上构成，三足尖组成一个等腰三角形，两前足尖(有的光杠杆是刀口)放在平台前横槽里，后足尖的位置可调，后足尖置于金属丝的下夹头上。

带标尺的望远镜如图 2-21 所示，它由望远镜和标尺组成，用于观察由光杠杆平面镜反射的标尺的像，并通过望远镜中的叉丝对标尺读数。

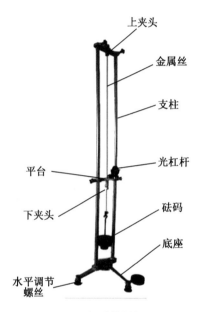

图 2-19 杨氏模量仪

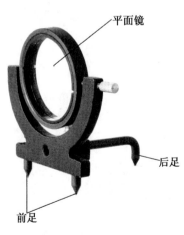

图 2-20 光杠杆

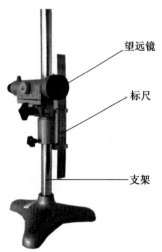

图 2-21 带标尺的望远镜

内调焦望远镜的结构如图 2-22 所示,它由物镜和目镜组成,为方便调节和测量,在物镜和目镜之间设有叉丝分划板和内调焦透镜,叉丝分划板固定在 B 筒内,可沿筒前后移动以改变目镜与叉丝分划板间的距离.

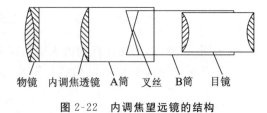

图 2-22 内调焦望远镜的结构

二、仪器调整

（一）杨氏模量仪调整

调节杨氏模量仪底座水平调节螺丝,使其两支柱铅直,金属丝处于铅直悬挂状态,调节平台上下高度,使金属丝下夹头位于平台圆孔中并能自由升降、不受阻力作用(可在金属丝下端先挂 1~2 个砝码,以确保金属丝自由下垂).

（二）光杠杆调整

如图 2-23 所示,将光杠杆的两前足(有的光杠杆是刀口)放在平台的横槽中,后足置于金属丝的圆柱形下夹头上(注意:后足不能与金属丝相接触).将平面镜的镜面调成竖直,使平面镜的法线方向基本水平.

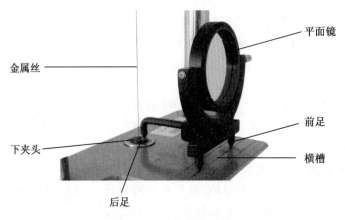

图 2-23 光杠杆的放置

（三）望远镜调整

位置调整:将望远镜置于光杠杆平面镜正前方约 1.5 m 的位置处,使望远镜镜筒与光杆杆处于同一高度.将望远镜调成水平,标尺调至铅直状态.

目测粗调:将望远镜瞄准光杠杆的平面反射镜镜面,从望远镜外侧沿镜筒轴线方向观察平面镜中能否看到标尺的像.如果看不到,可左右移动望远镜并适当调整平面镜的仰俯角度,直到从平面镜中看到标尺的像为止.

望远镜细调:旋动望远镜目镜,看清十字叉丝.再旋转物镜调焦手轮,直到从望远镜中看清光杠杆平面镜反射的标尺像.仔细调整望远镜的位置,使望远镜中的标尺像接近视场中心,并能看清标尺刻度,参见图 2-24.调节标尺上下位置,使标尺中部的零标线尽

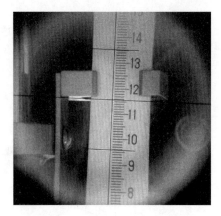

图 2-24 望远镜中观察到的由平面镜反射的标尺像

可能落在望远镜十字叉丝的横丝上.

消除视差:进一步细调望远镜,使得当眼睛上下移动时,从望远镜中观察到的标尺刻度线与叉丝的相对位置无偏移,即无视差(视差是在光学实验的调整过程中,随着眼睛的晃动即观察位置稍微改变,标尺与被测物体(像)之间产生相对移动,造成难以进行准确实验测量的一种现象.视差是由于叉丝与标尺的像不在同一平面内造成的,因此,当观察者移动观察点时读数会发生偏差,故需仔细调节望远镜内筒以消除视差,使标尺的像正好落在十字叉丝所在的平面内).

三、数据测量

1. 依次将 1 kg 的砝码轻轻地加到砝码托盘上,记下各次的标尺读数,共 8 次(增重读数);然后再将砝码依次轻轻取下,记下相应的标尺读数,共 8 次(减重读数),求平均值.

2. 多次测量 d:依次在金属丝有效长度内上、中、下三个不同位置处用螺旋测微计测金属丝的直径 6 次,共得 6 个数据,由这 6 个数据得出金属丝直径的测量结果.

3. 单次测量 $L、D、K$:用米尺测量上、下夹头之间金属丝的长度 L 及光杠杆镜面与标尺的距离 D;将光杠杆放在纸上压出足痕,用游标卡尺测出光杠杆的后足到两前足连线的垂直距离 K.

实验数据记录及处理

一、用逐差法处理 N 和 F

次数	砝码质量 m/kg	拉力 F/N($F=mg$)	标尺读数/cm		平均值
			加砝码时	减砝码时	
1	0	$F_0=0g$	$n_0{}'$	$n_0{}''$	n_0
2	1	$F_1=1g$	$n_1{}'$	$n_1{}''$	n_1
3	2	$F_2=2g$	$n_2{}'$	$n_2{}''$	n_2
4	3	$F_3=3g$	$n_3{}'$	$n_3{}''$	n_3
5	4	$F_4=4g$	$n_4{}'$	$n_4{}''$	n_4
6	5	$F_5=5g$	$n_5{}'$	$n_5{}''$	n_5
7	6	$F_6=6g$	$n_6{}'$	$n_6{}''$	n_6
8	7	$F_7=7g$	$n_7{}'$	$n_7{}''$	n_7

拉力 $F=mg$,$\Delta F_1=\Delta F_2=\Delta F_3=\Delta F_4=4\times 9.79$ N

$$\overline{\Delta F}=4\times 9.79 \text{ N} \qquad (无锡地区 g=9.79 \text{ m/s}^2)$$

F 的误差忽略不计.

$N_1=n_4-n_0=$

$N_2=n_5-n_1=$

$N_3=n_6-n_2=$

$N_4=n_7-n_3=$

$$\overline{N} = \frac{N_1 + N_2 + N_3 + N_4}{4} =$$

$\Delta_N =$

$u_B(N) =$

$$u_A(N) = \sqrt{\frac{(N_1 - \overline{N})^2 + (N_2 - \overline{N})^2 + (N_3 - \overline{N})^2 + (N_4 - \overline{N})^2}{4 \times 3}} =$$

$u(N) = \sqrt{u_A^2(N) + u_B^2(N)} =$

$\overline{N} \pm u(N) =$

二、多次测量测 d

螺旋测微计的零点读数 $d_0 =$

| $d_1 =$ | $d_2 =$ | $d_3 =$ | $d_4 =$ | $d_5 =$ | $d_6 =$ |

$$\overline{d'} = \frac{d_1 + d_2 + d_3 + d_4 + d_5 + d_6}{6} =$$

$\overline{d} = \overline{d'} - d_0 =$

$$u_A(d) = \sqrt{\frac{(d_1 - \overline{d'})^2 + (d_2 - \overline{d'})^2 + (d_3 - \overline{d'})^2 + (d_4 - \overline{d'})^2 + (d_5 - \overline{d'})^2 + (d_6 - \overline{d'})^2}{5 \times 6}} =$$

$\Delta_d =$, $u_B(d) =$

$u(d) = \sqrt{u_A^2(d) + u_B^2(d)} =$

$\overline{d} \pm u(d) =$

三、单次测 L、D、K

$L =$, $u(L) = \Delta_L =$

$D =$, $u(D) = \Delta_D =$

$K =$, $u(K) = \Delta_K =$

四、计算 Y（注意应先将各长度化成以米为单位）

$$\overline{Y} = \frac{8LD}{\pi \overline{d}^2 K} \cdot \frac{\overline{\Delta F}}{\overline{N}} =$$

$$E_Y = \frac{u(Y)}{Y} = \sqrt{\left[\frac{u(L)}{L}\right]^2 + \left[\frac{u(D)}{D}\right]^2 + \left[\frac{u(K)}{K}\right]^2 + \left[\frac{2u(d)}{\overline{d}}\right]^2 + \left[\frac{u(N)}{\overline{N}}\right]^2} =$$

$u(Y) = E_Y \cdot \overline{Y} =$

$\overline{Y} \pm u(Y) =$, $E_Y =$

注意事项

1. 光杠杆的后足一定要置于圆柱形的夹头上，不能放在支架的平台上．

2. 由于实验室中仪器位置的安排关系，从望远镜中观察标尺在平面镜中的虚像时，有可能误将对面座位上另一套仪器的标尺当成自己标尺的像．判断方法之一是将一个手指贴着自己的标尺表面移动，观察标尺在平面镜中的像上是否有手指在移动，如有，则看到的是自己的标尺；否则就不是，需要重新调整．

3. 加、减砝码时要轻拿轻放,避免砝码托盘晃动,待望远镜中标尺读数稳定后才能读数.

4. 金属丝荷重相同时,标尺读数应接近,如相差较大,应寻找原因,消除故障后重测.

5. 测量金属丝直径时,应注意不能扭折金属丝.

6. 测量光杠杆的后足到前足两点连线的距离 K 时,光杠杆应轻拿轻放,以防摔坏平面镜.

7. 实验完成后,应将砝码取下,防止金属丝疲劳.

思考题

1. 如果某同学将光杠杆的后足置于支架的平台上,那么他的读数记录有什么特点?

2. 只给一把卷尺,能否估算出该光杠杆的放大倍数?指出应测量哪些物理量,并表示出最后结果.

3. 本实验中,对 L、D、K 只测一次,但为什么对金属丝直径 d 要进行多次测量?

4. 在研究平面镜中标尺读数的改变量 N 时,为什么要用逐差法处理数据?其使用条件及优点各是什么?

5. 本实验如果不用逐差法,而用作图法处理数据,应如何处理?怎样根据图线求出实验结果?

6. 用光杠杆放大测量微小位移是一种较为普遍的方法,除本实验外,还可在哪些实验中采用此方法?

知识拓展

拉伸法测金属杨氏弹性模量实验仪的若干改进

在用拉伸法测金属丝杨氏弹性模量实验过程中,我们发现该实验所用的杨氏模量仪存在许多不足之处.例如,不易在望远镜中找到由光杠杆上平面镜反射回来的标尺的像,实验者常需耗费大量时间来调节仪器;操作过程中,需要一人在仪器处加减砝码,另一人在望远镜处观测,或一人在仪器和望远镜之间来回跑动;加减砝码时金属丝会出现晃动,导致标尺读数不稳定,等等.针对实验中出现的各种问题,我们对该实验仪作了多种有益的改进,并申请了多项相关专利.

针对实验过程中光路不可见、难以调节光路的问题,陈健、郝宏玥、朱纯等人用一字线激光器替代原光杠杆上的平面镜,发明了一种激光光杠杆(CN201120054338.7),由金属丝的微小伸长带动激光器发出的激光线同步偏转,用一字激光线作为标尺的读数标线,由于其光路可见,大大方便了仪器的调节和实验测量.

为了解决实验操作过程中一人难以独立完成实验的问题,郝宏玥、陈健研制了一种一体型激光杨氏模量测定仪(CN201020150310.9),使用该仪器时不需要望远镜,便可单人独立方便地完成实验,同时大大节省了实验所需场地空间.

针对实验仪在加减砝码时金属丝晃动的问题,陈健、陈学清、朱纯等人在砝码托盘下方增加了限位杆和限位器,发明了一种杨氏模量实验仪防晃动装置(CN201220527119.0);王廷志、杜乐娜、陈学清等人设计了一种带防晃动装置的杨氏模量测定仪底盘

(CN201220532032.3)及防晃动装置(CN201120127774.2).以上改进均巧妙地解决了实验过程中金属丝的晃动问题.

方蔚然、陈健、朱纯发明了一种通用杨氏模量(CN201320245439.1),陈健、朱纯、任仲贤发明了一种激光镜面组合光杠杆(CN201420065357.3),利用上述发明,实验者可在同一台杨氏模量仪上同时或分别用传统镜面光杠杆和激光光杠杆进行实验并进行测量比较,拓展了传统杨氏模量仪的功能.

江南大学物理实验中心已授权的部分杨氏模量仪相关专利如下表所示,读者可从这些发明中获得有益启发.

物理实验中心已授权的杨氏模量仪相关专利(部分)

编号	专利名称	专利号	发明人
1	激光光杠杆	CN201120054338.7	陈健、郝宏玥、朱纯等
2	一体型激光杨氏模量测定仪	CN201020150310.9	郝宏玥、陈健
3	一种杨氏模量实验仪防晃动装置	CN201220527119.0	陈健、陈学清、朱纯、郝宏玥
4	带防晃动装置的杨氏模量测定仪底盘	CN201220532032.3	王廷志、陈学清、赵国派
5	一种激光镜面组合光杠杆	CN201420065357.3	陈健、朱纯、任仲贺
6	一种通用杨氏模量实验仪	CN201320245439.1	方蔚然、陈健、朱纯
7	方便杨氏模量测定仪防晃动装置	CN201220510382.9	王廷志、赵博然、谢广喜
8	防晃动一体型激光杨氏模量测定仪	CN201120127774.2	杜乐娜、王廷志、高光华等
9	杨氏模量测定仪专用砝码	CN201320246958.X	刘姿忆、谢光喜、王廷志

实验3 二极管伏安特性的测定

实验目的

1. 学会测绘晶体二极管伏安特性曲线,学习用图示法表示实验结果.
2. 熟悉直流电压表、电流表的使用方法,并注意在测量不同的电阻值时它们的配合方式.

实验仪器

YJ44型直流稳压电源、开关、电阻箱、滑动变阻器、电压表、毫安表、微安表及待测晶体二极管.

实验原理

当一个元件的两端加上电压,元件内有电流通过时,电压与电流之比称为该元件的电阻.根据导电机理不同,可将元件分为两类.若元件两端电压与电流成正比,伏安特性曲线为一条直线,这类元件被称为线性元件(服从欧姆定律,电阻值与所加电压或电流无关,如金属膜电阻、碳膜电阻、线绕电阻等);若元件两端电压与通过它的电流不成正比,伏安特性曲线不再是直线,而是一条曲线,这类元件被称为非线性元件(不服从欧姆定律,二极管、热敏电阻、光敏电阻等都是非线性元件).在生产和科学研究中,电阻的非线性有着广泛、特殊的用途.

在研究普通电阻的伏安特性时,要根据待测电阻的大小来决定电压表和电流表在测量线路中的具体接法——是安培表外接法[简称外接法,如图 2-25(a)所示]还是安培表内接法[简称内接法,如图 2-25(b)所示],否则将导致较大的测量误差.

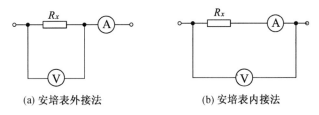

(a) 安培表外接法　　　　　(b) 安培表内接法

图 2-25　安培表接法

以上两种测量方法都存在系统误差:采用外接法时,测量值偏小,因为此时测量值 $R_x' = \frac{U}{I} = \frac{R_x \cdot R_V}{R_x + R_V} < R_x$,故只有 $R_x \ll R_V$(也常称为小电阻)时,才有 $R_x' = \frac{U}{I} \approx R_x$(但仍偏小);采用内接法时,测量值偏大,因为此时测量值 $R_x' = \frac{U}{I} = R_x + R_A > R_x$,只有 $R_x \gg R_A$(也常称为大电阻)时,才有 $R_x' = \frac{U}{I} \approx R_x$(但仍偏大).

晶体二极管是一种最简单的非线性电学元件,由一个 p-n 结,加上接触结、引线和封装管壳组成.由于 p-n 结具有单向导电性,故二极管的正反向伏安特性相差甚大.图 2-26 为晶体二极管的伏安特性曲线.从曲线上可以看出,当二极管所加正向电压很小时,二极管呈现的电阻很大,正向电流很小;当电压超过一定数值 U_0(称为导通电压)时,二极管的电阻变得很小,电流随电压增长很快,这时二极管处于导通状态.导通电压的确定,一般是在正向特性曲线较直部分画一切线,延长该切线,使之相交于横坐标(U 轴)上一点,该点在

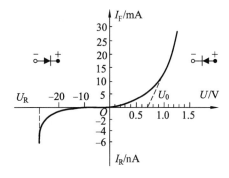

图 2-26　晶体二极管的伏安特性曲线

横轴上的值就是该二极管的导通电压.在常温下,一般锗管的导通电压为 0.2~0.4 V,硅管的导通电压为 0.6~0.8 V(本实验中所用二极管材料未知,因此导通电压处于 0.2~0.8 V 之间).使用二极管时,要注意电流不能超过最大整流电流,否则会损坏二极管.给二极管加反向电压时,它的电阻很大,其呈现不导通状态,但此时仍有很小的反向电流,这是由少数载流子形成的反向漏电流.当反向电压稍加大一些时,反向漏电流就不再增加,达到饱和.当反向电压增加到一定数值 U_R 后,反向电流突然增大,对应电流突变这一点的电压 U_R 称为二极管的反向击穿电压.为保证晶体二极管的工作安全,晶体管手册给出的最大反向工作电压通常是反向击穿电压的一半,使用二极管时,所加反向电压一般不得超过其最大反向工作电压.

基于晶体二极管的电阻特性,因为所加正向电压超过导通电压 U_0 时,其电阻很小,因此本实验中测量二极管正向伏安特性时,宜采用安培表外接法;而当二极管加反向电压时,二极管呈现的电阻很大,因此在测量二极管的反向伏安特性时,采用安培表内接法.本实验中,由于不清楚二极管材质,因此本实验的重点是通过控制电源电压和电阻(滑动变阻器和电阻箱)来严格控制二极管正向整流电流和反向电压的数值.

实验内容

1. 测量二极管反向伏安特性曲线.

按图 2-27 接好电路.

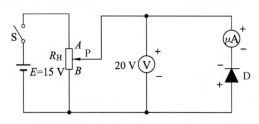

图 2-27 二极管反向伏安特性曲线测量电路图

(1) 将 R_H 的 P 滑向 B 点,电源 E 调到 15 V 左右.

(2) 合上 S,逐渐由 B 向 A 滑动 P 以增加电压,并记下各电压对应的电流值,共测 10 组数据,填入下表:

U/V	0.50	1.00	1.50	2.00	4.00	6.00	8.00	10.00	12.00	14.00
I_R/nA										

注意事项:

① 反向电压要小于二极管的最大反向工作电压(电源电压≤15 V).

② 变阻器 R_H 的滑片 P 在实验前应放在 B 点处.根据本实验所用二极管的型号,查晶体管手册得到该二极管的最大反向工作电压(最大反向工作电压通常是反向击穿电压的一半)为 14 V,所以实验中使用的 RJG1 型数字电压表的量程开关拨向 20 V.在使用指针式电流表时,务必不能接错正负接线柱(否则将损坏仪器).

③ 由于二极管加反向电压时,二极管呈现的电阻很大,反向电流很小,本实验中测反向电流用的是数字直流微电流计,量程可选为 200 nA.

2. 测量二极管正向伏安特性曲线.

按图 2-28 所示接好电路.

(1) 将滑动变阻器 R_H 的滑动接头 P 推至 B 端,将电源电压调到 3 V 左右.

(2) 合上 S,逐渐将滑动接头 P 由 B 向 A 滑动以增加电压,并记下与各电压值对应的电流值,共测 10 组数据并填入下表:

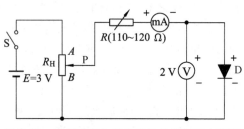

图 2-28 二极管正向伏安特性曲线测量电路图

U/V											
I_F/mA	0.1	0.2	0.3	0.5	1.0	1.5	2.0	4.0	6.0	8.0	10.0

注意事项：

① 正向电流不超过二极管的最大整流电流(电源电压≤3 V).

② 本实验最大电流控制在 10 mA 之内.实验中测正向电流用的是数字直流电流表,量程可选为 20 mA.

③ 由于二极管所加正向电压很小时,二极管呈现的电阻很大,但当电压超过导通电压 U_0,二极管的电阻很小,而本实验中正向电流控制在 10 mA 以内,二极管所需正向电压较小,此时 RJG1 型数字电压表的量程开关拨向 2 V.

(3) 移动滑动变阻器的滑动接头,使毫安表读数按上述表格内数据变化,直到电流值 $I>10$ mA 时为止.

实物连接图

1. 测定二极管反向伏安特性.

测定二极管反向伏安特性实物图如图 2-29 所示.

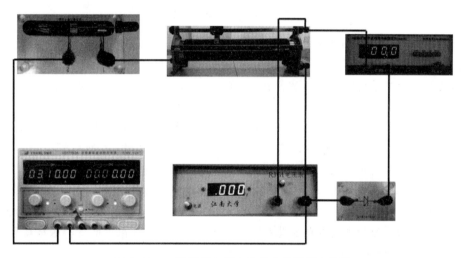

图 2-29　二极管反向伏安特性曲线测量实物图

2. 测定二极管正向伏安特性.

测定二极管正向伏安特性实物图如图 2-30 所示.

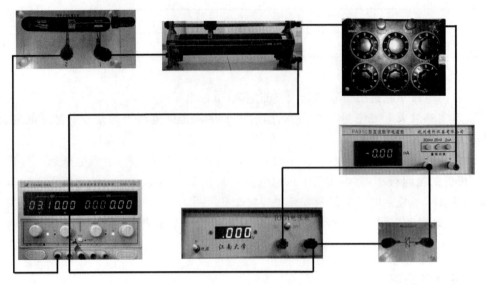

图 2-30 二极管正向伏安特性曲线测量实物图

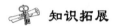 知识拓展

肖克利与半导体二极管

威廉·肖克利(William Shockely,1910—1989),生于伦敦,3岁随父母举家迁往加州.从事矿业的双亲从小给他灌输科学思想,加上中学教师斯拉特的熏陶,他考入了麻省理工学院(MIT),获固体物理学博士学位后留校任教.不久,位于新泽西州的贝尔实验室副主任凯利来麻省理工学院将肖克利挖走了.二战结束后,贝尔实验室开始研制新一代的电子管,具体由肖克利负责,成员有沃尔特·布拉顿(Walter Brattain)和巴丁约翰·巴丁(John Bardeen).

小组中的成员布拉顿早在1929年就开始在贝尔实验室工作,长期从事半导体的研究.布拉顿发现,在锗片的底面接上电极,在另一面插上细针并通上电流,然后让另一根细针尽量靠近它,并通上微弱的电流,这样就会使原来的电流产生很大的变化.微弱电流少量的变化,会对另外的电流产生很大的影响,这就是"放大"作用.布拉顿等人还想出有效的办法,来实现这种放大效应.他们在发射极和基极之间输入一个弱信号,在集电极和基极之间的输出端就放大为一个强信号了.1947年圣诞节前两天的一个中午,肖克利的研究小组利用两个靠得很近(相距0.05 mm)的触须结点来代替金箔结点,制造了"点接触型晶体管"(Point Contact Transistor Amplifier).1947年12月,这个世界上最早的实用半导体器件终于问世了,在首次试验时,它能把音频信号放大100倍,它的外形比火柴棍短,但要粗一些.

由于点接触型晶体管制造工艺复杂,致使许多产品出现故障,它还存在噪声大、功率大时难于控制、适用范围窄等缺点.为了克服这些缺点,肖克利提出了用一种"整流结"来代替金属半导体结点的大胆设想.1950年,第一只"PN结型晶体管"问世了,它的性能与肖克利原来设想的完全一致.今天的晶体管,大部分仍是这种PN结型晶体管(所谓PN结就是P型和N型的结合区.P型多空穴,N型多电子).

1955年,高纯硅的工业提炼技术已成熟,用硅晶片生产的晶体管收音机问世.肖克利便于1955年回到老家圣克拉拉谷(硅谷),成立了肖克利实验室股份有限公司.虽然肖克利有非常优秀的科学头脑,然而他的管理能力欠佳,企业出现严重问题.有八位优秀人才于1957年一起离开肖克利并创办了仙童公司,其中的诺伊斯与摩尔又于1968年创办了英特尔公司.

肖克利、巴丁、布拉顿三人,因发明晶体管同时荣获1956年度诺贝尔物理学奖.

电磁测量仪器和器件

一、电源

电源可分为直流电源和交流电源两类.常用的直流电源有干电池、蓄电池、直流稳压电源等.交流电源有市电(220 V 50 Hz)及由市电经变压器变压的电源.直流稳压电源是将交流电转变为直流电的装置,其输出电压基本上不随交流电源电压的波动和负载电流的变化而有所起伏,内阻也较小.有些稳压电源能提供从零开始的连续可调的直流电压,有些只能提供一个固定数值的直流电压.实验室常用的 YJ44 型直流稳压电源可将交流市电经变压器降压、二极管整流、滤波及晶体管电路稳压后输出稳定的直流电压.这种电源稳定性好,输出电压在 0~30 V 范围内连续可调(粗调、细调分别由两旋钮控制),最大输出电流为 2 A,并有短路保护装置,使用十分方便.

应根据实验的要求正确选择电源的种类和型号.使用时,先接通交流电,调整到所需电压后再接入电路.使用过程中,应注意不要使电源超载,即电流不得超过它的额定电流值,更不能使电源两极短路,否则容易损坏电源,有短路保护装置的电源也应避免超载、短路.

二、标准电池

标准电池的电动势稳定,内阻高,是测量电位差的基准.常用的镉-汞标准电池的电动势相当稳定,在室温20℃时电动势 $E_{s20}=1.018\ 6$ V,当温度变化时,电动势随之变化,其实际数值 E_{st} 可利用修正公式

$$E_{st}=E_{s20}-0.000\ 04(t-20)-0.000\ 001(t-20)^2$$

计算.其中 t 为标准电池所处的摄氏温度(单位为℃).

标准电池的准确度和稳定度与使用情况和维护有很大关系.在使用和存放时必须注意标准电池不能作电源使用,不允许通过大于 20 μA 的电流;严格禁止用电压表、多用电表直接测量标准电池;不能把它的两极短路,也不能将其倾斜或震动,否则都会使它失去标准值,还可能造成危险.

三、开关

开关用于控制电路的通、断及转换.常见的有按钮开关、单刀单掷开关、单刀双掷开关、双刀双掷开关、换向开关、保护开关等(图 2-31),可根据对电路的控制要求选择使用.

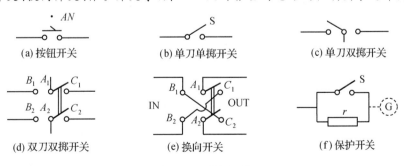

图 2-31 常用开关

双刀双掷开关是两个联动的单刀双掷开关的组合,用于双线选择电路中拨向左或右,可以方便地使 A_1、A_2 与 C 电路或 B 电路接通.

换向开关由双刀双掷开关改装而成,用于改变输出电流的方向.内部已将 B_1C_2、B_2C_1 对角相连,使用时只接四个接头.中间一对接头 A_1、A_2 必用,当开关拨向左或右时,输出的电压极性及电流流向便可改变.

保护开关是在单刀单掷开关上并联一只保护电阻 r,一般用于保护检流计等易损元件.当支路两端电压较大时,把 S 断开,电阻 r 起限流作用;待支路两端电压减小后,再将 S 接通,回路中检流计直通,便于精细测量.这样就达到了保护支路内检流计等易损元件的目的.

此外,在一些要求较高的场合应使用按钮开关,如稳压电源及一些电学仪器的电源开关,这种开关具有动作迅速、接触良好等优点.

四、电阻

为了改变或控制电路中的电流或电压,或为了构成待定电路的某个部分,在电路中经常需要接入各种阻值及额定功率不同的电阻.电阻可分固定电阻和可变电阻两类(图 2-32),这里着重介绍两种可变电阻器.

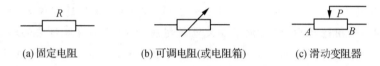

(a) 固定电阻　　(b) 可调电阻(或电阻箱)　　(c) 滑动变阻器

图 2-32　常用电阻符号

1. 转盘式电阻箱.

电阻箱是一种数值可调节的精密电阻组件,其内部是一套由锰铜线(阻值随温度的变化甚小)绕成的固定电阻,这些电阻按照一定的组合方式焊接在转盘上,而整个电阻箱由若干个转盘串联而成,调节电阻箱可得到需要的阻值,且能从箱面上直接读出.

图 2-33 为 ZX21 型转盘式电阻箱内部线路图及面板图.它有六个转盘,阻值在 $0.1 \sim 99\,999.9\ \Omega$ 之间可变,额定功率为 $0.25\ \text{W}$(表示箱内各挡中单个电阻功率额定值),等级为 0.1 级(表示电阻值的相对不确定度 $\dfrac{\Delta R}{R} \leqslant 0.1\%$,最大绝对不确定度为 $0.1\% \times R$,R 为所用阻值),每个转盘的接触电阻不大于 $0.002\ \Omega$.

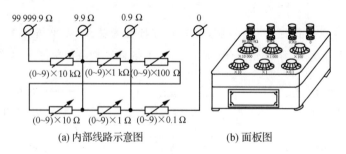

(a) 内部线路示意图　　(b) 面板图

图 2-33　ZX21 型转盘式电阻箱

ZX21 型电阻管面板上有六个调节转盘旋钮和四个接线柱.每个旋钮所示阻值等于圆点对准的数字乘以该钮的倍率,接入线路的总阻值为各个旋钮示数之和.使用时应使所需阻值范围与接线柱所示的调整范围相符合.若所取阻值大于 9.9 Ω,则应接"0"与"99 999.9"Ω两接线柱;为了减少接触电阻,若阻值小于 0.9 Ω,则应接"0"与"0.9"两接线柱;若阻值在 0.9 Ω 与 9.9 Ω 之间,则应接"0"与"9.9 Ω"两接线柱.采用四个接线柱的目的是为了在使用低阻时少用几个转盘,避免这些转盘的接触电阻带来的误差.对低阻来讲,接触电阻虽小,但产生的相对误差往往不可忽视.

使用电阻箱时一般不能使阻值出现零欧姆,以免损坏电路中的仪表.如遇到 90 Ω 变成 100 Ω 时,不能先将"×10"挡拨至"0",而应先将"×100"挡拨至"1"处,此时电阻为 190 Ω,再将"×10"挡的"9"拨至"0".另外,要注意电阻箱的电流不能大于额定电流,额定电流 $I = \sqrt{\dfrac{P}{r}}$,P 为额定功率(0.25 W),r 为某挡中单个电阻的阻值.同一挡中的额定电流相同.如"×1"挡($r=1$ Ω)的额定电流为 0.5 A,"×100"挡($r=100$ Ω)的额定电流为 0.05 A,几挡联用时,应取各挡中较小的作为额定电流.

2. 滑动变阻器.

在电学线路中,常利用滑动变阻器来改变电流或电压,它的结构如图 2-34 所示,其主要部分为密绕在瓷筒上的粗细均匀的涂有绝缘漆的金属电阻丝.电阻丝两端分别和 A、B 两接线柱相连,滑动接头 P 可沿金属杆滑动,并带动触点在电阻丝上滑动(接触处的电阻丝上的绝缘漆已刮掉),滑动接头 P 通过金属杆与接线柱 C 连接.显然,P 的滑动改变了阻值 R_{AC} 及 R_{BC},可使其在 $0 \sim R_{AB}$ 及 $R_{AB} \sim 0$ 之间变化.滑动变阻器上标有规格,包括全电阻 R_{AB} 和变阻器所允许通过的最大电流.根据不同用途,变阻器在电路中有两种连接方式.

(1) 限流接法(限流器).

如图 2-35 所示,滑动触点时能改变 R_{AP},从而使电路中的电流发生变化.为了保证安全,在接通电源之间,滑动接头一般应放在电阻最大的位置(图 2-35 中 P 滑向 B 端,使 R_{AP} 最大).

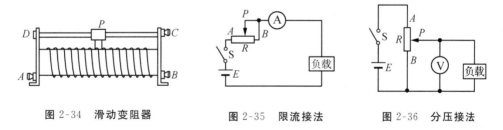

图 2-34 滑动变阻器   图 2-35 限流接法   图 2-36 分压接法

(2) 分压接法(分压器).

如图 2-36 所示,E 加在 AB 端,PB 端为分压.滑动触点时能改变分压 U_{PB},使 U_{PB} 在 $0 \sim U_{AB}$ 范围内变化(P 从 B 端滑向 A 端).同样为了安全,在接通电源之前,滑动接头一般应放在输出分压最小位置(图 2-36 中应将 P 滑向 B 端,$U_{PB}=0$).

五、直流电表

电磁测量仪表的种类很多,按其工作原理可分为磁电式、热电式、电动式、静电式和整流式等.由于磁电式仪表具有准确度高、稳定性好以及受外磁场和温度影响小等优点,所以应用较为广泛.这里只介绍磁电式仪表(图 2-37),磁电式直流电表是利用通电线圈在永久磁铁的磁场中受到力矩作用发生偏转的原理制成的.

1. 电表的种类.

(1) 直流检流计(表头).

检流计用于检测电路中的微小电流,常用于指示电路平衡.电流过大,检流计容易损坏.其规格主要由分度值(偏转一小格代表的电流值)和内阻(内阻是将表头改装成电流表、电压表的重要参数)确定.一般检流计在无电流通过时,指针在刻度板中央,因此接线柱可不分正负.

(2) 直流电流表和直流电压表.

在表头线圈上并联一个低阻值的分流电阻就构成了直流电流表,可用来测量直流电路中电流的大小.根据量程的不同,大致分为微安表、毫安表和安培表.使用电流表时,应把它串联在待测电流的电路中.

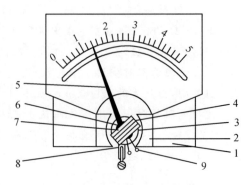

1—永久磁铁;2—极掌;3—圆柱形铁芯;
4—线圈;5—指针;6—游丝;7—半轴;
8—调零螺杆;9—平衡锤

图 2-37 磁电式电表的结构

在表头线圈上串联一个高阻值的分压电阻就构成了直流电压表,可用来测量直流电路中某两点之间电压的大小.根据量程的不同,大致可分为毫伏计和伏特计两类.使用电压表时,应把它并联在待测电压的两端.

为了扩大指针的偏转范围,直流电流表和电压表的指针零点都放在刻度的左端,通电时只允许指针向右方偏转,因此,将它们接入电路时,正负极千万不能接反.正确的接法是让电流从电表的正极流入,从负极流出.若极性接反,则指针反转,容易损坏电表.

2. 电表的主要参数.

电表的主要技术性能都以一定符号表示,并标记在仪表的面板上(表2-3).使用前应仔细阅读有关说明,必须明确以下几个概念:

表 2-3 电表面板上的技术特性标记

符号	符号意义	符号	符号意义
━ 或 DC	直流电	⌒·	磁电式
∼ 或 AC	交流电	⊥	静电式
≋	交直流两用	⊟	电动式
☆	电表绝缘强度试验电压为 500 V	1.5	等级为 1.5,最大相对不确定度为 1.5%
⊥	电表垂直放置	II	II 级防外磁场
⌒	电表水平放置		

(1) 量程:它表示电表能测量的物理量的范围(即指针偏转满刻度时代表的物理量的大小).有些电表有好几个量程,称为挡.使用电表前,首先要粗略估计待测量大小,然后选择量程,勿使测量值超过电表量程,以免损坏仪器.但是,也不能选择过大量程,否则会导致测量精确度下降.

(2) 分度值:它是指电表刻度最小格所代表的物理量的大小,其数值等于量程除以电表刻度的总格数.显然,分度值愈小,电表的灵敏度愈高.

(3) 准确度等级与不确定度：由于电表结构和制作上的不完善(例如，轴承摩擦，磁场分布不均匀使得分度不准，刻度尺划得不精密，游丝变质等)，使得电表的指示有误差，这种系统误差称为仪器误差，通常用电表级别 m 表示其准确度等级，它与仪表不确定度的关系为

$$准确度等级 = 仪表最大相对不确定度 \times 100$$
$$= \frac{仪表最大绝对不确定度}{量程} \times 100$$

由此可知，根据电表的级别和量程就可以确定仪表的不确定度，即

$$仪表最大绝对不确定度 = 量程 \times m\%$$

显然，电表级别 m 越小，准确度等级越高．

(4) 测量值相对不确定度：它是指仪表最大绝对不确定度与测量值之比，即

$$测量值相对不确定度 = \frac{仪表最大绝对不确定度}{测量值} \times 100\%$$
$$= \frac{量程}{测量值} \times m\%$$

上述关系表明，当电表级别 m 和量程一定时，虽然仪表的最大绝对不确定度已完全确定，但测量值的相对不确定度却是一个变化的量．测量值愈小，则测量值的相对不确定度愈大；测量值接近于量程时，则测量值的相对不确定度较小，接近 $m\%$．为了减小测量值的相对不确定度，应当在不超过量程的前提下，尽可能选择较小的量程进行测量，读数一般要求大于量程的 1/2．

3. 电表的读数步骤与方法．

(1) 根据测量值的变化范围，选择适当量程，以减小测量值的相对不确定度．读数时应使视线垂直于刻度面．

(2) 由量程和电表总格数算出分度值：

$$分度值 = 量程/总格数$$

(3) 由量程和电表级别 m 算出仪表最大绝对不确定度：

$$\Delta N_{max} = 量程 \times m\%$$

ΔN_{max} 只保留一位有效数字，多余位数只进不舍．

(4) 由测量值的格数算出测量值：

$$N = 格数 \times 分度值$$

(5) 写出测量结果 $N \pm \Delta N_{max}$．根据测量结果的表示原则，测量值 N 的最后一位有效数字应与最大绝对不确定度 ΔN_{max} 同数量级(对齐)．

六、AC5 型指针式灵敏检流计

AC5 型检流计面板排列如图 2-38 所示．"＋"、"－"接线柱用于接入被测电流；"零点调节"用来调节指针的机械零点；"电计"按钮开关按下时，检流计与外电路接通；"短路"按钮开关可用来止住指针摆动．

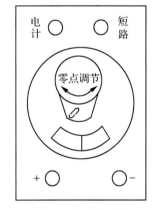

图 2-38 AC5 型检流计面板图

使用注意事项：

(1) 检流计不用、搬运或改变电路时，应将锁扣倒向"红点"．使用前，把锁扣倒向"白

点",调节零点旋钮,使指针指零,然后才能测量.

(2) 检流计只允许通过微安级电流,实验中应采取保护措施,防止损坏检流计.

(3) 使用完毕,应松开"电计"和"短路"按钮开关,并将锁扣锁好.

七、数字式微电流测量仪及其他数字仪表

DM-nA-2 型数字式微电流测量仪(图 2-39)将微弱电流放大并经 A/D 转换后用数字显示其测量值.微电流计除了可用于测量微弱电流外,也可用于检流.

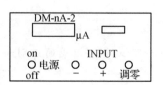

图 2-39　DM-nA-2 型数字式微电流测量仪

1. 技术指标.

测量范围:$1.999\ \mu A$.

分度值:1 pA.

级别:1.0 级.

2. 使用方法.

(1) 开启电源开关:将开关拨至"on",并预热 10 min 以上.

(2) 零点调整:将量程开关拨至灵敏度最大挡,调节"调零"电位器使数字显示尽量接近于零.

(3) 测量:将待测电流接入输入端"INPUT",选择合适挡位,可作电流测量或检流计用.测量中如出现过载信号"1"或"-1",应检查通过电流是否过大,量程开关是否选择不当.

(4) 其他数字仪表可仿效现行电流测量仪的使用方法.

八、多用电表

多用电表是一种测量多种电学量的多量程仪表,一般可测量交流和直流电压、直流电流和电阻,有的还可测量交流电流等.虽然多用电表型号很多,但其结构和原理基本相同.多用电表主要由表头、测量线路和转换开关组成,表头用于指示被测量的数值;测量线路将各种被测量转换成适合表头测量的直流电流;转换开关用于选择与被测量相应的测量线路.

1. 多用电表的主要技术指标.

(1) 准确度等级.

(2) 测量范围.

(3) 灵敏度或电压降(内阻).

2. 使用要点.

(1) 零位调整:调节表头面板上的机械零位调节器,使指针指零.

(2) 选择好测试插孔:将红表笔插入"+"插孔,黑表笔插入"-"插孔.

(3) 测电流时,应将表笔串联在电路中;测电压时,表笔与被测电路并联.测直流电流和电压时,注意正负极性不能接反.

(4) 测电阻时,先将转换开关旋至适当的欧姆挡,再将表笔短接,调节欧姆调零旋钮,使指针指在零欧姆刻度上.为了提高测量结果的精度,应选择合适量程,使指针指在全刻度 20%~80% 的范围内.

(5) 多用电表的刻度线有很多排,一定要根据被测量的种类和量程选好读数标尺.

(6) 使用完毕,应将转换开关旋至交流电压最高挡.

实验 4 电桥法测铜电阻温度系数

电桥是一种采用比较法进行测量的仪器,它具有灵敏度和准确度都很高的特点.电桥在测量技术中被广泛用来精密测量电阻、电容、电感、频率、温度、压力等许多电学量和非电学量,尤其在自动控制和自动检测中得到极为广泛的应用.

电桥的种类很多,而且不同的分类之间互相交错,如从是否平衡这一点区分可分为平衡电桥和非平衡电桥两大类,从电流的特性上可分为直流电桥和交流电桥.本实验主要讨论直流平衡电桥的测量原理及其在测量电阻时的应用.

单臂的直流平衡电桥(以下简称单臂电桥)又称惠斯登电桥,一般可用来测量 $10 \sim 10^6$ Ω 范围内的电阻;双臂的直流平衡电桥(以下简称双臂电桥)又称开尔文电桥,适用于测量 $10^{-5} \sim 10^2$ Ω 范围内的电阻(以上范围是多种不同电桥的总的测量范围,具体型号的电桥可能与之有所差别).

实验目的

1. 掌握用单臂、双臂电桥测电阻的原理和特点,学会测量方法.
2. 了解一般材料的导电特性与温度的关系,进一步熟悉双臂电桥的使用方法.
3. 进一步熟悉用作图法和图解法处理数据,学会用图解法求电阻温度系数 α.

实验仪器

QJ19 型两用直流电桥,直流稳压电源,微电流测量仪,滑动变阻器,标准电阻,待测固定电阻 R_{x_1}、R_{x_2}(其中 R_{x_1} 为几百欧,R_{x_2} 为几欧),DHW-2 温度传感实验装置.

实验原理

一、单臂电桥的测量原理和平衡条件

如图 2-40 所示,R_1、R_2 为比例臂(定义 $M=\dfrac{R_1}{R_2}$ 为倍率),R_3 为比较臂,R_x 为待测电阻.测量时,先将比例臂 R_1、R_2 打在适当位置上,调节 R_3 使检流计指零.这时可认为电桥已平衡,则有

$$\begin{cases} I_1 R_1 = I_2 R_2 \\ I_x R_x = I_3 R_3 \\ I_1 = I_x \\ I_2 = I_3 \end{cases}$$

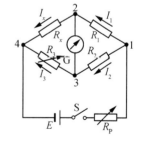

图 2-40 单臂电桥原理图

可得

$$R_x = \frac{R_1}{R_2} R_3 \tag{2-6}$$

式(2-6)称为单臂电桥的平衡条件(判据),根据倍率$\dfrac{R_1}{R_2}$和比较臂电阻R_3(请同学们对照单臂电桥实物图即图 2-43,找出 R_3 的相应位置),即可算出待测电阻 R_x 的阻值.

思考和讨论 实际上利用式(2-6)测算出的电阻值$\dfrac{R_1}{R_2}R_3$并不等于待测电阻 R_x 的值,而是 R_x+r,其中 r 为待测电阻 R_x 接到单臂电桥的引线电阻及接触电阻之和,r 多数情况下较小,只有当 $R_x \gg r$,即 R_x 较大时,用$\dfrac{R_1}{R_2}R_3$计算所得的待测电阻 R_x 值才能保证有较小的不确定度,所以单臂电桥不宜测量小阻值的电阻.

那么较小阻值的电阻值如何测量呢?(思考单臂电桥测量误差的主要来源.)

二、双臂电桥的测量原理及平衡条件

为了消除引线电阻与接触电阻对测量结果的影响(尤其当待测电阻 R_x 本身较小时,这种影响就不可忽略),我们将待测电阻 R_x 和标准电阻 R_s 都接成四端电阻形式(图 2-41),其中 C_1、C_2 称为电流端钮,P_1、P_2 称为电压端钮.注意:电流端钮一定要接在电压端钮的外侧.

图 2-41 四端电阻

测量电路如图 2-42 所示,图中 r_1、r_2、r_3 表示接触电阻和引线电阻,而 R_1、R_2、R_{3a}、R_{3b} 的电阻值都比较大,则其两端的接触电阻和引线电阻可忽略不计,调节 R_1、R_2、R_{3a}、R_{3b} 为适当值,使检流计指零,则电桥达到平衡.电桥平衡时,有

$$\begin{cases} I_1 R_1 = I_3 R_s + I_2 R_2 \\ I_1 R_{3b} = I_3 R_x + I_2 R_{3a} \\ I_2(R_2 + R_{3a}) = (I_3 - I_2) r_2 \end{cases}$$

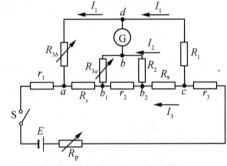

图 2-42 双臂电桥测量电路

消去 I_1、I_2、I_3,得

$$R_x = \dfrac{R_{3b}}{R_1} R_s + \dfrac{r_2 R_2}{R_{3a} + R_2 + r_2}\left(\dfrac{R_{3b}}{R_1} - \dfrac{R_{3a}}{R_2}\right)$$

如果调节过程中双臂电桥始终满足

$$\dfrac{R_{3b}}{R_1} = \dfrac{R_{3a}}{R_2}$$

则有

$$R_x = \dfrac{R_s}{R_1} R_{3b} \tag{2-7}$$

式(2-7)称为双臂电桥的平衡条件(判据).根据式(2-7)可算出待测电阻 R_x 的值.因此,较小的电阻值可采用双臂电桥测量,结果较为准确.

三、双臂电桥测铜电阻温度系数

各种材料的电阻都与温度有关.多数金属的电阻都具有正的电阻温度系数(即 $\dfrac{\mathrm{d}R}{\mathrm{d}t}>0$),所以这些材料的电阻随温度的升高而增大,在温度变化范围不太大时,考虑一级近似,即

$$R_t = R_0(1+\alpha t)$$

式中,R_t、R_0 分别是材料在 $t\ ℃$、$0\ ℃$ 时的电阻值,α 称为电阻温度系数,其单位为(1/℃).严格地说,α 也是温度的函数,但对本实验所用的铜电阻在 $-50.0\ ℃ \sim 100.0\ ℃$ 温度范围内变化时,可近似看作常数.R_t 此时是 t 的一次函数.

利用金属导体的电阻随温度变化而变化的性质,可以制成电阻温度计,用来测量温度,如铂电阻温度计(适用于 $200.0\ ℃ \sim 500.0\ ℃$)、铜电阻温度计(适用于 $-50.0\ ℃ \sim 100.0\ ℃$),只不过此时采用的电路多为非平衡电桥.

实验内容

1. 将 QJ19 型两用电桥接成单臂电桥,测量待测固定电阻.按图 2-47、图 2-48 接线,测量方法见知识拓展,仪器连线见图 2-43.

2. 用单臂电桥测量铜电阻阻值(常温).注:在测量阻值较小的情况下,用单臂电桥测量是不妥的,此处目的是与双臂电桥做一对比,仪器连线见图 2-44.

3. 将 QJ19 型两用电桥按图 2-49、图 2-50 所示接成双臂电桥,再测量铜电阻常温下阻值.测量方法见知识拓展,仪器连线见图 2-45.

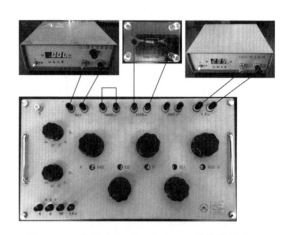

图 2-43 单臂电桥测固定电阻阻值仪器接线图

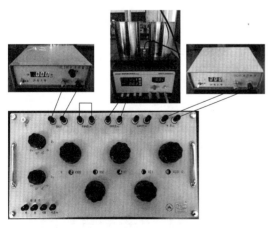

图 2-44 单臂电桥测铜电阻阻值仪器接线图

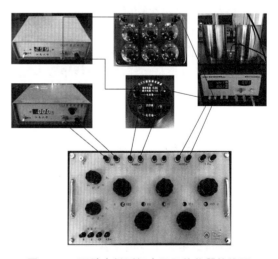

图 2-45 双臂电桥测铜电阻阻值仪器接线图

4. 电阻温度设置方法：按设置键 S 切换需要设置的数值位置，利用▲、▼键设置温度值，打开加热开关，调节加热电流(0.8～1.0 A)，等待温度稳定．

5. 测量 7 组不同温度下的铜电阻值，每组温差为 10 ℃ 左右．

实验数据记录及处理

1. 待测固定电阻单臂电桥测量结果 R_{x_1}；常温下铜电阻单臂、双臂电桥测量结果 R_{x_2}、R_{x_2}'．

2. 数据表格．

$t/℃$				……
R_{3a}/Ω				……
R_t/Ω				……

3. 根据双臂电桥测电阻计算公式 $R_x = \dfrac{R_s}{R_1} R_{3b}$，计算出不同温度下相应的 R_t．

4. 在直角坐标纸上作 R_t-t 图线．

5. 在作出的直线上取两个较远的非实验点，写出它们的坐标(t_1, R_{t_1})、(t_2, R_{t_2})．用计算公式

$$\alpha = \frac{R_{t_2} - R_{t_1}}{R_{t_1} t_2 - R_{t_2} t_1}$$

算出 α（注意单位及有效数字）．

思考题

1. 利用电桥测电阻时，分析下列因素是否会影响测量不确定度？
(1) 电源电压不太稳定；
(2) 导线电阻不能完全忽略；
(3) 检流计没有调好零点；
(4) 检流计灵敏度不够高．

2. 双臂电桥是怎样消除引线电阻及接触电阻的影响的？

3. 证明：$\alpha = \dfrac{R_{t_2} - R_{t_1}}{R_{t_1} t_2 - R_{t_2} t_1}$．若不用上式计算 α，还有其他的方法计算 α 吗？

知识拓展

直流平衡电桥历史简介

在测量电阻及进行其他电学实验时，经常会用到一种叫惠斯登电桥的电路，很多人认为这种电桥是惠斯登发明的．其实，这是一个误会，这种电桥是由英国发明家克里斯蒂在 1833 年发明的，但是由于惠斯登第一个用它来测量电阻，所以人们习惯上就把这种电桥称为惠斯登电桥．

1862 年英国的 W. 汤姆逊在研究利用单臂电桥测量小电阻时遇到困难，发现引起测量

误差较大的原因是引线电阻和连接点处的接触电阻.这些电阻值可能远大于被测电阻值.因此,他得出了如图 2-42 所示的桥路,被称为汤姆逊电桥.后因他晋封为开尔文勋爵,故又被称为开尔文电桥.开尔文电桥又被称为双电桥,所测电阻值可低到毫欧级或更小.根据双臂电桥原理又发展出史密斯电桥、三平衡电桥和四跨线电桥等,使得采用桥路测小电阻的理论与实践臻于完善.

QJ19 型两用直流电桥

一、技术规格

型式	量程范围/Ω	准确度等级
单臂	$10^5 \sim 10^6$	0.5
单臂	$10^2 \sim 10^5$	0.05
双臂	$10^{-3} \sim 10^2$	0.05
双臂	$10^{-4} \sim 10^{-3}$	0.1
双臂	$10^{-5} \sim 10^{-4}$	0.5

二、仪器原理与使用方法

QJ19 型两用直流电桥的简化线路图如图 2-46 所示.

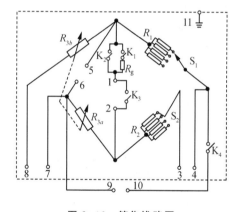

图 2-46　简化线路图

对照图 2-48 所示面板,S_1、S_2 为 R_1、R_2 的量程转换开关;R_{3a}、R_{3b} 为联动可变电阻,由标度盘 Ⅰ、Ⅱ、Ⅲ、Ⅳ、Ⅴ 调节,K_1 为粗测按钮,串有检流计保护电阻 R_g;K_2 为细测按钮;K_3 为短路按钮;K_4 为电源按钮;1、2 接检流计,3、4 双臂电桥接四端标准电阻 R_s 的电压端钮,5、6 单臂电桥接待测电阻,7、8 双臂电桥接四端待测电阻 R_x 的电压端钮;9、10 单臂电桥时接电源;11 为静电屏蔽接地端钮.

测量阻值范围为 $10^2 \sim 10^6$ Ω 的电阻时,接成单臂电桥,按图 2-47、图 2-48 接线.为了保证测量精度,按表 2-4 选择 R_1、R_2 和调节电源 E.测量时,先按下 K_4,然后按下 K_1,调节标度盘 Ⅰ~Ⅴ.注意调节顺序:从电阻的高位到低位,逐个调节五个盘.先调节电阻标度盘 Ⅰ,当微电流测量仪首次发生符号跳变,就将当前的电阻标度盘回调一格,这一位就确定了,然后按照相同方法依次调节 Ⅱ~Ⅴ.接近平衡后再按下 K_2,细调 Ⅰ~Ⅴ 直至电桥平衡.测量结果可由式

$$R_x = \frac{R_1}{R_2} R_{3a}$$

计算.$\dfrac{R_1}{R_2}$ 为倍率,R_{3a} 为 Ⅰ~Ⅴ 读数(此时的 R_{3a} 就是单臂电桥的 R_3).

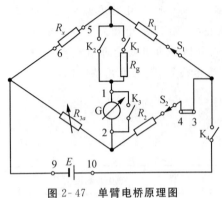

图 2-47 单臂电桥原理图

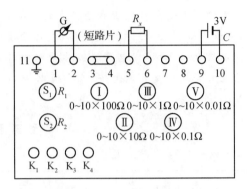

图 2-48 单臂电桥接线图

表 2-4 单臂电桥测量范围

R_x/Ω	R_1/Ω	R_2/Ω	电源电压/V	准确度
$10^2 \sim 10^3$	10^2	10^2	3.0	0.05
$10^3 \sim 10^4$	10^3	10^2	3.0	0.05
$10^4 \sim 10^5$	10^4	10^2	6.0	0.05
$10^5 \sim 10^6$	10^4	10^1	6.0	0.5

测量 $10^{-5} \sim 10^2$ Ω 范围内的小阻值电阻时，必须用双臂电桥，其原理图与接线图如图 2-49、图 2-50 所示。电源回路中接入换向开关（图 2-49），可克服检流计零点不准及热电势对测量结果的影响；在影响不明显时可省去换向开关（图 2-50）。为满足 $\dfrac{R_{3b}}{R_1}=\dfrac{R_{3a}}{R_2}$，因 R_{3b} 与 R_{3a} 联动，即 R_{3a} 始终与 R_{3b} 相等，则 R_1、R_2 必须相等，即 S_1 与 S_2 必须同步调节以保证 $R_1=$

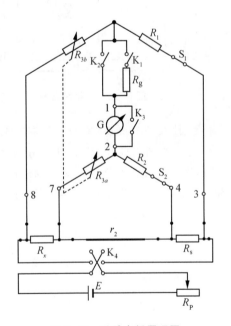

图 2-49 双臂电桥原理图

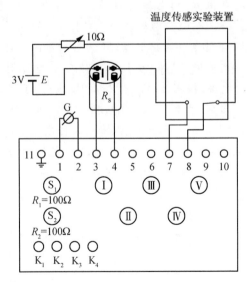

图 2-50 双臂电桥接线图

R_2. 为了保证测量精度,必须严格按照表 2-5 选择 R_1、R_2、R_s. 利用滑动变阻器 R_P 可调节流过 R_x 及 R_s 的工作电流,要求工作电流不大于 R_x、R_s 的最大工作电流. 调节电桥平衡的方法与单臂电桥一样. 测量结果可由式

$$R_x = \frac{R_s}{R_1} R_{3a}$$

求得.

表 2-5 双臂电桥测量范围

R_x/Ω	R_s/Ω	$R_1(=R_2)/\Omega$	准确度
10~100	10	100	0.05
1~10	1	100	0.05
0.1~1.0	0.1	100	0.05
0.01~0.1	0.01	100	0.05
0.001~0.01	0.001	100	0.05

实验 5　示波器的使用

示波器是一种用途很广泛的电子测量仪器,主要用于观察和测量电信号,配合各种传感器,它还可以用来观察各种非电学量的变化过程.

示波器具有多种类型和型号,它们的基本原理是相同的,示波器的具体电路比较复杂,要了解需具备一定的电子学知识,但这不是本实验讨论的范围. 本实验仅限于学习示波器的基本使用方法.

实验目的

1. 了解示波器的主要组成部分以及示波器的波形显示原理.
2. 学习用示波器观察电信号和李萨如图形.
3. 了解示波器测量电信号的原理,掌握常用的测量方法.

实验仪器

DC4322B 型示波器、VD1641G 函数信号发生器.

实验原理

示波器一般都包括图 2-51 所示的 6 个基本组成部分,即示波管(又称阴极射线管,Cathode Ray Tube,CRT)、垂直放大器(y 轴放大)、水平放大器(x 轴放大)、扫描发生器、同步电路和直流电源.

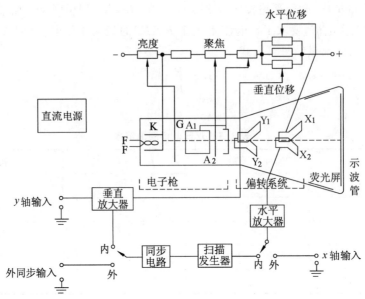

图 2-51 示波器原理图

一、示波管

示波管的基本结构如图 2-51 中的示波管部分,主要包括电子枪、偏转系统和荧光屏三个部分,全都密封在玻璃外壳内,里面抽成高真空.图中的符号表示的是:F—灯丝,K—阴极,G—控制栅极,A_1—第一阳极,A_2—第二阳极,Y_1、Y_2—竖直偏转板,X_1、X_2—水平偏转板.

(1) 电子枪:由灯丝、阴极、控制栅极、第一阳极和第二阳极五部分组成.灯丝通电后加热阴极.阴极是一个表面涂有氧化物的金属圆筒,被加热后发射电子.控制栅极是一个顶端有小孔的圆筒,套在阴极外面.控制栅极的电位比阴极低,对阴极发射出来的电子起控制作用,只有初速度较大的电子才能穿过栅极顶端的小孔,然后在阳极的加速下奔向荧光屏.示波器面板上的"亮度"调整就是通过调节栅极电位以控制射向荧光屏的电子流密度,从而改变屏上的光斑亮度.阳极电位比阴极电位高很多,电子被它们之间的电场加速形成射线.当控制栅极、第一阳极与第二阳极三者的电位调节合适时,电子枪内的电场对电子射线有聚集作用,因此第一阳极也称聚焦阳极.第二阳极电位更高,又称加速阳极.面板上的"聚焦"调节,就是调第一阳极电位的,使荧光屏上的光斑成为明亮、清晰的小圆点.有的示波器还有"辅助聚焦",用来调节第二阳极电位.

(2) 偏转系统:由两对互相垂直的偏转板组成,一对竖直偏转板,一对水平偏转板.在偏转板上加上适当电压,电子束通过时,其运动方向发生偏转,在荧光屏上产生的光斑位置也发生改变.

(3) 荧光屏:屏上涂有荧光粉,电子打上去就会发光,形成光斑.不同材料的荧光粉发光的颜色不同,发光过程的延续时间(一般称为余辉时间)也不同.在性能好的示波管中,荧光屏玻璃内表面上直接刻有坐标刻度,供测定光点位置用.荧光粉紧贴坐标刻度以消除视差,这样光点位置可测得准确些.

二、示波器显示波形原理

若要观察一随时间变化的电压信号,可把它加在示波器的垂直偏转板上(y轴输入),这时电子束垂直偏转距离与信号的瞬时值成正比,则在屏幕上只能看到一条垂直亮线(图 2-52);如果仅在水平偏转板上加上随时间呈线性变化的锯齿波电压,电子束水平偏转距离与时间成正比,光点在屏幕上沿水平方向从左到右,再迅速从右到左返回起点,这个过程称为扫描. 当锯齿波电压重复变化时,在屏幕上显示一条水平亮线(图 2-53),称为扫描线或时间基线. 所加锯齿波电压称为扫描电压.

图 2-52 仅在竖直偏转板上加一正弦电压

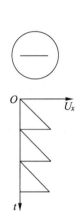

图 2-53 仅在水平偏转板上加一锯齿波电压

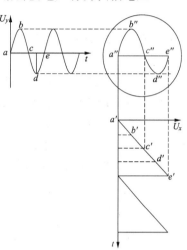

图 2-54 示波器显示正弦波形的原理图

将被测信号加到垂直偏转板的同时,在水平偏转板上加上锯齿波电压. 电子束同时受到垂直和水平两个偏转系统的作用,合成作用使电子束的运动轨迹在荧光屏上显示出输入信号的时间波形图,如图 2-54 所示.

如果扫描电压的周期 T_x 严格等于输入信号的周期 T_y 的整数倍,即

$$T_x = nT_y \quad (n=1,2,3,\cdots) \tag{2-8}$$

则可保证每次扫描的起点都对应信号电压的相同相位点上,在屏幕上可得到稳定的波形. 因此式(2-8)称为波形稳定条件.

实现 $T_x = nT_y$ 的过程称为同步. 实现同步的方法是利用被测信号去控制扫描发生器,使锯齿波电压的频率自动跟着被测信号的频率而变,这叫"内同步". 也可以从示波器外部引入一个特殊电压来控制,这叫"外同步". 实际操作时,应根据被测信号的频率和显示完整波形的个数,利用式(2-8)估算出扫描频率,调节"扫描时间开关"和"扫描微调"两旋钮使波形基本稳定,再调节"触发电平控制"旋钮,使波形稳定.

三、示波器的基本测量方法

1. 用直接测量法测量电压.

直接测量法就是直接从示波器的显示屏上量出被测电压波形的高度,然后换算成电压值. 由于屏上波形的高度与加到示波器输入端被测电压的大小成正比,因此只要知道 y 轴输入灵敏度(屏上 y 轴每一大格所代表的输入电压的伏特数),就可求得被测电压值:

$$U_{PP} = Kh$$

式中，U_{PP} 为被测电压峰值(V)，K 为伏/格选择开关(VOLTS/DIV)显示的数值，h 为波形高度(格数)．

值得注意的是，只有伏/格选择开关微调旋钮顺时针旋到头 K 值才有效．

2．用直接测量法测量时间．

当扫描电压采用锯齿波时，屏的 x 轴坐标与时间相关．如锯齿波的频率和 x 轴放大器的增益一定时，那么 x 轴每格对应的时间是一定的，可用扫描时间开关 TIME/DIV 来表示．如扫描时间开关为 5 ms/DIV，就是说 x 轴每格相当于 5 ms．这样，就可从屏上读出被测信号在 x 轴上所占的格数，然后换算成时间：

$$T = Lt$$

式中，T 为被测信号的时间(ms 或 μs)，t 为扫描时间开关(TIME/DIV)显示的数值，L 为被测信号在 x 轴上所占的格数(DIV)．

应注意只有 x 轴扫描微调旋钮顺时针旋到头 t 值才有效．

四、李萨如图形测定信号频率的原理

如果在示波器的 x 轴和 y 轴同时输入正弦电压，则电子束在这两个电压作用下，就得到两个互相垂直的正弦振动的合成波形，荧光屏上显示的相应图形称为李萨如图形，如图 2-55 所示．为获得稳定的、可测量信号频率的李萨如图形，常让这两个信号的频率成简单整数比．

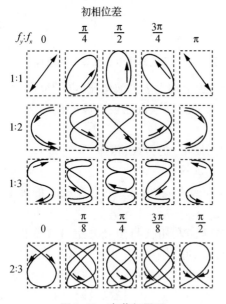

图 2-55　李萨如图形

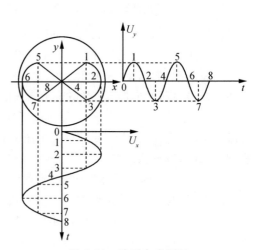

图 2-56　波形合成原理

例如，当 U_x 的频率 f_x 为 U_y 的频率 f_y 的一半且相位差为零时，李萨如图形如图 2-56 所示．为了确定 U_x 和 U_y 的频率比，可在李萨如图形的 y 方向上作一直线与图形相切，数出切点数 n_y，同样，在 x 方向上作一直线与图形相切，数出切点数 n_x，则有

$$\frac{f_y}{f_x} = \frac{n_x}{n_y} \tag{2-9}$$

例如,如图 2-57 所示,$\dfrac{f_y}{f_x}=\dfrac{2}{1}$.

若 f_x 和 f_y 中有一个已知,则可用式(2-9)求出未知信号的频率.

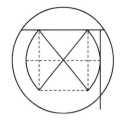

图 2-57 切点法测频率

实验内容

一、熟悉示波器和函数信号发生器各旋钮或开关的功能

1. DC4322B 型示波器.

DC4322B 型示波器为具有 0~20 MHz 频带宽度的通用双踪示波器,其面板各开关旋钮如图 2-58 所示.

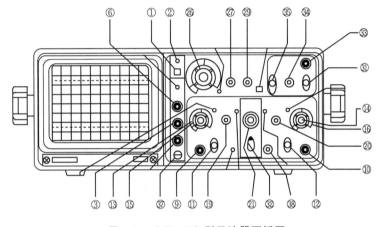

图 2-58 DC4322B 型示波器面板图

①为电源开关(POWER),此开关按下,仪器接通电源.

②为电源指示灯,电源开关按下,此灯亮.

③为聚焦控制(FOCUS),用于调节聚焦直至扫描线最细.

⑥为辉度控制(INTENSITY),顺时针旋转,辉度增加.

⑨为通道 1 输入端(Y_1 INPUT),被测信号由此输入 Y_1 通道.当示波器工作在 X—Y 方式时,输入到此端的信号作为 x 轴信号.

⑩为通道 2 输入端(Y_2 INPUT),被测信号由此输入到 Y_2 通道.当示波器工作在 X—Y 方式时,输入到此端的信号作为 y 轴信号.

⑪、⑫为输入耦合开关(AC—GND—DC),用此选择被测信号反馈至 x 轴放大器输入的耦合方式.

AC:在此耦合方式时,耦合交流分量,隔离输入信号的直流分量,使屏幕上显示的信号波形位置不受直流电平的影响.

GND:在此位置时垂直放大器输入端接地.

DC:在此耦合方式时,输入信号直接加到垂直放大器输入端,其中包括直流成分.

⑬、⑭为伏/格选择开关(VOLTS/DIV),用于选择垂直偏转因数.可以方便地观察到垂直放大器上各种幅度范围的波形.

⑮、⑯为微调/拉—×5(VAR PULLX5 GAIN),当旋转微调旋钮时,可小范围地连续改变垂直偏转灵敏度.此旋钮反时针旋到底,其变化范围大于2.5倍.

此旋钮用于比较波形或同时观察两个通道方波上升时间.通常将这个旋钮顺时针旋到底(校准位置).

当此旋钮被拉出时,垂直系统的增益扩展5倍,最高灵敏度达1 mV/DIV.

⑲为位移/直流偏置(POSITION/PULL DC OFFSET),位移按钮用于调节屏幕上Y_1信号垂直方向的位移.

顺时针旋转扫描线上移,逆时针旋转扫描线下移.拉出此旋钮可测得显示波形各部分的幅值(通常这个旋钮是按进去的).

⑳为位移/拉—倒相(POSITION/PULL INVERT),位移按钮用于调节屏幕上Y_2信号垂直方向的位移.拉出此旋钮,输入到Y_2信号极性倒相.当仪器处于$(Y_1)+(Y_2)$方式时,利用该功能即可得到$(Y_1)-(Y_2)$的信号差.

㉑为工作方式开关(MODE),用于选择垂直偏转系统的工作方式.

Y_1:只有加入Y_1通道的信号能显示.

Y_2:只有加到Y_2通道的信号能显示.

交替(ALT):加到Y_1和Y_2通道的信号能交替显示在荧光屏上,这个工作方式通常用于观察加在两通道上信号频率较高的情况.

断续(CHOP):在这个工作方式时,加到Y_1和Y_2上的信号受到约250 kHz自激振荡电子开关的控制,同时显示在荧光屏上.这个方式用于观察两通道信号频率较低的情况.

相加(ADD):显示加到Y_1和Y_2上信号的代数和.

㉖为扫描时间开关(TIME/DIV),用于选择扫描时间因数,从0.2 μs/DIV～0.2 s/DIV共19挡.置"X—Y"位置时,示波器工作在X—Y状态(此时应关闭水平扩展开关).

㉗为扫描微调(SWP VAR),此旋钮开关在校正位置时,扫描因数从TIME/DIV读出.当开关不在校正位置时,可连续微调扫描因数.反时针旋到底时扫描因数扩大2.5倍以上.

㉙为位移/扩展(POSITION/PULLX 10MAG),未拉出时用于水平移动扫描线.拉出后将扫描扩展10倍,即TIME/DIV开关指出的是实际扫描时间的10倍.

㉛为触发源选择开关(SOURCE),用于选择扫描触发信号源,分下述三种:

内(INT):取加到Y_1或Y_2上的信号作为触发源.

电源(LINE):取交流电源信号作为触发源.

外(EXT):取加到外触发输入端的外触发信号作为触发源,用于特殊信号的触发.

㉜为内触发选择开关(INT TRIG),本开关用于选择不同的内触发信号源.

Y_1:取加到Y_1上的信号作触发信号.

Y_2:取加到Y_2上的信号作触发信号.

组合方式(VERT MODE):用于同时观察两个波形,同步触发信号交替取自Y_1和Y_2.

㉝为外触发输入插座(TRIG IN),用于外触发信号的输入.

㉞为触发电平控制(LEVEL)(PULL SLOPE).

a.通过调节触发电平可确定波形扫描的起始点.

b.按进去为正极性触发(常用),拉出来为负极性触发.

㉟为触发方式选择(IRIG MODE).

自动(AUTO):本状态下仪器在有触发信号时,同正常的触发扫描,波形可稳定显示.在无信号输入时,可显示扫描线.

常态(NORM):有触发信号时才产生扫描;在没有信号和非同步状态情况下,没有扫描线.当信号频率很低(25 Hz 以下)影响同步时,宜采用本触发方式.

电视场(TV—V):用于观察电视信号中的全场信号波形.

电视行(TV—H):用于观察电视信号中的行信号波形.

注:TV—V 和 TV—H 触发仅适用于负同步信号的电视信号.

㊲为校正方波输出(CAL 0.5V),0.5 V、1 kHz 方波信号的输出端.

㊳为接地端(GND).

2. VD1641G 函数信号发生器.

VD1641G 函数信号发生器面板图如图 2-59 所示.

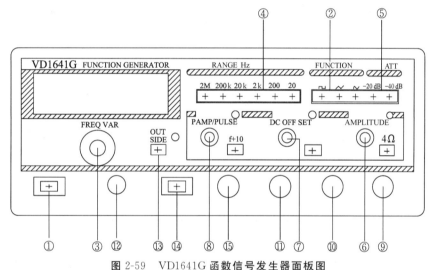

图 2-59 VD1641G 函数信号发生器面板图

① 电源开关(POWER):接入开.

② 功能开关(FUNCTION):波形选择.

　　⌒:正弦波

　　⊓:方波和脉冲波(具有占空比可变)

　　⋀:三角波和锯齿波(具有占空比可变)

③ 频率微调 FREQ VAR:频率覆盖范围 10 倍.

④ 分挡开关(RANGE-Hz):20 Hz～2 MHz(分六挡选择).

⑤ 衰减器(ATT):开关按入时衰减 30 dB.

⑥ 幅度(AMPLITUDE):幅度可调.

⑦ 直流偏移调节(DC OFF SET):当开关拉出时,直流电平为 $-10\ V \sim +10\ V$;当开关按入时,直流电平为零.

⑧ 占空比调节(PAMP/PULSE):当开关按入时,占空比为 1:1;当开关拉出时,占空比为 1:9 内连续可调.频率为指标值÷10.

⑨ 输出(OUTPUT):波形输出端.

⑩ POWER OUT:功率输出.
⑪ TTL OUT:TTL 波形输出.
⑫ IN PUT:外测频输入.
⑬ OUT SIDE:测频方式(内/外).
⑭ SPSS:单次脉冲开关.
⑮ OUT SPSS:单次脉冲输出.

3. 根据本实验要求,示波器的大多数旋钮或开关可以预先设置好,需要调节的旋钮或开关较少.

(1) 可以预先设置好的示波器旋钮或开关如表 2-6 所示.

表 2-6　可以预先设置好的示波器旋钮或开关

代号	旋钮或开关的名称	位置设置
①	电源	接通
③	聚焦	居中
⑥	辉度	居中
⑪、⑫	耦合	AC 或 DC
⑮、⑯	微调	校准(顺时针旋到底)
⑲、⑳	位移	居中
㉑	工作方式	Y_1 或 Y_2
㉗	微调	校准(顺时针旋到底)
㉙	位移	居中
㉛	触发源	内
㉜	内触发	组合
㉟	触发方式	自动

(2) 需要调节的旋钮或开关.

⑬、⑭ "伏/格(VOLTS/DIV)"旋钮:Y_1 通道和 Y_2 通道都有这个旋钮,它的作用是控制输入信号的衰减倍率,从 5 mV/diV～5 V/DIV 共分 10 挡,此旋钮的位置要根据输入信号的大小随时进行调整,以保证在示波器荧光屏上显示完整的输入信号波形(指垂直方向).例如,观察一正弦电压波形时,"伏/格(VOLTS/DIV)"旋钮放在 0.5 V/DIV 上,显示的波形如图 2-60 所示,波形太大,超出屏幕,这时,将"伏/格(VOLTS/DIV)"旋钮放在 1 V/DIV 上(增加衰减倍率),输入信号的波形就能完整地显示出来,如图 2-61 所示.

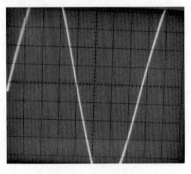

图 2-60　波形图一

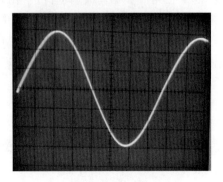

图 2-61　波形图二

㉖"扫描时间（TIME/D）"旋钮：从 $0.2\ \mu s/DIV\sim 2\ s/DIV$，共分 19 挡，此旋钮的位置要根据输入信号周期的大小随时进行调整，以保证在示波器荧光屏上显示至少一个完整的输入信号波形（指水平方向）. 例如，观察一正弦电压波形时，"TIME/DIV"旋钮放在 10 ms/DIV 上，显示的波形如图 2-62 所示，只能显示大半个周期的波形，这时，将"扫指时间（TIME/DIV）"旋钮放在 20 ms/DIV 上，示波器荧光屏上能显示一个完整的输入信号波形，如图 2-63 所示. 为了保证开机时能看到扫描线，此旋钮在没有观察波形时先放在 2 ms/DIV 上. 此旋钮置于"X—Y"位置时，这时输入到 Y_1 输入端的信号作为 x 轴信号，输入到 Y_2 输入端的信号作为 y 轴信号.

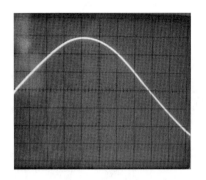 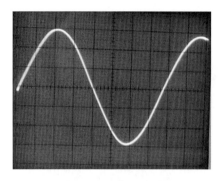

图 2-62　波形图三　　　　　　　图 2-63　波形图四

㉞"电平"旋钮：如果其他旋钮或开关都放置正确，波形还在左右移动，调节此旋钮能使显示波形稳定下来，此旋钮不拉出为正极性触发，拉出此旋钮为负极性触发（一般不常用），本实验此旋钮不需拉出.

二、观察 VD1641G 函数信号发生器输出的正弦信号波形

1. 如图 2-64 所示，用专用线将函数信号发生器的"输出"端⑨接至示波器的"Y_1"输入端⑨，按下信号发生器"电源"开关①，将"功能开关"②的"∼"键按下，信号发生器输出正弦信号，"分挡开关"④的"200"键按下，信号发生器输出正弦信号的频率范围为 $0\sim 200$ Hz，调节"频率微调"旋钮③，使信号发生器的频率显示为 50 Hz，调节信号发生器的"幅度"旋钮⑥，使输出正弦信号的幅度大小适中.

2. 按下示波器的"电源"开关①，把一些预先可以设置好的旋钮或开关按表 2-6 设置好，调节"伏/格（VOLTS/DIV）"旋钮⑬和"扫描时间（TIME/DIV）"旋钮㉖，使示波器显示的波形大小适中，调节"电平"旋钮㉞，使波形稳定.

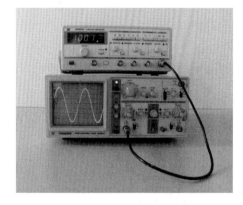

图 2-64　VD1614 函数信号发生器输出端接示波器输入端

3. 调节信号发生器的"频率微调"旋钮③，使频率显示分别为 100 Hz、150 Hz、200 Hz 左右，调节示波器的"伏/格（VOLTS/DIV）"旋钮⑬和"扫描时间（TIME/DIV）"旋钮㉖，使波形大小适中，调节示波器的"电平"旋钮㉞，使波形稳定.

三、测量双踪示波器"校准方波"输出端输出的方波参数

1. 如图 2-65 所示,将示波器的"校准方波"输出端㊲接至"Y_1"输入端⑨,调节"伏/格(VOLTS/DIV)"旋钮⑬和"扫描时间(TIME/DIV)"旋钮㉖,使示波器显示的波形大小适中,调节"电平"旋钮㉞,使波形稳定.

2. 调节"位移"旋钮⑲,使波形上(或下)端(图 2-66)与屏上任一水平基线对齐,测出方波波形的高度 h(格数),读出"伏/格(VOLTS/DIV)"旋钮⑬显示的数值 K,用直接测量法测出方波的电压幅度 $U_{pp}=Kh$,测出方波波形在 x 轴上所占的格数 L,读出"扫描时间(TIME/DIV)"旋钮㉖显示的数值 t,用直接测量法测出方波的周期 $T=Lt$.

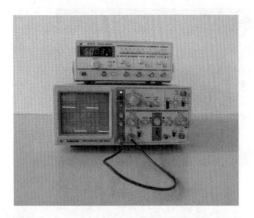 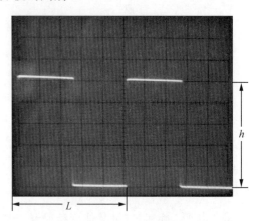

图 2-65 示波器"标准方波"输出端接输入端　　图 2-66 波形图五

四、用李萨如图形测定未知频率

1. 将示波器的"扫描时间(TIME/DIV)"旋钮㉖置于"X—Y"位置,此时 Y_1 输入端输入的信号作为 x 轴信号,而 Y_2 输入端输入的信号作为 y 轴信号.如图 2-67 所示,用专用线将信号发生器的输出端⑨接至示波器的 Y_1 输入端⑨,如图 2-68 所示,将示波器背面"CH1 OUTPUT"输出端(示波器背面竖直方向第一个插座)接至示波器的 Y_2 输入端⑩(双示波器背面"CH1 OUTPUT"端输出 50 Hz 正弦波).

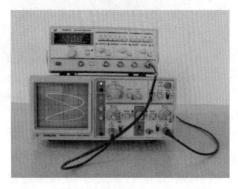 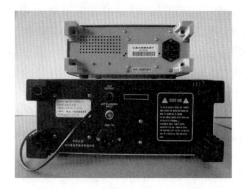

图 2-67 信号发生器输出端接示波器的输入端　　图 2-68 DC4322B 双踪示波器背面面板

2. 调节信号发生器"频率微调"旋钮③,使信号发生器的频率显示 50 Hz,调节示波器 Y_1、Y_2 通道的"伏/格(VOLTS/DIV)"旋钮⑬和⑭、"微调"旋钮⑮和⑯及信号发生器的"幅度"旋钮⑥,得到大小合适的李萨如图形,调节信号发生器"频率微调"旋钮③,适当改变输出

频率,使图形尽可能稳定,然后在李萨如图形的 x 方向和 y 方向分别作直线和图形相切,数出切点数 n_x 和 n_y,根据公式 $\dfrac{f_y}{f_x}=\dfrac{n_x}{n_y}$,得到 $f_x=f_y\dfrac{n_y}{n_x}$,如图 2-69 所示,$n_x=1$,$n_y=1$,$f_x=50\times\dfrac{1}{1}$ Hz=50 Hz,调节信号发生器的"频率微调"旋钮③,即改变在 x 轴上的信号频率,使李萨如图形如图 2-70 所示,这时 $n_x=1$,$n_y=2$,$f_x=50\times\dfrac{2}{1}$ Hz=100 Hz.

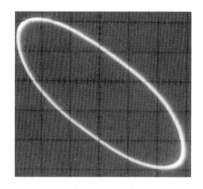

图 2-69　波形图六

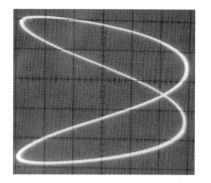

图 2-70　波形图七

知识拓展

布劳恩简介

布劳恩(Karl Ferdinand Braun,1850—1918,图 2-71),德国物理学家,1850 年 6 月 6 日出生于德国的富尔达(Fulda),他在此地接受了地方普通中学的教育.他曾在马尔堡大学、柏林大学学习过,1872 年毕业,他的毕业论文是关于弹性弦的振动.后来他在维尔茨堡大学担任昆开(Quincke)教授的助手,1874 年受聘到莱比锡的圣托马斯中学任教.两年后他受聘为马尔堡大学的理论物理学编外教授,1880 年又被聘请到斯特拉斯堡大学担任同样的职务.1883 年布劳恩成为卡尔斯鲁厄(Karlsruhe)工业大学的物理学教授,并受聘到杜宾根大学任教.十余年后于 1895 年又返回斯特拉斯堡大学担任物理研究所主任.

图 2-71　布劳恩

布劳恩的第一个研究工作是关于弦的振动和弹性棒的振动,特别是棒的振动幅度和周围环境对振动的影响.其他研究工作是以热力学原理为基础的,如压力对于固体的溶解度的影响.1875 年他发现了硫化物的反应特征.

布劳恩最重要的研究工作是在电学方面.他发表过关于欧姆定律的偏差问题以及关于从热源计算可逆伽伐尼电池的电动势问题的文章.1891 年发明了布劳恩静电计,1897 年设计了阴极射线管示波器,至今许多德国人仍称 CRT 为 Braun Tube.

1898 年,他开始从事无线电报的研究,试图以高频电流将莫尔斯信号经过水的传播发送.后来,他又把闭合振荡电路应用于无线电报,而且他是第一个使电波沿确定方向发射的试验者之一. 1902年，他成功地用定向天线系统接收到了定向发射的信号.

布劳恩关于无线电报的论文以小册子的形式发表于1901年，题目是"通过水和空气的无线电报". 1909年，他与马克尼（G. Marconi）因发明和改进无线电报而获得诺贝尔奖. 布劳恩的晚年是在美国安静地度过的，他于1918年4月20日在美国逝世.

实验6 磁感应强度的测定

实验目的

1. 掌握电流产生磁场及电磁感应的原理.
2. 了解用冲击电流计测量迁移电荷量的方法.
3. 学会使用冲击电流计测量载流螺线管内磁感应强度的分布.

实验仪器

DQ-2C型冲击电流计、长直螺线管 L_1'、探测线圈 L_2'、直流稳压电源 E、直流毫安表、滑动变阻器、标准互感器 M、钮子单刀开关 S_1、单刀双掷开关 S_2.

DQ-2C型数字式冲击电流计的使用说明简介如下：

1. 接通电源，红色数码管亮，预热 10 min.
2. 拨动功能选择开关至调零状态，然后调节调零电位器，使其显示"000".
3. 再拨动功能选择开关至测量状态.
4. 当有短时间脉冲电流通过时，冲击电流计将自动清除上一次的数据而显示该次迁移电荷量的数据并保留到下一次信号来到之前.
5. 若显示为"±1"，则仪器过载.
6. 当显示数据在±100以内时，仪器可能未进入工作状态.
7. 输入端不得加入超过 200 V 的电压或大于 40 mA 的稳定电流.

实验原理

冲击电流计用于测量短时间脉冲电流所迁移的电荷量，用它可以测量与此相关的物理量，如磁感应强度、电容量、电感量、高电阻等.

若有一脉冲电流通过冲击电流计（图2-72），则在 $0 \to \tau$ 时间内迁移的电荷量为

$$Q = \int_0^\tau i(t)\mathrm{d}t$$

电流计内部的积分电路将该迁移电荷量积累起来，并进行检测，最后以数字形式显示出来. 如图2-73所示电路，要测定通过电流 I 的螺线管 L_1' 内某处的磁感应强度 B，将一探测线圈 L_2 放在该处，并将 L_2' 接入冲击电流计的输入回路. 合上 S_1，将 S_2 置于"3"，这时 L_1' 中便通过稳

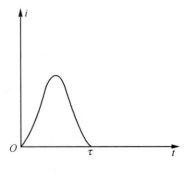

图2-72 i-t 图形

恒电流 I，螺线管内就产生了稳定的磁场 B. 当转换开关 S_1（通或断）时，L_1' 中电流将产生 $0 \to I$ 或 $I \to 0$ 的变化，这时通过 L_2' 的磁通量的变化量为

$$\Delta \Phi = N_2 BS \tag{2-10}$$

式中，N_2 为探测线圈的匝数，S 为其有效横截面积. 则感应电流为

$$i = -\frac{L}{R}\frac{\mathrm{d}i}{\mathrm{d}t} + \frac{1}{R}\frac{\mathrm{d}\Phi}{\mathrm{d}t} \tag{2-11}$$

式中，R 为冲击电流计输入回路的总电阻，L 为该电路的总自感，在 $0 \to \tau$ 时间内迁移的电荷量为

$$Q = \int_0^\tau i(t)\mathrm{d}t = -\frac{L}{R}[i(\tau) - i(0)] + \frac{1}{R}\Delta\Phi = \frac{N_2 BS}{R} \tag{2-12}$$

提示 此处 $i(\tau) = i(0) = 0$.

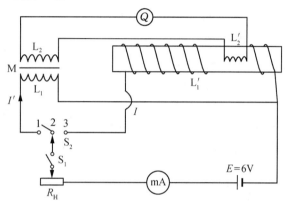

图 2-73 电流计测定磁感应强度的电路图

当冲击电流计测得迁移电荷量 Q 时，则

$$B = \frac{R}{N_2 S} \cdot Q \tag{2-13}$$

实际上冲击电流计输入回路总电阻 R 是个未知量，并且很难测得. 现引入一个带有标准互感器的辅助回路，就不需要测量总电阻 R.

将 S_2 置于"1"，并转换 S_1，冲击电流计测得迁移电荷量 Q' 与互感器初级电流 I' 之间的关系为

$$Q' = M\frac{I'}{R} \tag{2-14}$$

将式(2-13)、式(2-14)两式联立，并消去 R，可得

$$B = \frac{MI'}{N_2 S} \cdot \frac{Q}{Q'} \tag{2-15}$$

由理论推导得螺线管中央部分的磁感应强度为

$$B_{\text{中}} = \mu_0 nI \frac{l}{\sqrt{l^2 + 4r^2}} \tag{2-16}$$

式中，$\mu_0 = 4\pi \times 10^{-7}$ H/m，l 为螺线管的长度，$n = \frac{N_1}{l}$ 为单位长度上的匝数，N_1 为螺线管的线圈匝数，r 为螺线管的半径.

螺线管轴线两端点处的磁感应强度为

$$B_{端} = \frac{1}{2}\mu_0 nI \frac{l}{\sqrt{l^2+r^2}} \approx \frac{1}{2}B_{中} \tag{2-17}$$

可将以上计算理论值与实验值进行比较,以验证理论的正确性.

实验内容

1. 开启冲击电流计,预热 10 min.
2. 按图 2-74 连好线路.

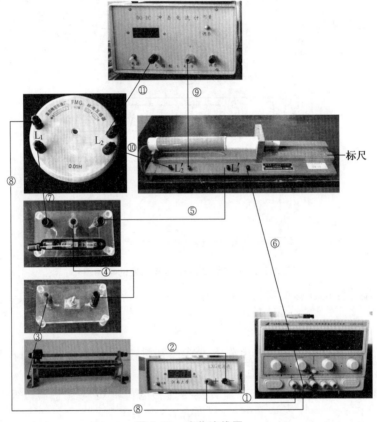

图 2-74 实物连线图

3. 按仪器使用简介调整好冲击电流计.

4. 开启电源,使电源电压为 6 V,将 S_2 置于"1",调整 R_H,转换 S_1,使冲击电流计指示为 1 800 左右,记下电流表读数 I'.

5. 至少转换 S_1 四次(断,通,断,通……),分别记下转换时的冲击电流计读数 Q' 的绝对值(舍去负号不计),留下四个较接近的值,记入数据表格,并求平均值.

6. 将探测线圈移至螺线管中央位置(即指针指零),将开关 S_2 置于"3",调整 R_H、换转 S_1,使冲击电流计指示为 1 800 左右,记下毫安表读数 I.

7. 至少转换 S_1 四次,分别记下各次的迁移电荷量 Q 的绝对值,留下四个较接近的值,求平均值.

8. 将探测线圈顺次移动,每次间隔 0.5~2 cm(B 变化小的区域间隔可大一些,B 变化大的区域间隔应小一些,详见实验数据记录表格).

9. 重复步骤7,直至Q的数值小于200为止.

实验数据记录及处理

$N_1 = 1\,680$ 匝,$N_2 = 2\,000$ 匝,$l = 0.200$ m,$r = 2.05 \times 10^{-2}$ m,$S =$ _____ m²,$M = 0.01$ H,$I =$ _____ mA,$I' =$ _____ mA.

1. 利用式(2-15)计算出载流螺线管轴线上各测量点的磁感应强度B的实验值,填入下表.

互感器 M	Q'			$\overline{Q'}$	$\dfrac{MI'}{N_2 S} =$ /($\times 10^{-4}$ T)
探测线圈位置 x/cm	Q			$\overline{Q}$	B/($\times 10^{-4}$ T)
0					
2.00					
4.00					
6.00					
8.00					
8.50					
9.00					
9.50					
10.00					
10.50					
11.00					
11.50					
12.00					
12.50					

2. 以x为横坐标,B为纵坐标,作出如图2-75所示的实验曲线的右半部分,再以B轴作为对称轴画出磁场分布全图.

3. 利用式(2-16)、式(2-17)计算出载流螺线管中央处及端点处的磁感应强度的理论值,给出中央处测量值的百分误差E.

$$E = \left| \dfrac{\text{理论值} - \text{测量值}}{\text{理论值}} \right| \times 100\%$$

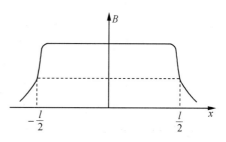

图 2-75 直螺线管内轴线上磁感应强度的分布

提示

1. 探测线圈和螺线管的接线不要接反.

2. 为避免电磁干扰,互感器M、冲击电流计和直流稳压电源三者不能靠得太近.

3. 冲击电流计的指示必须大于 1 800.

思考题

1. 为什么用冲击电流计能测量载流螺线管上的磁感应强度分布？用它还能测量哪些物理量？
2. 测量中为何要用标准互感器，它的作用是什么？
3. 图 2-73 电路可分为几个回路？各回路有何作用？
4. 除了本实验介绍的方法外，你能否考虑用其他方法来测量磁感应强度 B？

知识拓展

电磁感应的科技应用

动圈式话筒

在剧场里，为了使观众能听清演员的声音，常常需要把声音放大，放大声音的装置主要包括话筒、扩音器和扬声器三部分．话筒是把声音转变为电信号的装置．图 2-76 是动圈式话筒构造原理图，它是利用电磁感应现象制成的，当声波使金属膜片振动时，连接在膜片上的线圈（叫作音圈）随着一起振动，音圈在永久磁铁的磁场里振动，

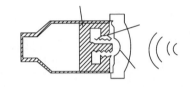

图 2-76 话筒的工作原理

其中就产生感应电流（电信号），感应电流的大小和方向都变化，变化的振幅和频率由声波决定，这个信号电流经扩音器放大后传给扬声器，从扬声器中就发出放大的声音．

汽车车速表

汽车驾驶室内的车速表是指示汽车行驶速度的仪表．它是利用电磁感应原理，使表盘上指针的摆角与汽车的行驶速度成正比．车速表主要由驱动轴、磁铁、速度盘、弹簧游丝、指针轴、指针组成．其中永久磁铁与驱动轴相连．在表壳上装有刻度为公里/小时的表盘．

如图 2-77 所示，永久磁铁的一部分磁感线通过速度盘，磁感线在速度盘上的分布是不均匀的，越接近磁极的地方磁感线数目越多．当驱动轴带动永久磁铁转动时，则通过速度盘上各部分的磁感线将依次变化，顺着磁铁转动的前方，磁

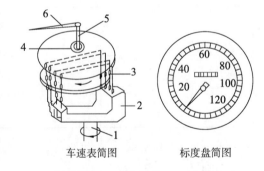

车速表简图　　标度盘简图

1—驱动轴；2—永久磁铁；3—速度盘；
4—弹簧游丝；5—指针轴；6—指针

图 2-77 汽车车速表

感线的数目逐渐增加，而后方则逐渐减少．由法拉第电磁感应原理知道，通过导体的磁感线数目发生变化时，在导体内部会产生感应电流．又由楞次定律知道，感应电流也要产生磁场，其磁感线的方向是阻碍（非阻止）原来磁场的变化．用楞次定律判断出，顺着磁铁转动的前方，感应电流产生的磁感线与磁铁产生的磁感线方向相反，因此它们之间互相排斥；反之，后方感应电流产生的磁感线方向与磁铁产生的磁感线方向相同，因此它们之间相互吸引．由于这种吸引作用，速度盘被磁铁带着转动，同时轴及指针也随之一起转动．

为了使指针能根据不同车速停留在不同位置上,在指针轴上装有弹簧游丝,游丝的另一端固定在铁壳的架上.当速度盘转过一定角度时,游丝被扭转产生相反的力矩,当它与永久磁铁带动速度盘的力矩相等时,则速度盘停留在那个位置而处于平衡状态.这时,指针轴上的指针便指示出相应的车速数值.

永久磁铁转动的速度和汽车行驶速度成正比.当汽车行驶速度增大时,在速度盘中感应的电流及相应的带动速度盘转动的力矩将按比例地增加,使指针转过更大的角度,因此车速不同,指针指出的车速值也相应不同.当汽车停止行驶时,磁铁停转,弹簧游丝使指针轴复位,从而使指针指在"0"处.

熔炼金属

交流的磁场在金属内感应的涡流能产生热效应,这种加热方法与用燃料加热相比有很多优点.例如,加热效率高,可达到50%~90%;加热速度快;用不同频率的交流可得到不同的加热深度,这是因为涡流在金属内不是均匀分布的,越靠近金属表面层,电流越强,频率越高,这种现象越显著,称为"趋肤效应".

实验7 薄透镜焦距的测定

实验目的

1. 加深理解透镜成像的原理.
2. 学习几种测量薄透镜焦距的方法.
3. 掌握简单光路的分析和调整方法.

实验仪器

光具座导轨、光具座、光源灯、物屏、像屏、平面镜、凸透镜、凹透镜.

实验原理

一、薄透镜成像原理及其成像公式

薄透镜是指透镜中央厚度比透镜焦距小很多的透镜.透镜分为两大类:一类是凸透镜(也称会聚透镜),其中央厚、边缘薄,对光线起会聚作用,如图 2-78 所示,平行于凸透镜主光轴的一束光入射凸透镜,折射后会聚于主光轴上,会聚的光线与主光轴的交点即为凸透镜的焦点 F,焦点 F 到光心的距离为焦距 f,焦距越短,会聚本领越大;另一类是凹透镜(也称发散透镜),其边缘厚、中央薄,对光线起发散作用,如图 2-79 所示,平行于凹透镜主光轴的一束光入射凹透镜,折射后成为发散光,发散光线的反向延长线与主光轴的交点即为凹透镜的焦点 F,F 与凹透镜光心的距离为焦距 f,焦距越短,发散本领越大.

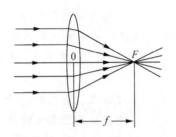
图 2-78 凸透镜成像原理

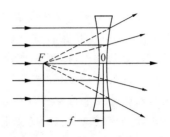
图 2-79 凹透镜成像原理

凸透镜成像规律如下表所示：

实物到透镜的距离 u	像的大小	像的正倒	像的虚实	像到透镜的距离 v	应用实例
$u>2f$	缩小	倒立	实	$f<v<2f$	照相机
$u=2f$	等大	倒立	实	$v=2f$	
$f<u<2f$	放大	倒立	实	$v>2f$	放映机
$u=f$	不成像				
$u<f$	放大	正立	虚		

实物经过凹透镜不能成实像.

在近轴光线条件下,薄透镜的成像公式为

$$\frac{1}{u}+\frac{1}{v}=\frac{1}{f}$$

式中 u 为物距,实物时 u 为正值,虚物时 u 为负值;v 为像距,实像时 v 为正值,虚像时 v 为负值;f 为焦距,对于凸透镜 f 为正值,对于凹透镜 f 为负值.

二、凸透镜焦距的测量原理

1. 自准直法.

如图 2-80 所示,当物 P 位于凸透镜 L 的焦平面上时,该物发出的光经透镜折射后变成平行光.若用一垂直于主光轴的平面镜 M 将平行光反射回去,通过透镜后会聚于透镜的焦平面上,形成一个与物 P 大小相同、倒立的实像 Q.

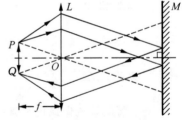
图 2-80 自准直法测凸透镜的焦距

测出物 P 与透镜 L 光心 O 之间的距离,就是凸透镜 L 的焦距 f.

2. 共轭法.

共轭法又被称为贝塞尔法或二次成像法.

如图 2-81 所示,物屏和像屏间的距离 $D>4f$,并保持不变,移动透镜 L 在 O_1 处时,使像屏上出现一放大的实像 Q_1;移动透镜在 O_2 处时,使像屏上得到一缩小的实像 Q_2.

设 O_1O_2 之间的距离为 d.

透镜在 O_1 处时,有

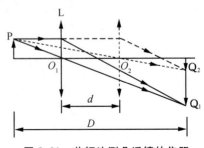
图 2-81 共轭法测凸透镜的焦距

$$\frac{1}{f} = \frac{1}{u_1} + \frac{1}{D-u_1} \tag{2-18}$$

透镜在 O_2 处时,有

$$\frac{1}{f} = \frac{1}{u_1+d} + \frac{1}{D-(u_1+d)} \tag{2-19}$$

由式(2-18)和式(2-19),得

$$u_1 = \frac{D-d}{2} \tag{2-20}$$

将式(2-20)代入式(2-18)式,得

$$f = \frac{D^2 - d^2}{4D}$$

用共轭法测凸透镜焦距的好处是消除了由于透镜光心的位置难以确定所产生的系统误差.

三、凹透镜焦距的测量原理

1. 物距像距法测凹透镜的焦距.

如图 2-82 所示,物 P 发出的光线经凸透镜 L_1 会聚成像 Q_1,又经凹透镜 L_2 发散后在像屏上成像 Q_2(L_1 和 L_2 的位置调整适当).因为是实像,$v>0$,而 L_1 的像 Q_1 成为 L_2 的物(虚物),则物距 $u<0$,将 u 和 v 代入透镜成像公式,即可求得凹透镜 L_2 的焦距为 $f = \frac{uv}{u+v}$.

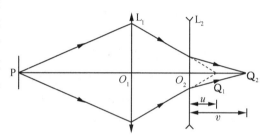

图 2-82 物距像距法测凹透镜的焦距

2. 自准直法测凹透镜的焦距.

如图 2-83 所示,凹透镜 L_2 是发散的,可用一辅助凸透镜 L_1 置于其前,并在凹透镜后面放一垂直于主光轴的平面镜 M.当 L_1 和 L_2 的位置调整适当时,L_2 出射光为平行光,经平面镜反射后沿原光路返回,在物屏上成一与原物大小相同、倒立的实像.取下 L_2 和 M,物 P 经 L_1 成像 Q_1,这时 L_1 的像成为 L_2 的物(虚物),并且 Q_1 一定在 L_2 的虚焦平面上.因此测出 L_2 的光心 O_2 和 Q_1 之间的距离,就是凹透镜 L_2 的焦距 f.

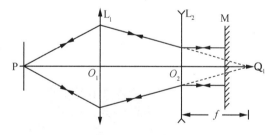

图 2-83 自准直法测凹透镜的焦距

实验内容

一、光学元器件的共轴调整

如图 2-84 所示,将全部的光学元器件放在光具座导轨上,并紧靠在一起,目测它们的中心是否在同一高度.调节的方法是:松开光具座上的垂直微调螺丝,提升或降低光学元器

图 2-84 光学元器件的共轴调整

件,使它们等高,再将螺丝旋紧.沿轨道方向目测光学元器件的中心是否在同一直线上,并且该直线是否与导轨平行.可调节光具座上的横向微调螺丝达到要求.

本实验不要求精细共轴调整.

二、自准直法测凸透镜的焦距

1. 按图 2-85 所示依次放置好光源、物屏、凸透镜、平面镜.记下物屏位置读数 S_0.

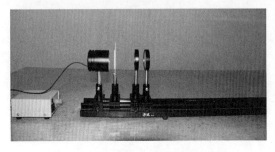 

图 2-85　自准直法测凸透镜的焦距　　　　图 2-86　物和像

2. 同时移动凸透镜和平面镜,使物屏上出现一个和物等大、倒立、清晰的实像,如图 2-86 所示,记下凸透镜位置读数 S_1.

3. 重复上述操作六次.

三、共轭法测凸透镜的焦距

1. 按图 2-87 所示依次放置好光源、物屏、凸透镜、像屏,取物屏和像屏之间的距离 $D>4f$,记下物屏位置读数 S_0 和像屏位置读数 S_0'.

2. 移动凸透镜,使像屏上出现一个清晰的放大实像时(图 2-88),记下凸透镜位置读数 O_1.

图 2-87　共轭法测凸透镜的焦距

3. 移动凸透镜,使像屏上出现一个清晰的缩小实像时(图 2-89),记下凸透镜位置读数 O_2.

 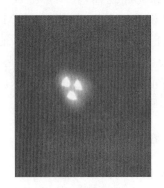

图 2-88　放大实像　　　　图 2-89　缩小实像

4. 重复上述操作六次.

四、物距像距法测凹透镜的焦距

1. 按图 2-90 所示依次放置好光源、物屏、凸透镜、像屏,取物屏和凸透镜之间的距离 $u > 2f_1$ (f_1 为凸透镜的焦距).

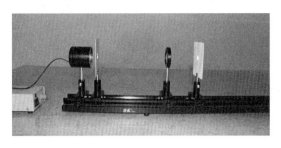

图 2-90　物距像距法测凹透镜的焦距

图 2-91　缩小实像

2. 移动像屏,使屏上出现一个清晰的缩小实像(尽量小),如图 2-91 所示,记下像屏位置读数 S_0'',重复上述操作六次.

3. 如图 2-92 所示,保持凸透镜位置不变,在凸透镜和像屏之间放入凹透镜.

4. 移动像屏,使屏上出现一个清晰的放大实像,如图 2-93 所示,记下像屏位置读数 S_0',记下凹透镜的位置读数 S_2,保持凹透镜位置不变,重复上述操作六次.

图 2-92　放入凹透镜

图 2-93　放大实像

五、自准直法测凹透镜的焦距

1. 按图 2-94 所示依次放置好光源、物屏、凸透镜、凹透镜、平面镜,取物屏和凸透镜之间的距离 $u > f_1$ (使像距 $v > f_2$,f_2 为凹透镜的焦距).

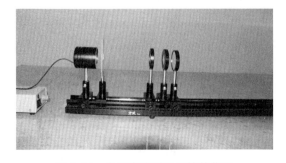

图 2-94　自准直法测凹透镜的焦距

图 2-95　等大、倒立实像

2. 同时移动凹透镜、平面镜,使物屏上出现一个清晰的等大、倒立的实像时(图 2-95),记下凹透镜的位置读数 S_2,重复上述操作六次.

3. 如图 2-96 所示，取下凹透镜、平面镜，在凸透镜后面放入像屏．

图 2-96　放入像屏

图 2-97　倒立实像

4. 移动像屏，使出现清晰的倒立实像（图 2-97），记下像屏位置读数 S_0'，重复上述操作六次．

实验数据记录及处理

一、自准直法测凸透镜的焦距

物屏位置 $S_0 = $ _____ cm

次数	1	2	3	4	5	6	平均值
凸透镜位置 S_1/cm							

$$f = |\overline{S_1} - S_0| = $$

二、共轭法测凸透镜的焦距

物屏 $S_0 = $ ____ cm，像屏 $S_0' = $ ____ cm

$$D = |S_0' - S_0| = $$

次数	1	2	3	4	5	6	平均值
O_1 位置/cm							
O_2 位置/cm							

$$d = |\overline{O_1} - \overline{O_2}| = $$

$$f = \frac{D^2 - d^2}{4D} = $$

三、物距像距法测凹透镜的焦距

凹透镜 L_2 位置 $S_2 = $ ____ cm

次数	1	2	3	4	5	6	平均值
像屏位置 S_0'/cm							
像屏位置 S_0''/cm							

$$v = |\overline{S_0'} - S_2| = $$

$$u = -|\overline{S_0''} - S_2| =$$
$$f = \frac{uv}{v+u} =$$

四、自准直法测凹透镜的焦距

次数	1	2	3	4	5	6	平均值
凹透镜 L_2 的位置 S_2/cm							
像屏位置 S_0'/cm							

$$f = -|\overline{S_0'} - \overline{S_2}| =$$

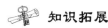

知识拓展

伽利略望远镜

1608年,荷兰有一位眼镜商人叫汉斯·李波尔赛(Hans Lippershey),他的两个孩子很调皮,也很聪明.一天,偶然一个机会,两个孩子从店铺里拿来两片透镜,一前一后摆弄着,用眼睛张望着.突然孩子们惊讶地发现远处教堂上的风标又大又近.李波儿赛得知此事也很高兴,他就用一个简易的筒,把两块透镜装好,这就是世界上第一台望远镜.

李波尔赛发明望远镜的第二年,消息传到意大利,著名物理学家、天文学家伽利略按此方法制作了第一架天文望远镜,并不断加以改进,在1609年,他将望远镜转向了天空,很快得到了一系列重大的发现.

伽利略用望远镜观测天上的星星,发现了许多肉眼所看不到的小星.当他把望远镜对准银河时,发现银河不是一片薄云,而是无数个亮度不同的小星星.伽利略明白,这些星星之所以像天空中的一条银带,是因为离我们十分遥远,肉眼无法分辨.

伽利略用望远镜观察山脉,发现月亮表面分布着许多山脉,其中大部分是环形山,他还估计出有的山峰高达6 000 m.伽利略详细分析了月面山的长度和太阳位置之间的关系,以及月面"灰光"的成因,并由此断定月球本身不发光,而反射太阳光.

1610年1月6日,伽利略通过望远镜看到木星的左边有3颗小星,并且与木星排成一直线.第二天,他发现同样有3颗小星与木星排成一直线,但有一颗出现在木星的右边.第三天,这3颗小星都跑到木星的右边去了.又过了两夜,他惊讶地发现只在木星的左边看到2颗小星,不过仍然与木星排成一直线.1月13日,他观测到4颗小星与木星排成一直线,1颗在左边,3颗在右边.经过一段时间的观测,伽利略敏锐地意识到,这几颗小星实际上都是木星的卫星,它们就像月亮绕地球转动一样在绕木星运行.为了纪念这一重要发现,人们把这4颗卫星命名为伽利略卫星.

金星因距离太阳更近,因此有相位变化,不过用肉眼是看不出的.伽利略用望远镜发现金星呈蛾眉月状时直径最大,呈圆形或者接近圆形时直径最小,这与月亮情况不同.伽利略得出:金星本身不发光,只是反射太阳光,金星绕太阳公转,它距离太阳比地球距太阳近,因而表现出相位变化.伽利略还利用这一点来说明哥白尼太阳中心说的正确性.

伽利略用他的望远镜来观测太阳时,发现了太阳上的黑子.他认为黑子是太阳表面的一种现象,并根据黑子在日面上的移动得出太阳的自转周期为28天,与现代测定的结果很接近.

这一系列重要发现轰动了当时的欧洲,当时人们盛行的话是:"哥伦布发现了新大陆,伽利略发现了新宇宙."伽利略将他的发现写成 24 页的《星座信使》(Sidereus Nuncius),并公之于众,但当时并未被迅速接受,因为当时望远镜的原理尚未明确,伽利略也无法详细说明自己的科研成果.一部分学者和教会人士认为望远镜里的景象不过是光影上的幻觉,是望远镜的瑕疵造成的.到 1611 年,德国天文学家开普勒出版了《天文光学》,阐述了望远镜的原理,"幻觉说"才渐渐消失,伽利略的发现也得到了证实.

实验 8 牛顿环干涉

实验目的

1. 掌握用牛顿环测定透镜曲率半径的方法.
2. 通过实验加深对等厚干涉原理的理解.
3. 熟悉读数显微镜的使用方法.

实验仪器

读数显微镜、钠光灯、牛顿环仪等.

实验原理

一、等厚干涉

如图 2-98 所示,由光源 S 发出的波长为 λ 的光垂直入射到一厚度不等的透明薄膜上(bb 面两边介质的折射率分别为 n_1 和 n).其中光线 1 经 aa 表面反射后和光线 2 相遇于 bb 表面附近的 C 点,因而在 C 点产生干涉,在薄膜上面就可以观察到干涉条纹.

如果 aa 和 bb 表面之间是很薄的空气层($n=1, n_1>1$),而且夹角很小,光线又近乎垂直地入射到 bb 表面,则 C 点在 bb 表面上,光线 $11'$ 和 $22'$ 的光程差为

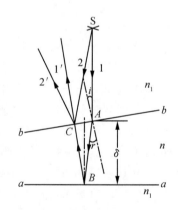

图 2-98 等厚干涉的光路示意图

$$\Delta = 2\delta + \frac{\lambda}{2} \tag{2-21}$$

光程差只与厚度 δ 有关,式中 $\frac{\lambda}{2}$ 是光线由光疏介质入射到光密介质且在 aa 界面反射时有一相位突变而引起的附加光程差(又称半波损失).

产生第 k 级(k 为一整数)暗条纹的条件是

$$2\delta + \frac{\lambda}{2} = \frac{(2k+1)\lambda}{2}, \quad k=0,1,2,\cdots$$

即

$$\delta = \frac{k\lambda}{2} \tag{2-22}$$

产生第 m 级亮条纹的条件是

$$2\delta + \frac{\lambda}{2} = 2k\left(\frac{\lambda}{2}\right), \quad k=1,2,\cdots$$

即

$$\delta = \left(k-\frac{1}{2}\right) \cdot \frac{\lambda}{2} \tag{2-23}$$

因此,在空气层厚度相同处产生连续的干涉条纹,厚度不同处产生不同级的干涉条纹.

二、用牛顿环测透镜的曲率半径

牛顿环是用分振幅方法产生的等厚干涉条纹,可用于测量透镜的曲率半径,也可用于检查物体表面的光洁度和平面度.

如图 2-99 所示,一曲率半径很大的平凸透镜的凸面与一光学平板玻璃相接触,在透镜与平板玻璃之间形成空气薄膜.空气薄膜的厚度以接触点为中心,旋转对称.以波长为 λ 的单色光垂直入射到平凸透镜上,则由空气膜上下表面反射的光将互相干涉,干涉条纹为空气膜等厚各点的轨迹,形成以接触点为中心、明暗交替的同心圆环.

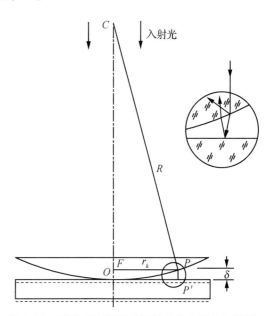

图 2-99 用牛顿环测平凸透镜的曲率半径光路图

图 2-100 中的 O 点是透镜凸面与平板玻璃的接触点,C 为透镜凸面的曲率半径中心,曲率半径 $R=\overline{CP}$,牛顿环的第 k 级暗条纹半径为 r_k,P 点处空气膜层厚度 $PP'=\delta$,由 $\triangle FPC$ 的几何关系可知:

$$R^2 = r_k^2 + (R-\delta)^2 = r_k^2 + R^2 - 2\delta R + \delta^2$$

故

$$r_k^2 = 2\delta R - \delta^2 \approx 2\delta R \tag{2-24}$$

考虑到光在 P' 处反射时有半波损失,故 P 处空气膜上、下界面所反射的两束光的光程差为

$$\Delta = 2\delta + \frac{\lambda}{2} \tag{2-25}$$

其中 λ 是入射单色光的波长.若 Δ 是半波长的偶数倍,则发生相长干涉,光强为极大值,得干涉明条纹;若 Δ 为半波长的奇数倍,则发生相消干涉,光强为极小值,得干涉暗条纹.故暗条纹满足:

$$\Delta = 2\delta + \frac{\lambda}{2} = \frac{(2k+1)\lambda}{2}, \quad k=0,1,2,\cdots$$

即

$$\delta = \frac{k\lambda}{2}$$

将此值代入式(2-24),得

$$r_k^2 = kR\lambda \tag{2-26}$$

式(2-26)表明：

(1) 牛顿环中心(对应于 $k=0$)是一个暗斑.

(2) k 与 r^2 成正比,故牛顿环半径越大,干涉条纹越密.

(3) 曲率越小(R 越大)的透镜,其同级干涉环半径越大.

由式(2-26)可知,当 λ 已知时,若测得第 k 级干涉条纹的半径 r_k,可算出曲率半径 R,若 R 为已知,则可计算 λ.但是在通常情况下,可能由于一些微尘等污物以及玻璃的形变,平凸透镜与平面玻璃不可能是理想的点接触,故中心不是一点,而是一个不确定的圆斑.考虑到最一般情况,我们假定透镜与平面玻璃之间存在一小距离 δ_0,即平面玻璃板位于图 2-100 中的虚线位置,此时空气层厚度应为 $\delta+\delta_0$,而暗条纹条件变为

$$\Delta = 2(\delta+\delta_0) + \frac{\lambda}{2} = \frac{(2k+1)\lambda}{2}, \quad k=0,1,2,\cdots$$

即

$$2(\delta+\delta_0) = k\lambda$$

代入式(2-24),得暗条纹的半径为

$$r_k^2 = kR\lambda - 2R\delta_0 \tag{2-27}$$

为了消除 $2R\delta_0$ 带来的影响,可分别测出环序数 $k=m$ 与 $k=n$ 的两环半径 r_m 与 r_n,代入式(2-27),再将两式相减,得

$$r_m^2 - r_n^2 = (m-n)R\lambda$$

$$R = \frac{r_m^2 - r_n^2}{\lambda(m-n)} \tag{2-28}$$

$$\lambda = \frac{r_m^2 - r_n^2}{R(m-n)} \tag{2-29}$$

考虑到直接测量直径较方便,且设 $m-n=5$,则上式变为

$$R = \frac{D_m^2 - D_n^2}{4(m-n)\lambda} = \frac{D_m^2 - D_n^2}{20\lambda} \tag{2-30}$$

式中,D 为牛顿环的直径.

本实验原理较简单,关键是调出牛顿环.

实验内容

利用牛顿环测量平凸透镜的曲率半径,光路图如图 2-100 所示,实物图如图 2-101 所示.为使光源发出的光能垂直入射到干涉仪上,在显微镜的物镜下装有倾斜 45°左右的半反半透镜 P,载物平台下的反光镜旋钮可调节视场的亮度.本实验观察的是上反射光的干涉,故反射镜应旋到不向上反光的位置.

1. 产生牛顿环用的平凸透镜与平面玻璃用金属框固定在一起,称为牛顿环仪.牛顿环仪上的三个螺丝一般不需调整.若需调整,可借助室内灯光,达到能用眼睛直接观察到接触点处的干涉条纹成圆形,且位于透镜中心.调节螺丝,保持条纹的稳定而又不致使透镜变形.

第 2 章
基础性实验

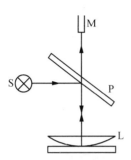
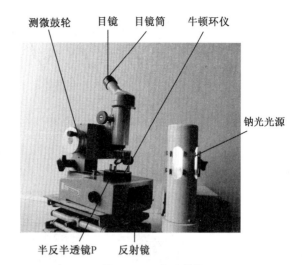

图 2-100　用牛顿环测透镜曲率半径光路图　　　　图 2-101　实验装置

2. 移动显微镜至标尺中部,将牛顿环仪置于读数显微镜载物台上,使其中心正对显微镜光轴,如图 2-102 所示.

用钠光灯 S 照射 P,P 将一部分光反射进入牛顿环仪,被空气膜上下界面反射后,透过 P 入射到显微镜的物镜.

3. 显微镜的调节.先调目镜使叉丝最清晰.调节显微镜的迎光方向即 P 的方向,使显微镜中看到黄色明亮视场,然后按读数显微镜操作方法,将显微镜筒聚焦于牛顿环.聚焦调节的顺序是:先缓慢降低镜筒,使物镜头尽量接近牛顿环,然后一边从目镜中观察,一边缓慢提升显微镜筒,寻找聚焦清楚的位置,看到干涉环后继续调节光源相对位置,使显微镜中看到的牛顿环最清楚.如果视场中看不到牛顿环中心,水平移动牛顿环仪,可看到如图 2-102 所示的实验现象.

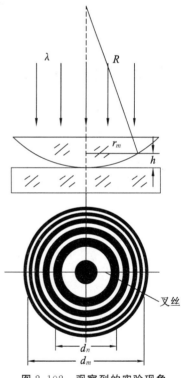

4. 测量牛顿环直径时,应先旋转目镜筒,使一根叉丝与镜筒横向移动方向平行,另一根与之垂直的叉丝与暗环相切,这时读取数据,叉丝与环相切时应排除暗环的宽度.由于显微镜螺旋测微计的螺纹之间存在空隙,读取各个环

图 2-102　观察到的实验现象

直径两端的读数时,镜筒应始终沿一个方向移动,即鼓轮单方向转动,不允许中途改变方向(否则会出现空程误差,如图 2-103 所示).如有可疑问题,应退回重测(见读数显微镜的操作).10 环以下条纹较粗,不易测准,故通常不测.本实验先测左方 19～10 环的切点坐标,后测右方 10～19 环的切点坐标.

图 2-103 空程误差

读数系统如图 2-104 所示,其读数为 15.507 mm.

图 2-104 读数系统

实验数据记录及处理

牛顿环平凸透镜曲率半径测量结果如下:

暗环序号 n	19	18	17	16	15	14	13	12	11	10
左读数/mm										
右读数/mm										
D_n/mm										
D_n^2/mm²										

根据公式 $R=\dfrac{D_{n+5}^2-D_n^2}{20\lambda}$,已知纳光灯发出的光波波长 $\lambda=589.3$ nm,利用逐差法处理数据:

$D_{15}^2-D_{10}^2=$, $D_{16}^2-D_{11}^2=$, $D_{17}^2-D_{12}^2=$

$D_{18}^2-D_{13}^2=$, $D_{19}^2-D_{14}^2=$, $\overline{D_{n+5}^2-D_n^2}=$

$$R=\dfrac{\overline{D_{n+5}^2-D_n^2}}{20\lambda}=$$

注意事项

1. 牛顿环仪、显微镜的光学表面不清洁,要请实验教师用专门的擦镜纸轻轻揩拭.

2. 直接用眼睛观察牛顿环仪,配合调节牛顿环仪的三个螺丝,使小干涉圆环位于牛顿环仪的中心,且干涉圆环越小越好、越细越好.

3. 读数显微镜的测微鼓轮在测量过程中只能向一个方向旋转,中途不能反转.

4. 在寻找最清晰牛顿环时,为防止损坏显微镜物镜,正确的调节方法是旋转调焦手轮4,使镜筒下成45°左右的半反半透镜P尽量接近牛顿环,然后一边从目镜中观察,一边缓慢提升显微镜筒(反向旋转调焦手轮4),使通过目镜看到的干涉圆环最清晰.

思考题

1. 在牛顿环实验中,各干涉条纹圆环之间的间距有何分布规律?
2. 在本实验中,如显微镜叉丝未准确通过干涉环圆心,对测量结果有何影响?
3. 在看清叉丝的情况下只看到钠黄光,看不到牛顿环,其原因是什么?

知识拓展

一、牛顿简介

英国物理学家牛顿(1642—1727,图2-105),出生前两个月,父亲去世,不满两岁时,母亲改嫁,是外祖母和舅舅抚养了他.1661年6月牛顿考入剑桥大学三一学院,开始广泛阅读和研究哥白尼、开普勒、伽利略、笛卡尔、费尔玛、华里斯和培根等人的天文学、力学、光学、数学和哲学著作.1665年夏,牛顿为躲避瘟疫回到乡下.在乡下不到两年的时间里,他对万有引力、光的色散现象、微积分等重大科学问题做了深入的研究.1687年,牛顿出版巨著《自然哲学之数学原理》,将伽利略地面上的物理学和开普勒关于天上的物理学统一起来,建立起了包括力学三定律和万有引力定律的经典物理理论体系.

图2-105　牛顿

在早期的物理学中,人们对于光的物理特征的探讨主要集中在两个方面:一是光的本性问题,二是光的颜色问题.在光的本性问题上,长期存在着"微粒说"与"波动说"之争.1660年,英国物理学家胡克做了肥皂泡膜上的颜色观察实验,认为用微粒说无法解释.牛顿是光的微粒说的支持者,1666年,他在家乡做了光的色散实验后,认为胡克的肥皂泡实验的精确度不高,而且肥皂泡膜转瞬即逝,不便于观察,就设计了"牛顿环"实验,但他也无法用微粒说解释实验结果.

1687年后,牛顿除参加社会活动外,还花大量时间研究炼金术和注释《圣经》.1696年,他迁居伦敦,在朋友的帮助下到皇家造币局任监督.1720年,牛顿买入英国南海公司股票.当他感觉股价太高、泡沫太大时,就抛掉股票,大赚了一万英镑(在当时,这是一个天文数字).令牛顿后悔不已的是,该股票在他抛出后仍不断上涨.在确信自己不该抛股票后,他用自己的全部积蓄和从朋友处借的钱又全仓买入他曾卖掉的股票.不幸的是,这次他亏了两万英镑.他曾感慨地说:"我可以精确地计算天体间的万有引力,但是我无法预测股票的价格."

从1687年到牛顿去世的40年间,虽然牛顿在科研上再无大的成就,但他前半生对科学的贡献仍是划时代的,他的许多名言至今仍令我们深思:

"我是靠不停的思考发现万有引力的."

"如果我看得更远,那是因为站在巨人的肩上."

"进行哲学研究的最好和最可靠的方法,看来第一是,勤恳地去探索事物的属性,并用实验来证明这些属性,然后进而建立一些假说,用以解释这些事物本身."*

二、读数显微镜

显微镜用于观察近而细微的物体,由物镜与目镜组成.将微小物体 AB 放在物镜焦点外不远处,物体在物镜焦点内(靠近焦点处)形成一个放大的实像 A_1B_1.目镜相当于一个放大镜,其作用是将物镜形成的中间实像 A_1B_1 再放大成一虚像 A_2B_2,且使此虚像恰好位于眼睛的明视距离处(图 2-106).人眼的明视距离约 25 cm.

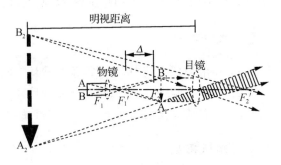

图 2-106 显微镜的工作原理

读数显微镜除放大物体外,还能测量物体一定方向的线度,主要用于精密测量那些微小的或不能用夹持仪器(游标卡尺、螺旋测微计等)测量的物体的大小,如测量细孔或毛细管直径、狭缝宽度、光学系统的成像宽度等.常用的 JXD 型读数显微镜如图 2-107 所示,它主要由显微镜及其调焦系统、螺旋测微系统及工作平台组成.显微镜目镜镜头中的十字叉丝,供对准被测物边缘以确定其坐标用.旋转测微鼓轮,可带动显微镜筒左右移动,其坐标可以从读数标尺(读至毫米位)和测微鼓轮(相当于螺旋测微计的微分筒)上读出,由于推动丝杆的螺距为 1 mm,因此测微鼓轮转过一圈,显微镜固定的准线在读数标尺上移动1 mm,鼓轮外

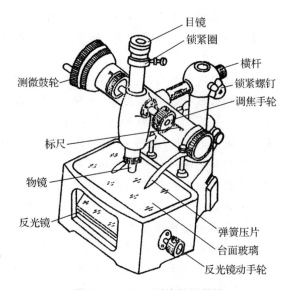

图 2-107 JXD 型读数显微镜

沿上刻有 100 分格,分度值为 0.01 mm,可以估读到0.001 mm.

使用读数显微镜时应按下列步骤进行:

(1) 使被测物具有适当的亮度和照度.

(2) 移动被测物或显微镜筒的位置,使显微镜的光轴对准被测物.

(3) 先使物镜接近被测物.调节目镜,使十字叉丝清晰,然后再调节调焦旋钮,使镜筒缓慢地向上移动,直至目镜视场中可同时清晰无视差地看到叉丝和物体像.

使用读数显微镜时应注意以下几点:

(1) 目镜中叉丝可随物镜筒转动,一条叉丝应该和镜筒移动方向平行.

(2) 由于丝杆和齿轮之间有间隙,因此在测量时,测微鼓轮只能恒向一个方向转动.若倒退,就会因螺旋空程带来测量的系统误差.

---

* 塞耶.牛顿自然哲学著作选[M].上海:上海人民出版社,1979.

实验 9 分光计的调节与使用

 实验目的

1. 了解分光计的结构和各部件的作用.
2. 掌握分光计的调节方法和调节要求.
3. 学会用分光计测量角度.

 实验仪器

JJY-1 型分光计、带直角支架的平面反射镜、三棱镜等.

 实验原理

一、自准法

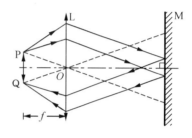

如图 2-108 所示,将物 P 置于凸透镜 L 的焦平面上,该物发出的光经透镜折射后变成平行光,若用一垂直于主光轴的平面镜 M 将平行光反射回去,通过透镜后会聚于透镜的焦平面上,形成一个与物 P 大小相同、倒立的实像 Q.

图 2-108 自准法线路图

二、自准直望远镜

自准直望远镜结构如图 2-109(a)所示,它与一般望远镜一样具有目镜、分划板及物镜三部分.望远镜可绕分光计中心轴转动,其水平倾斜度可用管下侧的螺丝调节,望远镜镜筒内有带三根叉丝的分划板,其一侧有一个照明小灯,光线通过绿色玻璃进入紧靠分划板的小棱

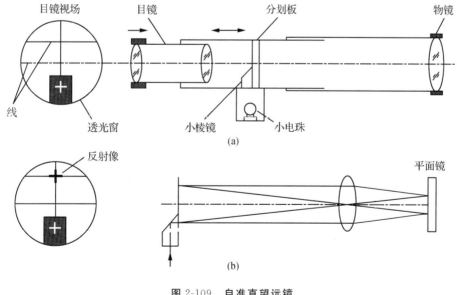

图 2-109 自准直望远镜

镜(45°全反射棱镜),经小棱镜全反射后照亮小棱镜侧面分划板上刻有十字纹的透光小窗,将十字窗视为"物",它发出的光线经物镜投射到载物平台上设置的反光面(如平面镜或三棱镜等)上,再反射回望远镜中,如图 2-109(b)所示.根据自准直测焦距原理,若调节分划板与物镜之间的距离,使分划板位于物镜主焦面上,从望远镜中能观察到经平台反射面垂直反射回的光线,形成清晰的无视差的叉丝和亮十字纹像.若平面镜镜面与望远镜光轴垂直,此像将落在叉丝"十"上部的交叉点上.若用调节好的望远镜去观察发自平行光管的平行光束,便可看到清晰的狭缝像.

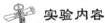 **实验内容**

一、熟悉分光计的结构和各部件的作用

1. JJY-1 型分光计的结构如图 2-110 所示.

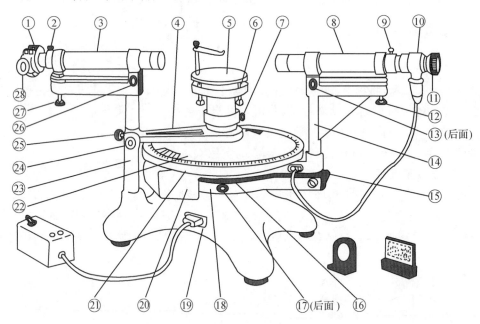

图 2-110　JJY-1 型分光计

2. JJY-1 型分光计的各部件的名称和作用如表 2-7 所示.

表 2-7　分光计各部件的名称和作用

序号	名称	作用
①	狭缝装置	
②	狭缝装置锁紧螺丝	用来固定狭缝装置,松开时可旋转或前后拉动狭缝装置,调好后锁紧
③	平行光管	产生平行光
④	游标盘制动架	
⑤	载物台	放置光学元件

续表

序号	名 称	作 用
⑥	载物台调平螺丝(3只)	调节载物台台面水平
⑦	载物台锁紧螺丝	松开时,载物台可单独转动和升降;锁紧后,可使载物台与读数游标盘同步转动
⑧	望远镜	观测经光学元件作用后的光线
⑨	目镜筒锁紧螺丝	松开时,目镜装置可前后伸缩和转动;锁紧后,固定目镜筒
⑩	阿贝式自准直目镜	可前后伸缩和转动(望远镜调焦)
⑪	目镜调焦手轮	调节目镜焦距,使分划板、叉丝清晰
⑫	望远镜光轴仰角调节螺丝	调节望远镜的俯仰角度
⑬	望远镜光轴水平方位调节螺丝	调节该螺丝,可使望远镜在水平面内转动
⑭	望远镜支架	
⑮	望远镜方位微调螺丝	锁紧望远镜止动螺丝⑰后,调节该螺丝,使望远镜支架做小幅度转动
⑯	转座与刻度盘止动螺丝	锁紧时,望远镜和刻度盘一起转动;松开后,望远镜转动,刻度盘不动
⑰	望远镜止动螺丝	松开时,望远镜可自由转动;锁紧后,望远镜不能转动
⑱	望远镜制动架	
⑲	分光计底座	
⑳	转盘平衡块	
㉑	刻度盘	分为360°,最小刻度为半度(30′),小于半度则利用游标读数
㉒	游标盘	盘上对称设置两游标
㉓	平行光管支架	
㉔	游标盘微调螺丝	锁紧游标盘止动螺丝㉕后,调节该螺丝可使游标盘做小幅度转动
㉕	游标盘止动螺丝	锁紧后,只能用游标盘微调螺丝㉔使游标盘做小幅度转动
㉖	平行光管光轴水平方位调节螺丝	调节该螺丝,可使平行光管在水平面内转动
㉗	平行光管光轴仰角调节螺丝	调节平行光管的俯仰角度
㉘	狭缝宽度调节螺丝	调节狭缝宽度,改变入射光宽度

3. JJY-1型分光计主要部件的详细介绍.

(1) 平行光管.

平行光管用于产生平行光,平行光管固定在分光计底座上,一端是物镜,另一端是狭缝,狭缝管套在外管内可以旋转,又能在外管内前后移动,以改变狭缝到物镜的距离.当狭缝位于物镜焦距处,被光源照亮的缝发出的光经过物镜成为平行光束,由平行光管发射出.狭缝宽度可由管侧面螺丝调节,光管水平倾斜度可用管下的螺丝改变.

(2) 自准直望远镜.

自准直望远镜用于观察平行光束.具体见实验原理部分.

（3）载物平台.

载物平台用于放置被测量元件（如平面镜、三棱镜、光栅等），平台可绕分光计中心轴转动. 平台下面有三只呈正三角形分布的螺丝 B_1、B_2、B_3，可用来调节台面的水平倾斜度.

（4）读数装置.

它由同心游标盘、刻度盘组成，用于测定望远镜的角坐标 θ，读数方法与游标卡尺类似. 如图 2-111 所示，刻度盘等分为 720 格，分度值为 $360°/720$ 格 $= 0.5°/$格 $= 30'/$格，小于 $30'$ 的读数由游标上读出，游标圆弧等分成 30 格，因此

$$游标盘的精密度 = \frac{刻度盘分度值}{游标格数} = \frac{30'}{30} = 1'$$

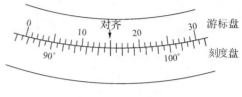

图 2-111 刻度盘

由于仪器中心轴和刻度盘中心在制造及装配时不可能完全重合，且轴套之间也总存在间隙，故望远镜的实际转角与刻度盘读数窗上读得的角度不尽一致. 为了消除刻度盘圆周中心与旋转中心的误差，分光计读数装置设计有左、右两个游标读数窗，两窗的读数差应为 $180°$（由于存在偏心误差而略有不同）. 读数时应从左、右两游标读数，记下其角位置 $\theta_左$、$\theta_右$，当游标盘紧锁不动时，望远镜与刻度盘连动转过一个角度 φ，再从左、右两窗读数，记下其角位置 $\theta'_左$、$\theta'_右$. 显然，角位移为

$$\varphi = \frac{1}{2}[|\theta'_左 - \theta_左| + |\theta'_右 - \theta_右|]$$

如果在移动过程中某游标窗经过刻度盘的 "0" 位置，该游标数则应加上或减去 $360°$ 后再参与计算.

二、分光计的调节

1. 粗调.

调节望远镜下光轴仰角调节螺丝⑫（图 2-112），使望远镜大致水平，再调节载物平台下三个调平螺丝 B_1、B_2、B_3（图 2-113），使载物平台水平.

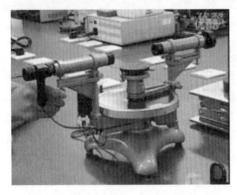

图 2-112 调节望远镜下光轴仰角调节螺丝

图 2-113 调节载物台下调平螺丝

2. 目镜调整.

调节目镜调焦手轮⑪（图 2-114），直到能够清楚地看到分划板上的 "十" 形叉丝为止，如图 2-115 所示.

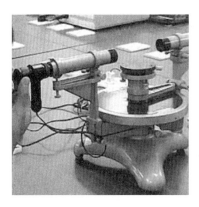

图 2-114　调节目镜调焦手轮

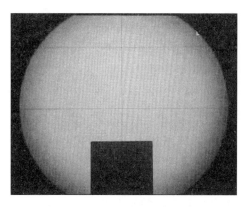

图 2-115　分划板上"十"形叉丝

3. 调望远镜使之适合观察平行光.

点亮望远镜上的小灯(图 2-116),松开目镜筒锁紧螺丝⑨(图 2-117),使目镜筒伸出 5 mm 左右(图 2-118),此时分划板大概位于望远镜物镜的焦平面上,将平面镜按图 2-119 所示放在小平台上,转动小平台,通过望远镜目镜观察有无一十字反射像,如果没有,继续调节望远镜下光轴仰角调节螺丝⑫,使之水平,或调节载物平台下三个调平螺丝 B_1、B_2、B_3(图 2-120),使平面镜铅直,直至望远镜正对着平面镜 A 和 B 两面都能看到十字反射像,再前后伸缩目镜筒,使望远镜中看到的十字反射像和叉丝无视差(或视差最小,图 2-121),这时分划板已位于望远镜物镜的焦平面上,即望远镜已适合于观察平行光了.

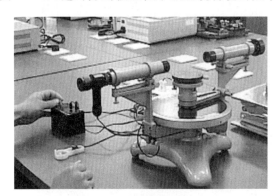

图 2-116　点亮望远镜上的小灯

图 2-117　松开目镜筒锁紧螺丝

图 2-118　目镜筒伸出

图 2-119　放置平面镜

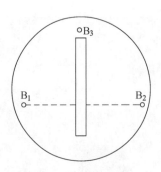

图 2-120　放置平面镜

图 2-121　十字反射像

4. 调节望远镜光轴使之垂直于分光计主轴.

假设望远镜正对着平面镜的 A 面(图 2-122)，十字反射像离分划板"+"形叉丝上面水平线的距离为 h(图 2-123)，用各半调节法进行调节，调节载物台下调平螺丝 B_1(图 2-124)使十字反射像移到 $\frac{h}{2}$ 处(图 2-125)，再调节望远镜下光轴仰角调节螺丝(图 2-126)，使十字反射像调到分划板"+"形叉丝上面水平线上(图 2-127).

图 2-122　望远镜正对着平面镜 A 面

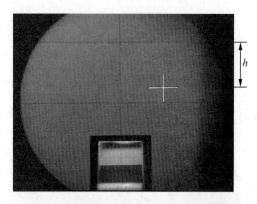

图 2-123　十字反射像离分划板"+"形叉丝上面水平线的距离为 h

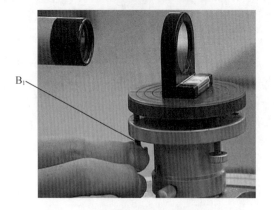

图 2-124　调节载物台下调平螺丝 B_1

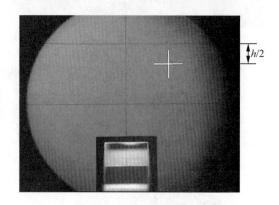

图 2-125　十字反射像移到离"+"形叉丝上面水平线的距离为 $\frac{h}{2}$

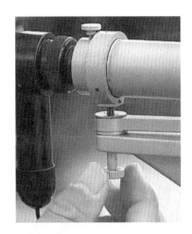

图 2-126 调节望远镜下光轴仰角调节螺丝

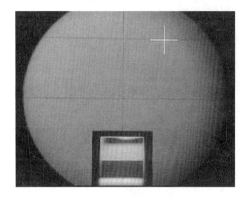

图 2-127 十字反射像在分划板"╪"形叉丝上面水平线上

转动平台 $180°$,假设望远镜正对着平面镜的 B 面(图 2-128),十字反射像离分划板"╪"形叉丝上面水平线的距离为 h_1(图 2-129),用各半调节法,调节载物台下调平螺丝 B_2(图 2-130),使十字反射像移到 $\dfrac{h_1}{2}$ 处(图 2-131),调节望远镜下光轴仰角调节螺丝⑫(图2-132),使十字像调到分划板"╪"形叉丝的上面水平线上(图 2-133).

图 2-128 望远镜正对着平面镜 B 面

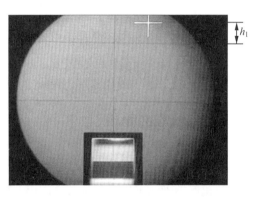

图 2-129 十字反射像离分划板"╪"形叉丝上面水平线的距离为 h_1

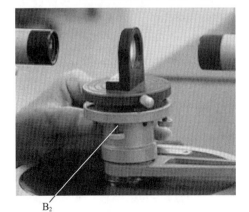

图 2-130 调节载物台下调平螺丝 B_2

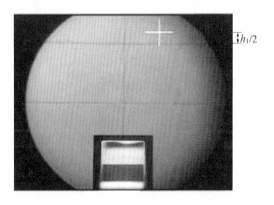

图 2-131 十字反射像移到离"╪"形叉丝上面水平线的距离为 $\dfrac{h_1}{2}$

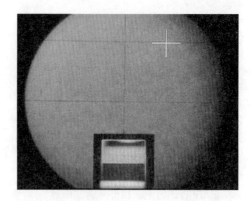

图 2-132　调节望远镜下光轴仰角调节螺丝　　图 2-133　十字反射像在分划板"十"形叉丝上面水平线上

再转动平台 180°进行同样调节，反复几次，直到望远镜正对着平面镜 A 和 B 两面的十字反射像都调到"十"形叉丝的上面这条水平线上，此时望远镜光轴垂直于分光计主轴了。

5. 调节载物台使之垂直于分光计主轴。

调节完上述步骤，望远镜光轴已垂直于分光计主轴，但载物台法线还可能与分光计主轴未重合。将平面镜转动 90°，即使镜面与 B_1、B_2 的连线平行，如图 2-134 所示，使望远镜正对着平面镜的一面，调节载物台下调平螺丝 B_3，使十字反射像与分划板"十"形叉丝的上方交点重合，此时，载物台垂直于分光计主轴。注意，在后面使用时必须注意分光计上载物台下调平螺丝 B_1、B_2、B_3 和望远镜下光轴仰角调节螺丝不能任意旋动，否则将破坏分光计的工作条件，须重新调节。

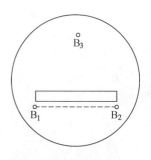

图 2-134　调节载物台调平螺丝

三、用自准直法测三棱镜顶角 A

1. 三棱镜的调整。

三棱镜的两个光学面应与分光计的中心轴平行，根据自准原理，用已调整好的望远镜来进行。为了便于调节，三棱镜应按图 2-135、图 2-136 所示的位置放置在载物台上，使载物台调平螺丝 B_1、B_2 和 B_3 每两个连线与三棱镜的三条边垂直。

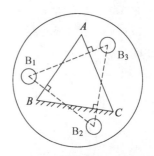

图 2-135　放置三棱镜　　　　图 2-136　放置三棱镜

转动载物台使 AB 面正对望远镜，先调节 B_2（图 2-137），使 AB 面与望远镜光轴垂直，使十字反射像与分划板叉丝的上交点重合（图 2-138）（不可调节望远镜下光轴仰角调节螺丝，否则失去标准).

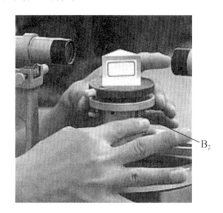

图 2-137 调节 B_2

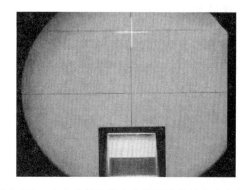

图 2-138 十字反射像落在分划板叉丝的上方交点处

然后使 AC 面正对望远镜,此时只能调节 B_3 螺丝(图 2-139),使 AC 面与望远镜光轴垂直,使反射十字像与分划板叉丝的上交点重合.

这样,三棱镜的两个光学面 AB 和 AC 都与分光计的中心轴平行了.

2. 用自准直法测三棱镜顶角 A.

保持三棱镜在载物台上的位置不变,调好游标盘的位置,使游标在测量过程中不被平行光管或望远镜挡住,锁紧游标盘止动螺丝㉕、转座与刻度盘止动螺丝⑯,以免造成测量的数据不准确,松开望远镜止动螺丝⑰,将望远镜对准 AC 面(位置Ⅰ,

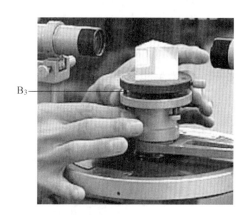

图 2-139 调节 B_3

图 2-140),此时可使用望远镜光轴水平方位调节螺丝⑬,使反射十字像与分划板叉丝的上交点重合,记下左右两窗读数 $\theta_左$、$\theta_右$.

图 2-140 位置Ⅰ

图 2-141 位置Ⅱ

再转动望远镜对准 AB 面(位置Ⅱ,图 2-141),使反射十字像与分划板叉丝的上交点重合,记下左、右两窗读数 $\theta_左$、$\theta_右$.

 实验数据记录及处理

用自准直法测三棱镜顶角,将测量数据填入下表中.

望远镜位置	位置Ⅰ	位置Ⅱ
左窗读数	$\theta_左=$	$\theta_左{'}=$
右窗读数	$\theta_右=$	$\theta_右{'}=$

$$\varphi_1=|\theta_左-\theta_左{'}|,\quad \varphi_2=|\theta_右-\theta_右{'}|$$

$$\overline{\varphi}=\frac{\varphi_1+\varphi_2}{2}$$

$$A=180°-\overline{\varphi}$$

 知识拓展

一、本生和基尔霍夫与第一台分光计

古斯塔夫·基尔霍夫(1824—1887,Kirchhoff,Gustav Robert,图 2-142 左),德国物理学家,1824 年 3 月 12 日生于普鲁士的柯尼斯堡(今为俄罗斯加里宁格勒),1887 年 10 月 17 日卒于柏林.基尔霍夫曾在柯尼斯堡大学读物理,1847 年毕业后去柏林大学任教,3 年后去布雷斯劳作临时教授.1854 年由罗伯特·威廉·本生(1811—1899,图 2-14 右)推荐任海德堡大学教授.1875 年因健康不佳不能做实验,到柏林大学作理论物理教授,直到逝世.

图 2-142 古斯塔夫·基尔霍夫(左) 图 2-143 本生和基尔霍夫的分光计
罗伯特·威廉·本生(右)

1811 年 3 月 31 日,罗伯特·威廉·本生出生于德国的哥廷根,于 1828 年进入哥廷根大学,1833 年年底,游学回来的本生担任了哥廷根大学的讲师.1835 年年底,本生代授刚刚去世的斯特罗迈耶教授的课程.1836 年 1 月维勒教授应聘接任斯特罗迈耶的职务后,本生转至卡赛尔技术工业学校接任维勒教授的职务.几经转折,本生于 1852 年到海德堡大学接任退休的格梅林教授的职务.在这里他辛勤工作达37年之久,直到78岁高龄才退休.

1845年,基尔霍夫首先发表了计算稳恒电路网络中电流、电压、电阻关系的两条电路定律,后来又研究了电路中电的流动和分布,从而阐明了电路中两点间的电势差和静电学的电势这两个物理量在量纲和单位上的一致,使基尔霍夫电路定律具有更广泛的意义.在海德堡大学期间,他与本生合作创立了光谱分析方法.把各种元素放在本生灯上烧灼,发出一些波长一定的明线光谱,由此可以极灵敏地判断这种元素的存在.利用这一新方法,他发现了元素铯和铷.

1859年,基尔霍夫做了用灯焰烧灼食盐的实验.在对这一实验现象的研究过程中,得出了关于热辐射的定律,后被称为基尔霍夫定律:任何物体的发射本领和吸收本领的比值与物体特性无关,是波长和温度的普适函数.并由此判断:太阳光谱的暗线是太阳大气中元素吸收的结果.这给太阳和恒星成分分析提供了一种重要的方法,天体物理由于应用光谱分析方法而进入了新阶段.1862年他又进一步得出绝对黑体的概念.他的热辐射定律和绝对黑体概念是开辟20世纪物理学新纪元的关键之一.1900年M.普朗克的量子论就发轫于此.

基尔霍夫在光学理论方面的贡献是给出了惠更斯·菲涅耳原理的更严格的数学形式,对德国的理论物理学的发展有重大影响,并著有《数学物理学讲义》4卷、《理论物理学讲义》和《光谱化学分析》(与本生合著)等.太阳的光谱自17世纪起就开始不断地被科学家研究,但直到两个世纪之后,罗伯特·威廉·本生和古斯塔夫·基尔霍夫才揭示出每束阳光是如何显露出太阳化学组成的.如果说太阳彩虹中的特征线是象形文字,那么本生和基尔霍夫1860年的论文《由光谱观测进行化学分析》就可以称为是天文学家的罗塞塔石碑.

波动光学时期,基尔霍夫以其特有的才能和本生一道从纯经验的摸索和光谱数据的积累过渡到严格的理论描述和对被观察的事实的分析.基尔霍夫发现了光谱转换的现象,并且解释了吸收光谱的性质.以后他与本生用实验方法人工再现了夫琅和费线,用光谱发现了新金属铯和铷.基尔霍夫对夫琅和费线的解释不仅是划时代的,并且制造了分析光谱的强有力工具——分光计,从而为光谱学的研究打下了坚实的基础.

二、分光计游标盘设置两个游标消除刻度盘的中心和仪器转动轴中心之间的偏心差原理

图2-144中外圆表示刻度盘,其中心在O;内圆表示游标盘,其中心在O'(此即仪器转轴中心).

测量时,游标盘、载物台均与分光计整体固联,而望远镜与刻度盘固联并绕自身转轴O转动.当望远镜(刻度盘)绕O轴转过一个角度时,通过安装在游标盘对径上的两个游标分别测得转角为φ_A和φ_B,而相对于分光计转轴中心O'来说转角为φ.由于O轴跟O'不一定重合,一般情况下

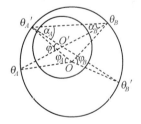

图2-144 消除偏心差原理图

$$\varphi \neq \varphi_A \neq \varphi_B$$

由几何原理可知

$$\alpha_A = \frac{1}{2}\varphi_B, \quad \alpha_B = \frac{1}{2}\varphi_A$$

而 $\varphi = \alpha_A + \alpha_B$,故

$$\varphi = \frac{1}{2}(\varphi_A + \varphi_B) = \frac{1}{2}[|\theta_A' - \theta_A| + |\theta_B' - \theta_B|]$$

可见,两个游标所测转角的平均值即为望远镜(刻度盘)相对于仪器转轴中心实际转过的角度.因此,使用这种双游标读数装置可以消除偏心差.

实验10 迈克耳孙干涉仪的调节与使用

迈克耳孙干涉仪是一种在近代物理和近代计量技术中有着重要地位的光学仪器.迈克耳孙(Michelson)与他的合作者曾经用这种干涉仪完成了著名的迈克耳孙-莫雷实验,为否定"以太"存在提供了重要依据,从而推动了物理学的发展.另外,他又进行了光谱线结构的研究和用光的波长标定标准米尺等重要工作,为物理学的发展做出了重大贡献.

实验目的

1. 了解迈克耳孙干涉仪的结构和原理.
2. 观察等倾干涉、等厚干涉的条纹特点.
3. 掌握用迈克耳孙干涉仪测定单色光波波长的方法.

实验仪器

He-Ne 激光器、钠光灯、扩束镜、小孔光阑、毛玻璃、白光光源、透镜、迈克耳孙干涉仪.

迈克耳孙干涉仪是用分振幅的方法获得双光束干涉的仪器,其结构如图 2-145 所示.

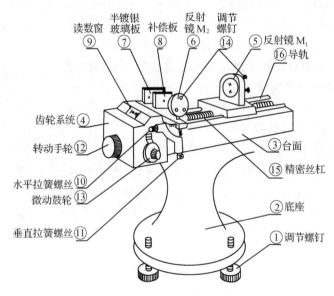

图 2-145 迈克耳孙干涉仪

M_1、M_2 为互相垂直的平面反射镜,每个反射镜的背面各有三个用来调节反射镜平面方位的调节螺钉⑭. M_2 的下方有两个互相垂直的拉簧螺丝,可用来更细微地调节反射镜 M_2

的平面方位. 分束板⑦内侧镀有反射膜, 反射膜与 M_1、M_2 成 45°夹角. 补偿板⑧可使两光束在玻璃中经过的光程完全相同. 转动手轮⑫和微动鼓轮⑬可使平面镜 M_1 沿导轨方向前后移动, 移动的距离可从标尺、读数窗和微动鼓轮读出. 标尺的分度值为 1 mm, 读数窗中刻度盘的分度值为 10^{-2} mm, 微动鼓轮的分度值为 10^{-4} mm, 可估读到 10^{-5} mm.

实验原理

一、干涉条纹的产生

图 2-146 为迈克耳孙干涉仪的光路图. 从光源 S 发出的光射到分束板上, 反射膜将光束分成反射光束 1 和透射光束 2, 两光束分别垂直入射 M_1、M_2, 经反射后在 E 处相遇, 形成干涉条纹. 从 E 向 M_1 看去, 可以看到 M_2 经反射膜反射的像 M_2', 两相干光束好像是一光束分别经 M_1、M_2' 反射而来的, 因此, 迈克耳孙干涉仪产生的干涉图样与 M_1、M_2' 之间空气层所产生的干涉图样是一样的.

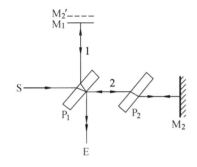

图 2-146 实验光路图

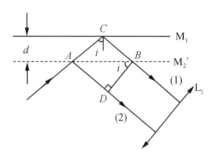

图 2-147 等倾干涉

二、等倾干涉图样

M_1、M_2' 平行时 (图 2-147), 产生等倾干涉图样. 对倾角 i 相同的各光束, 从 M_1、M_2' 两表面反射的光线的光程差为

$$\Delta L = AC + BC - AD = 2d\cos i \quad (2-31)$$

式中, d 为 M_1、M_2' 之间的距离.

提示 M_2' 是虚的, 光线在 A、B 两点不发生折射, 沿直线传播.

干涉图样位于无限远处 (或透镜的焦平面上), 用眼睛在 E 处正对着分束板, 向无限远处调焦, 可观察到一组明暗相间的同心圆环, 如图 2-148 所示.

产生 k 级亮条纹的条件是

$$\Delta L = 2d\cos i_k = k\lambda \quad (2-32)$$

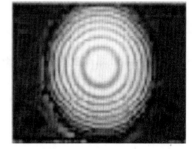

图 2-148 同心圆环

干涉圆环有以下特点:

(1) 圆心处干涉条纹的级次最高. 当 $i=0$ 时, $\Delta L = 2d = k\lambda$, 因此, 圆心处光程差最大, 对应的干涉级次最高.

(2) d 增加时, 圆心干涉级次越来越高, 可以看到圆环一个一个从中心"冒出来"; 反之, 当 d 减少时, 圆环一个一个向中心"缩进去", 每当"冒出"或"缩进"一个圆环时, d 改变 $\frac{\lambda}{2}$. 因此有

$$\lambda = \frac{2\Delta d}{\Delta k} \tag{2-33}$$

(3) 由于 k 级和 $(k+1)$ 级的亮条纹条件分别为

$$2d\cos i_k = k\lambda$$
$$2d\cos i_{k+1} = (k+1)\lambda$$

于是 k 级和 $(k+1)$ 级亮条纹的角距离之差 Δi_k 为

$$\Delta i_k = -\frac{\lambda}{2d} \cdot \frac{1}{\overline{i_k}} \tag{2-34}$$

式中,$\overline{i_k}$ 是相邻两条纹的平均角距离.由式(2-34)可以看出,当 $\overline{i_k}$ 增大时,Δi_k 就减小,故干涉圆环中心稀,边缘密.

三、等厚干涉图样

当 M_1 与 M_2' 之间有一个很小夹角时(图2-149),产生等厚干涉条纹,干涉条纹有以下特点:

(1) 在 M_1 与 M_2' 交界处,$d=0$,光程差($\Delta L=2d\cos i$)为零,将观察到直线干涉条纹.在交界线附近,d 很小,光程差的大小主要由 d 决定,可观察到一组平行于交线的直条纹.离交线较远处,干涉条纹变成弧形.

(2) 在 M_1、M_2' 相交时,用白光照射,在交线附近可看到几条彩色干涉条纹.

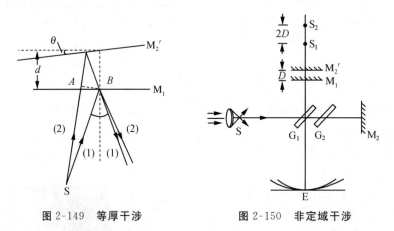

图 2-149　等厚干涉　　　　图 2-150　非定域干涉

四、点光源产生的非定域干涉图样

用凸透镜会聚后的激光束,可以看成一个很好的点光源.如图 2-150 所示,点光源 S 经 M_1 和 M_2' 反射后所产生的干涉现象,相当于沿轴向分布的两个虚光源 S_1 和 S_2 所产生的非定域干涉(因为 S_1 和 S_2 发出的球面波在相遇的空间处处相干).在不同位置用观察屏可以看到圆、椭圆、双曲线、直线状的干涉图样.

实验内容

以 He-Ne 激光器为光源,按下述内容进行实验.

一、非定域干涉条纹的观察和调节

本实验的难点和重点是调出干涉条纹.

(1) 调激光光源,使光源发出的光线以 45°入射角照射到分光板 G_1 的半透半反膜上.在通常情况下,反光镜 M_1 已调到与导轨垂直,从而保证从光源中心射出的光线经分光板 G_1

反射后能垂直入射到 M_1（图 2-150、图 2-151）上.

（2）旋转转动手轮，使与 M_1 相连的指针指向标尺（在迈克耳孙干涉仪的左侧）的 32 mm 处（注：反光镜后只有两个调节螺钉的新仪器应指向标尺的 52 mm 处），此处最易调出干涉条纹.

（3）松开微动鼓轮下面的螺钉，把毛玻璃屏转到一侧，直接沿 E 方向往 M_1 里看到光源经 M_1 和 M_2 相互反射后所形成的两排像点，如图 2-152 所示，这表明 M_1 和 M_2'（图 2-150）不平行. 配合调节 M_2 后的三个倾斜螺钉，使图 2-152 中的点 6 与点 2 重合. 竖起毛玻璃屏，仍沿 E 方向观察，看毛玻璃屏上是否有干涉圆环. 如没有，可重复本步骤，分别使点 6 与点 1 重合或点 6 与点 3 重合，即可从毛玻璃屏上观察到干涉圆环，如图 2-148 所示. 如干涉圆环不在毛玻璃屏中央，可调节 M_2 的垂直拉簧螺丝和 M_2 的水平拉簧螺丝，使干涉圆环上下、左右移动.

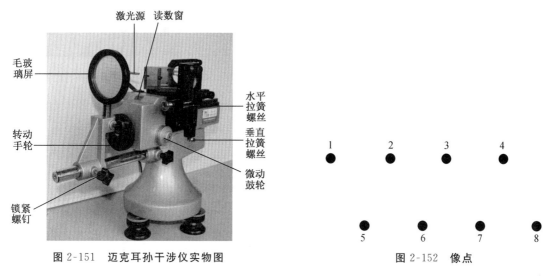

图 2-151　迈克耳孙干涉仪实物图　　　图 2-152　像点

（4）始终向一个方向转动微动鼓轮，看干涉圆环的中心是否有圆环"缩进"或"冒出". 如有，则说明仪器已基本调好.

（5）由于转动微动鼓轮，转动手轮随着转动，但转动转动手轮时，微动鼓轮并不随着转动. 因此在读数前应先调整零点：即将微动鼓轮沿某一方向（如顺时针方向）旋转至零，然后以同方向转动转动手轮使之对齐某一整数刻度. 这以后在测量时只能仍以同方向转动微动鼓轮使 M_1 镜移动，这样才能使转动手轮与微动鼓轮两者读数相互配合. 为了使测量结果正确，必须避免引入空程. 具体方法是：在调整好零点以后，应将微动鼓轮按原方向转几圈，直到干涉条纹开始移动以后，才可开始读数测量. 为了消除螺距误差（空程差），调节过程中，粗调转动手轮和微动鼓轮要向同一方向转动；测量读数时，微动鼓轮也要向一个方向转动，中途不得倒退. 这里所谓"同一方向"，是指始终顺时针或始终逆时针旋转.

（6）记下此时 M_1 的位置坐标 d_1，继续沿同方向转动微动鼓轮，同时数圆环中心"缩进"或"冒出"的圆环数，每数 50 个，记录一次 M_1 的位置坐标 d，完成下表.

	1	2	3	4	5	6
d/mm						
k	0	50	100	150	200	250

迈克耳孙干涉的读数方法如下：

$$\underbrace{XX.}_{a}\ \underbrace{XX}_{b}\ \underbrace{XX}_{c}\ \underbrace{X}_{d}\ \underbrace{mm}_{e}$$

(a) 从标尺上读出；(b) 从读数窗③中读出；(c) 从微动鼓轮上读出；(d) 从微动鼓轮上估读数；(e) 单位.

如果标尺、读数窗、微动鼓轮上的显示分别如图 2-153、图 2-154、图 2-155 所示，则读数为 36.715 03 mm.

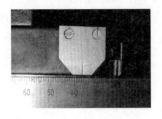  

图 2-153　标尺　　　　　图 2-154　读数窗　　　　　图 2-155　微动鼓轮

共测 250 个环.用逐差法求波长，并与 He-Ne 激光的标准波长 632.8 nm 比较，计算出百分误差.

二、等倾干涉条纹的观察

在采用点光源的情况下，等倾干涉实际上就是非定域干涉中屏放到无穷远的特例，因此要调出等倾干涉条纹，可以在已调出非定域干涉条纹的基础上，在透镜与分束板 G_1 之间放入两块毛玻璃，使球面光波经过漫反射成为宽光源.取下干涉仪的观察屏，用眼睛直接观察，可以看到圆条纹.仔细调节 M_2 的拉簧螺丝，使眼睛上、下、左、右移动，各圆的大小不变，仅仅是圆心随着眼睛的移动而移动，这时看到的就是等倾干涉条纹.

三、等厚干涉条纹的观察

1. 在非定域干涉的基础上，移动 M_1，使条纹不断"缩进"，这时 d 减小，当 M_1、M_2' 大致重合时，调节 M_2 的拉簧螺丝，使 M_1、M_2' 之间有一很小夹角，此时能看到弯曲的条纹.

2. 继续移动 M_1，使条纹逐渐变直，并用白光代替激光，继续按原方向缓慢地转动鼓轮，直到出现彩色条纹为止.

注意事项

1. 为了避免引入螺距误差，每次测量必须沿同一方向转动鼓轮，不能反转.

2. 读数前应调整零点.将微动鼓轮沿某一方向旋转至零，然后以相同方向转动手轮，使窗口中的读数准线对准某一刻度线.测量时应仍以相同方向转动微动鼓轮.

思考题

1. 在调节非定域干涉条纹时，d 的变化对条纹有何影响？
2. 调出等倾干涉条纹的关键是什么？
3. 调出等厚干涉条纹的关键是什么？

知识拓展

迈克耳孙干涉仪

迈克耳孙(1852—1931,图 2-156),美国物理学家,1907 年获得诺贝尔物理学奖.

要了解迈克耳孙干涉仪的发明,就要从以太谈起."以太"一词来源于古希腊语,意思为青天或上层大气.在物理学中,人们认为以太是某种绝对静止、充满全空间、具有固态属性、极其稀薄的刚性介质,物质在它里面运动不受任何摩擦阻力.笛卡尔用机械以太说明宇宙的原始运动;惠更斯用光以太说明光波的载体;麦克斯韦用电磁以太说明电磁波的传播过程;牛顿的绝对时空观也以以太为基础.

图 2-156　迈克耳孙

以太在物理学中如此有用,人们就想用实验去确定以太的存在及其属性.光速 c 被认为是光在以太中的穿行速度.由于地球相对以太是运动的,人们自然就想到了通过在地球上测量、比较相反方向光速来确定以太相对地球的速度,即以太漂移速度.1879 年,麦克斯韦写信给美国航海历书局的托德,先说明"地面上测光速的方法,光沿同样的路径返回,所以地球相对于以太的速度对双程时间的影响取决于地球速度与光速之比的平方 $(v/c)^2$,这个量太小,实难以测出."*,后询问托德地球围绕太阳运行于不同部位时,观测到的木星卫蚀有没有足够的精确度来确定地球的绝对运动.

出生于美国的迈克耳孙碰巧看到了这封信,当时他正好在该局协助局长纽可姆进行光速测定,他决心通过测定 $(v/c)^2$ 来确定以太的漂移速度.同年,在纽可姆的帮助下,他到光学技术最为发达的德国学习.第二年,他就在柏林大学的赫姆霍兹实验室开始筹划用干涉法进行以太漂移速度的实验.在吸收其他干涉仪长处的基础上,他发明了以他自己名字命名的干涉仪.根据理论计算,如果以太有漂移速度,将迈克耳孙干涉仪绕竖直轴转动 90°时,应观察到干涉条纹移动 0.04 条.实验结果出人预料,看到的条纹移动远比预期的小.迈克耳孙分别于 1881 年、1887 年、1897 年做过三次干涉仪实验,三次实验都是零结果(即干涉条纹没有移动),都否定了以太的存在.第一次实验结果引起物理界的非议.在开尔文的鼓励下,他和莫雷合作继续做以太漂移实验.为提高实验精度,他们将干涉仪置于大石板上以提高稳定性,将大石板漂浮在水银槽里以增加转动灵活性.这次的零结果使科学界大为震惊,也为爱因斯坦狭义相对论的光速不变假设提供了坚实的实验基础.第三次则是更精确的验证.他也因为在"精密光学仪器和用这些仪器进行光谱学的基本量度"方面的研究于 1907 年获得诺贝尔物理学奖.

迈克耳孙的成功给我们如下启示:第一,搞科研一定要选有前途的课题.选对了课题,路会越走越宽.第二,要学习先进经验.正是德国先进的光学制造技术和测量技术为他发明干涉仪提供了基础.第三,要坚持并不断改进.

---

* 郭奕玲,沈慧君.物理学史[M].北京:清华大学出版社,1993.

第 3 章

提高性实验

实验 11 箱式电位差计的使用及热电偶温差电动势的测定

实验目的

1. 进一步理解补偿法测量电动势的原理.
2. 了解热电偶的原理.
3. 掌握箱式电位差计的使用方法,并用它测量热电偶的温差电动势.
4. 用图解法求解"铜-康铜"热电偶的温差电系数.

实验仪器

UJ31 型电位差计、$E\text{-}\Delta t_1$ 热学实验仪、标准电池、数字式微电流测量仪、补偿电源.

实验原理

一、补偿原理

只用电压表对电池进行测量时,需将电压表接到电池两端,这时必然有电流 I 通过电池内部和电压表.设电池的电动势为 E_x,内阻为 r,电池的端电压即电压表上读数为

$$U = E_x - Ir \tag{3-1}$$

显然只利用电压表仅能测定电池的端电压,而无法准确测定其电动势.只有当 $I=0$,即电池内部没有电流通过时,端电压 U 的值才等于电动势 E_x.

怎样才能使电池内部没有电流通过而测定它的电动势 E_x 呢?根据补偿原理设计的电位差计可达到这个目的.如图 3-1 所示,两个电动势分别为 E_0 和 E_x 的电池,通过一检流计 G,正极对正极、负极对负极相接,E_x 为待测电动势,E_0 是一标准的、输出电压可调的电源.当调节 E_0 使其等于 E_x 时,它们彼此平衡,此时回路中没有电流流过,检流计 G 不偏转,这一方法称为补偿法.因此,只要检流计指示为零,我们就可断定 $E_x = E_0$,只要测出 E_0 的值就可求出 E_x 的电动势值.图 3-2 中 E_0 是由一通电回路中电阻产生的电压降得到的.E_0 为补偿电源,其回路称为补偿电路.

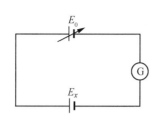 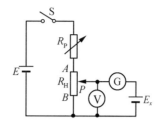

图 3-1　补偿原理图　　　　　图 3-2　补偿原理的实用图

二、箱式电位差计原理

图 3-3 电路中 E_s 为标准电池，E 为补偿电源．工作电流由电源 E 的正极流出，经过 R_n、c、b、a 点回到 E 的负极．调节 R_n，改变工作电流的大小．调节 R_n，使检流计 G 指零（$I_g=0$），称为电位差计达到平衡．此时，电位差计电阻 b、a 上两端电压为 U_{ba}，则

$$E_s = U_{ba} = I_0 R_{ab} \tag{3-2}$$

此步骤称为工作电流标准化．

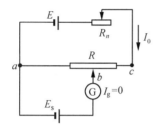 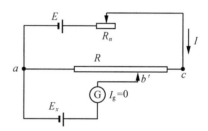

图 3-3　工作电流标准化原理图　　　　图 3-4　测量未知电动势原理图

然后按图 3-4 电路，用待测电动势 E_x 替换标准电池 E_s，滑动触点滑到 b' 处时检流计指零，即 $I_g=0$，则

$$E_x = U_{b'a} = I_0 R_{ab'} \tag{3-3}$$

由式（3-2）、式（3-3），可得

$$E_x = \frac{R_{ab'}}{R_{ab}} E_s \tag{3-4}$$

提示　在图 3-3、图 3-4 中，$I_0 = I = \dfrac{E}{R_n + R}$，$R_n$ 对应电位差计上的粗、中、细三个旋钮，$R_{ab'}$ 对应电位差计上的Ⅰ、Ⅱ、Ⅲ三个旋钮．

三、UJ31 型箱式电位差计

本实验用的是 UJ31 型电位差计，其测量范围为 1 μV～17.1 mV（×1 挡），10 μV～171 mV（×10 挡），准确度等级为 0.05 级．其原理及使用方法见前面电磁测量仪器的器件介绍．

四、热电偶

如图 3-5 所示，两种不同金属 A、B 组成闭合回路，当两触点温度 t_1、t_2 不相同时，回路中就产生电动势 E，这种现象叫作温差电现象，E 叫作温差电动势．这两种金属的组体叫作热电偶．

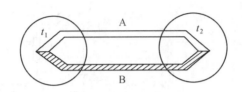

图 3-5　热电偶

对于一定的热电偶来说,温差电动势 E 的大小与两个接触端的温度差 $\Delta t = t_1 - t_2$ 有关,实验和理论都确定出有下列关系:

$$E = a(t_1 - t_2) + b(t_1 - t_2)^2$$

对于两种特定的金属,式中 a、b 为常数,而且 $b \ll a$,所以当温差 Δt 不太大时,E 与 Δt 几乎成正比关系,即

$$E = a(t_1 - t_2) = a\Delta t$$

式中,a 叫作温差电系数.不同种类的金属组成的热电偶,其温差电系数不相同.

在生产科研中,常用热电偶作为测量温度的传感器.使热电偶一端的温度 t_2 恒定,另一端插入被测点,测出与该温差对应的电动势 E,若已知温差电系数 a,则可求得被测点的温度 t_1. 与普通温度计相比,它有测量范围广($-200\ ^\circ\mathrm{C} \sim 2\,000\ ^\circ\mathrm{C}$)、灵敏度高和精确度高(可达 $10^{-3}\ ^\circ\mathrm{C}$ 以下)等优点.

为了提高温差电动势的数值,可将几个热电偶串联起来.本实验使用单组串联的"铜-康铜"热电偶,实物图如图 3-6 所示.

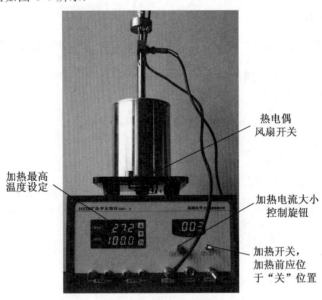

图 3-6　热电偶实物图

注　本实验热学实验仪显示的是实际加热温度,其中 $\Delta t = t - t_0$,t_0 为室温.

实验内容

1. 按图 3-7、图 3-8 接好线路(其中图 3-8 为实物连线图),把两组串联的热电偶 E_x 端接至 UJ31 型电位差计"未知"接线端,红端接"＋",黑端接"－".注意正负极性不能接反,否则测量时检流计始终单向偏转,电位差计无法达到平衡.倍率转换开关 K_1 拨至"×1"挡.

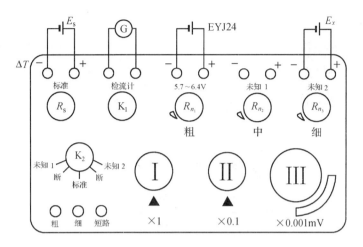

图 3-7　电位差计接线图

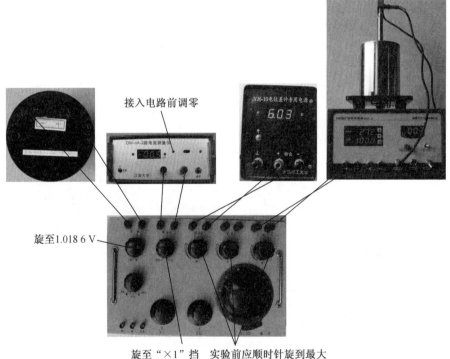

图 3-8　实物接线图

2. 按 UJ31 型电位差计使用方法进行测量前的准备工作(参见知识拓展和图 3-8 所注).

3. 对 UJ31 型电位差计进行工作电流标准化工作(参见知识拓展和图 3-9).

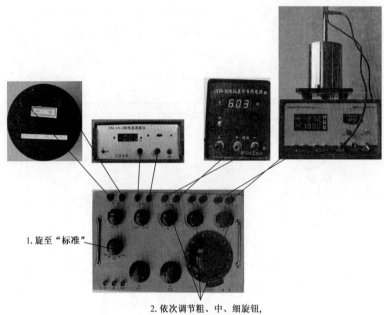

图 3-9　对电位差计进行工作电流标准化

4. 将转换开关 K_2 拨到"未知 2"位置上,接通热电偶热端加热电源,温度控制可设置为要加热到的温度,即开始加热,当达到预设温度后,温度不变,按 UJ31 型电位差计测量步骤,从室温开始,记下每次的温度及对应的温差电动势.

具体操作及技巧见图 3-10、图 3-11 和图 3-12 及标注.

5. 测量结束,转换开关 K_2 恢复到"断",所有按钮复位.

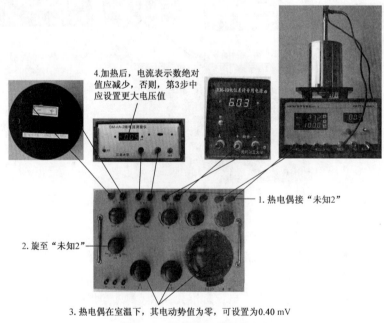

图 3-10　操作技巧说明图(1)

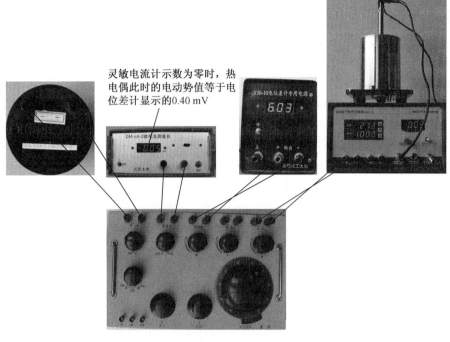

图 3-11 操作技巧说明图(2)

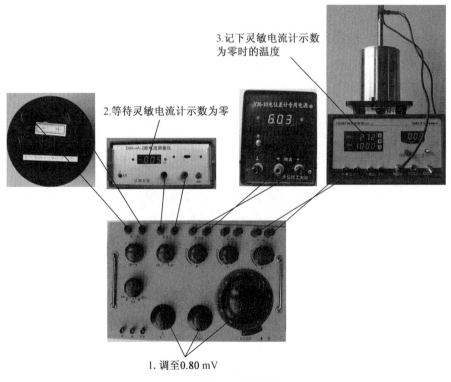

图 3-12 操作技巧说明图(3)

实验数据记录及处理

1. 数据表格.

$t_0=$室温

	1	2	3	4	5	6	7
$t/℃$							
$\Delta t=(t-t_0)/℃$							
E/mV							

2. 根据作图法要求,作 $E\text{-}\Delta t$ 图.
3. 用图解法求直线的斜率,温差电系数 $\alpha=\dfrac{E_A-E_B}{\Delta t_A-\Delta t_B}(\mathrm{mV}/℃)$.

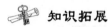 **思 考 题**

1. 箱式电位差计由哪几个回路组成？每一个回路起什么作用？开关 K_2 起什么作用？
2. 使用电位差计,为什么测量前要使工作电流标准化？
3. 如果待测定电动势正负极性接反,电位差计能否找到平衡点？

知识拓展

一、塞贝克效应与温差发电

塞贝克(Seebeck)效应,又称为第一热电效应,它是指由于两种不同电导体或半导体的温度差异而引起两种物质间的电压差的热电现象.在两种金属 A 和 B 组成的回路中,如果使两个接触点的温度不同,则在回路中将出现电流,称为热电流.相应的电动势称为热电势,其方向取决于温度梯度的方向.一般规定热电势方向为:在热端电流由负流向正.塞贝克效应的实质在于两种金属接触时会产生接触电势差,该电势差是由两种金属中的电子溢出功不同及两种金属中电子浓度不同造成的.半导体的温差电动势较大,可用作温差发电器.

托马斯·约翰·塞贝克(也译作"西伯克")1770 年生于塔林(当时隶属于东普鲁士,现为爱沙尼亚首都).1820 年代初期,塞贝克通过实验方法研究了电流与热的关系.1821 年,塞贝克将两种不同的金属导线连接在一起,构成一个电流回路.他将两条导线首尾相连形成一个结点,他突然发现,如果把其中的一个结加热到很高的温度而另一个结保持低温的话,电路周围存在磁场.他实在不敢相信,热量施加于两种金属构成一个结时会有电流产生,这只能用热磁电流或热磁现象来解释他的发现.在接下来的两年时间里(1822—1823),塞贝克将他的持续观察报告给普鲁士科学学会,把这一发现描述为"温差导致的金属磁化".塞贝克确实已经实现了热电效应,但他做出了错误的解释:导线周围产生磁场的原因,是温度梯度导致金属在一定方向上被磁化,而非形成了电流.科学学会认为,这种现象是因为温度梯度导致了电流,继而在导线周围产生了磁场.对于这样的解释,塞贝克十分恼火,他反驳说,科学家们的眼睛让奥斯特(电磁学的先驱)的经验给蒙住了,所以他们只会用"磁场由电流产生"的理论去解释,而想不到还有别的解释.但是,塞贝克自己却难以解释这样一个事实:如果将电路切断,温度梯度并未在导线周围产生磁场.所以,多数人都认可热电效应的观点,后来也就这样被确定下来了.

塞贝克效应发现之后,人们就为它找到了应用场所.一是利用塞贝克效应,可制成温差电偶(thermocouple,即热电偶)来测量温度.只要选用适当的金属作热电偶材料,就可轻易测量到从-180 ℃到+2 000 ℃的温度,如此宽泛的测量范围,令酒精或水银温度计望尘莫及.热电偶温度计,甚至可以测量高达+2 800 ℃的温度.二是温差电现象.温差电现象主要应用在温差发电器与温差电制冷器两个方面.温差发电是利用塞贝克效应把热能转化为电能.当一对温差电偶的两结处于不同温度时,热电偶两端的温差电动势就可作为电源.常用的是半导体温差热电偶,这是一个由一组半导体温差电偶经串联和并联制成的直流发电装置.每个热电偶由一N型半导体和一P型半导体串联而成的,两者连接着的一端和高温热源接触,而N型和P型半导体的非结端通过导线均与低温热源接触,由于热端与冷端间有温度差存在,使P的冷端有负电荷积累而成为发电器的阴极,N的冷端有正电荷积累而成为阳极,若与外电路相连就有电流流过.这种发电器效率不大,为了能得到较大的功率输出,实用上常把很多对温差电偶串、并联成温差电堆.温差电制冷器是在温差电材料组成的电路中接入一电源,则一个结点会放出热量,另一个结点会吸收热量.若放热结点保持一定温度,另一个结点会开始冷却,从而产生制冷效果.半导体温差电制冷器也是由一系列半导体温差电偶串、并联而成的.温差电制冷器由于体积十分小,没有可动部分(因而没有噪音),运行安全,故障少,并且可以调节电流来正确控制温度,它可应用于潜艇、精密仪器的恒温槽、小型仪器的降温、血浆的储存和运输等场合.

二、电位差计工作原理

电位差计是利用补偿原理测量电动势或电压的一种精密仪器.图 3-13 是 UJ31 型电位差计的工作原理图,电位差计一般由工作电流回路1、校准回路2和测量回路3组成.

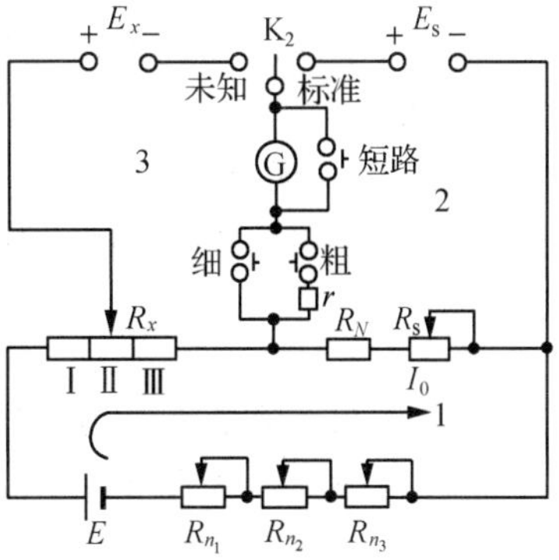

使用电位差计,基本上要分为两个步骤:

(1) 校准(工作电流标准化):将开关 K_2 拨向"标准",先后按下按钮"粗"和"细",调节 R_{n_1},R_{n_2},R_{n_3},使 R_N 和 R_s 两端的电压与数值已知的标准电池电动势 E_s 相等,即

$$E_s = I_0(R_N + R_s)$$

这样工作电流就标准了,$I_0 = \dfrac{E_s}{R_N + R_s}$. 于是 Ⅰ、Ⅱ、

图 3-13 UJ31 型电位差计工作原理图

Ⅲ 刻度盘上读数与 R_x 上的电压降 $(U_x = I_0 R_x)$ 就能一一对应起来了.

(2) 测量:将开关 K_2 拨向"未知",此时,待测电源 E_x、检流计与电阻 R_x 中的一部分构成补偿回路(称测量回路).调节 R_x 使检流计 G 指零,则有

$$E_x = I_0 R_x = U_x$$

而 U_x 值可由 Ⅰ、Ⅱ、Ⅲ 刻度盘上直接读出,从而可测出待测电动势 E_x.

三、UJ31 型电位差计的使用方法

1. 测量前的准备工作.

(1) 在线路未接通前,先将转换开关 K_2 拨在"断"位置,将按钮全部松开,并将量程倍率

开关拨在合适的挡位上.

(2) 按实验室的室温,由实验室给出标准电池电动势值,将温度补偿器 R_s 放在正确位置上.

(3) 按面板上分布的接线端的极性,分别接上"工作电源"(YJ24 型)"标准电池"及"检流计"和未知电动势 E_x. 注意它们的极性.

2. 工作电流标准化.

开启"工作电源"开关,将转换开关 K_2 拨至"标准"位置,将按钮"粗"揿下,用变阻器 R_n(按照 R_{n_1}、R_{n_2}、R_{n_3} 即粗、中、细的次序)调节工作电流,使检流计不偏转. 再将"细"按钮揿下,进一步调节 R_n(次序与上相同),使检流计完全不偏转,这样工作电流标准化的过程就完成了.

3. 测量未知电动势 E_x.

将转换开关 K_2 拨到"未知1"或"未知2"位置上,将按钮"粗"揿下,调节 R_x(即依次转动测量读数盘Ⅰ、Ⅱ、Ⅲ),使检流计不偏转,再将按钮"细"揿下,细调 R_x,使检流计完全不偏转,此时测量盘Ⅰ、Ⅱ、Ⅲ上的读数与相应的量程倍率的乘积之和就是未知电动势的数值.

四、使用注意事项

1. 测量中,应经常校准工作电流,即重复上述 2 的步骤,保证工作电流处于标准化状态.

2. 由于配套使用的检流计灵敏度较高,不允许通过大电流,故操作时必须先"粗"后"细",顺序操作.

3. 工作电源、标准电池以及未知电动势的极性绝对不能接反,否则电路将永远不能平衡,检流计始终向一边偏转,而通过检流计的电流可能会太大,从而损坏检流计.

4. 标准电池不能作电源使用,也不能将标准电池倾斜或震动,否则都会使标准电池失去标准值.

五、基本误差

1. 符合国家标准(GB3927—83)规定的电位差计,基本误差的允许极限为

$$\Delta U_x = \pm \frac{C}{100}\left(\frac{U_n}{10}+U_x\right)$$

式中,C 是用百分数表示的等级指数;U_x 是标盘示值(V);U_n 是基准值(V).

2. 符合部颁标准(JB1390—74)规定的电位差计,基本误差的允许极限为

$$\Delta U_x = \pm(a\% + b\Delta U)$$

式中,a 是准确度等级;ΔU 是最小测量盘步进值或滑线盘最小分度值(V);b 是系数,携带型电位差计 $b=1$.

实验 12 双光束干涉测光波波长

实验目的

1. 观察双光束干涉现象,加深理解光的干涉原理.
2. 了解分波前获得双光束的方法,理解光波干涉的条件.

3. 利用双棱镜产生双光束干涉,测单色光波长.
4. 掌握在光具座导轨上进行光学实验的技术.

实验仪器

光具座导轨及滑座、LS670 激光单色光源、双棱镜、测微目镜、凸透镜(f 约为 10 cm)、可转圆盘等.

实验原理

根据干涉理论,只有满足相干条件的两束光在空间传播并相遇,我们才有可能看到明显的干涉现象.为了满足两束光的时间相干性与空间相干性,比较好的方法就是将一光源发出的单色光分成两束,经光程差不太大的不同路径再叠加在一起,我们看到的干涉现象就相当明显了.有一种分波前的方法将一束光分成两束,然后用于干涉非常有效,历史上著名的杨氏双缝干涉至今还是各教科书上讨论的内容之一.随着光学技术的发展,使用激光单色光源,采用双棱镜折射产生双光束,即使在明室中也能观察到清晰的干涉条纹.

本实验使用的 LS670 激光单色光源,其出光部件由半导体激光器组成,单色光波长为 670 nm.为了能像普通光源一样使用,出光为扇形发散光束,水平发散角约 10°,垂直方向发散角约 40°,光强可以调节.

双棱镜是一块截面为等腰三角形的光学玻璃,两个腰平面的交线常称为棱,两腰构成 179°30′ 的二面角.一般将棱镜置于入射光线的中央,入射光束被棱分为左右两部分,经腰面折射而改变传播方向.双棱镜是非常精密的光学仪器,故应认真保护,免受污染与损坏.

用双棱镜分光并产生干涉的原理如图 3-14 所示.激光单色光源发出一束单色光,经双棱镜分光后可看作是由两个虚光源 S_1 和 S_2 发出的两束光,S_1 和 S_2 之间的距离为 d.两束光叠加在一起时便发生干涉现象,在测微目镜中可看到清晰的干涉条纹,条纹宽度为 Δx.虚光源到屏之间的距离为 D.根据双光束干涉的理论,它们与入射光波长 λ 之间有着下列关系:

$$\Delta x = \frac{D}{d}\lambda$$

故

$$\lambda = \frac{d}{D}\Delta x \tag{3-5}$$

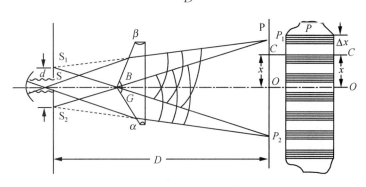

图 3-14　实验原理图

式中，条纹宽度 Δx 可用测微目镜测得．但两虚光源的位置难以确定，因此 d 和 D 难以直接测量，可采用凸透镜共轭成像法间接测得．如图 3-15 所示，将一凸透镜 L(L 的焦距 $f<\dfrac{D}{4}$) 置于双棱镜与测微目镜之间．当 L 移到 O_1 位置，屏 P 上可得到放大的像，从测微目镜中可看到 S_1 和 S_2 产生的两个明亮的像点，并可测得两像点间距为 d_1；当 L 移动到 O_2 位置时，屏 P 上可得到缩小的像，同样由测微目镜测得两像点间距 d_2，且 $\overline{O_1 O_2}=l$. 由共轭原理

$$\frac{d}{d_1}=\frac{u}{v}$$

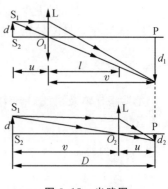

图 3-15 光路图

和

$$\frac{d}{d_2}=\frac{v}{u}$$

得

$$d=\sqrt{d_1 d_2} \tag{3-6}$$

又

$$l=v-u$$

和

$$D=u+v$$

解得

$$D=\frac{\sqrt{d_1}+\sqrt{d_2}}{\sqrt{d_1}-\sqrt{d_2}}l \tag{3-7}$$

将式(3-6)、式(3-7)代入式(3-5)，得

$$\lambda=\frac{d_1\sqrt{d_2}-d_2\sqrt{d_1}}{\sqrt{d_1}+\sqrt{d_2}}\cdot\frac{\Delta x}{l} \tag{3-8}$$

这样只要在测微目镜中测得 d_1、d_2 和 Δx，在光具座导轨上测得 l，便可用式(3-8)计算出入射光波长 λ．

提示 实验前应粗测凸透镜的焦距 f，以保证满足 $D>4f$.

实验内容

1. 如图 3-16～图 3-18 所示，将 LS670 激光单色光源、双棱镜、凸透镜、测微目镜的支承滑座依次放在导轨上，进行目视等高调节、横向共轴调节（先靠紧调节，后再移开）．

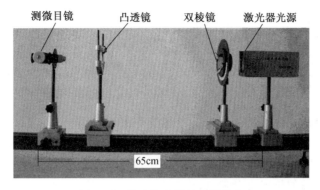

图 3-16　将实验仪器放在导轨上

图 3-17　双棱镜

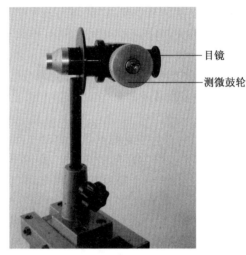

图 3-18　测微目镜

2. 移开凸透镜,把测微目镜放置到距激光光源 65 cm 左右的位置(该距离指从激光光源下光具座右侧到测微目镜下光具座右侧的距离). 这是为共轭法做准备,因为凸透镜的焦距约为 10 cm 左右,这样可保证 $D>4f$,在双棱镜和测微目镜间移动凸透镜时能两次成像. 如共轴调节得好,在目镜视场中应看到一红色圆斑. 如红色圆斑在视场中偏左或偏右,只需稍微转动一下激光光源或测微目镜即可;如红色圆斑在视场中偏上或偏下,可升降测微目镜. 旋转测微目镜的目镜,使能看清目镜视场中的标尺;旋转目镜筒,使视场中的标尺水平;旋转测微鼓轮,使能看清目镜视场中水平移动的竖直叉丝,如图 3-19 所示.

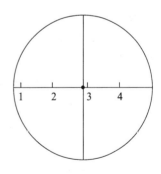

图 3-19　目镜中视场图

3. 将双棱镜重新置于导轨上距光源约 4 cm 左右的位置(该距离指双棱镜镜片到激光光源的距离,具体放法见图 3-16 所示的实物图). 旋转双棱镜的固定架,使双棱镜的棱竖直(直接往双棱镜上看可看到棱). 通过目镜,边观察边横向调节双棱镜光具座下的横向微调旋钮,使测微目镜中出现清晰对称的红黑相间的干涉条纹(光源正对双棱镜的棱时,干涉条纹最清晰). 如果红黑相间的干涉条纹不竖直,再旋转双棱镜的固定架,使红黑相间的干涉条纹竖直,此时先不测条纹的宽度 Δx,因为本实验用共轭法测量,如在双棱镜和测微目镜间移动凸透镜时不能二次成像,测微目镜的位置需要改变,条纹的宽度 Δx 也会变化.

4. 将凸透镜放到导轨上并紧贴测微目镜,上下左右调节凸透镜的位置,使目镜视场中的干涉条纹位于视场中央.

5. 缓慢前移凸透镜,随时调节凸透镜上下左右位置,使目镜视场中的图像上下左右对称.图像上下左右对称主要指红色亮斑位于视场中央、细干涉条纹位于红色亮斑中央.继续前移凸透镜,直至从目镜中观察到两个亮点为止.这两个亮点就是 S_1、S_2 经凸透镜后所成的缩小的像.此时,先不测量缩小像之间的距离 d_2.其原因是如果找不到放大的像,测微目镜的位置需要改变,缩小像的位置也会随之改变.

6. 继续前移凸透镜,在目镜视场中,红色亮斑将被一竖直条纹分割成两个半圆.横向调节凸透镜的位置,使这两个半圆等大(因为该两个半圆将随着凸透镜前移而收缩成两个点,即放大的像,如不等大,将找不到放大的像),继续前移凸透镜,直至观察到距离远一些的两个亮点,这两个亮点就是 S_1、S_2 经凸透镜后所成的放大的像,两个亮点之间的距离就是放大像的间距 d_1.如果凸透镜下的光具座已紧贴双棱镜的光具座,测微目镜视场中仍没有出现放大的像,可前移(向光源靠近方向)测微目镜并重复步骤 5 中调节凸透镜上下左右位置,使目镜视场中的亮斑居中、两个半圆等大,直至得到距离较远的两个亮点(即放大的像)为止.

7. 此时可在目镜视场中看到的景象如图 3-20 所示.

放大像的两个亮点的坐标为 x_{11} 和 x_{12},旋转测微鼓轮,使竖直叉丝移动到左面的点,由于竖直叉丝在目镜视场中水平标尺的 1 和 2 之间,故整的毫米数为 1 mm,从测微鼓轮上读出毫米以下小数部分,测微鼓轮刻有的 100 个等分格代表 1 mm,测微鼓轮上的一格代表 0.01 mm,并要估读一位.例如,固定套筒上的水平线和测微鼓轮的 12.5 格对齐(0.5 是估读的),则小数部分为 12.5×0.01 mm $= 0.125$ mm,所以 $x_{11} = 1.125$ mm.旋转测微鼓轮,使竖直叉丝移动到 x_{12} 所对应的点,读出 x_{12} 的坐标,则放大像的间距 $d_1 = |x_{11} - x_{12}|$.提醒:这里读出的数字单位是

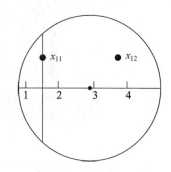

图 3-20　目镜视场中图

"mm",而表格中要求记录的单位是"cm".如果目镜视场中光线太强,看不清读数,可用餐巾纸在测微目镜物镜前挡一下即可.从导轨中间的标尺上读出并记下此时凸透镜位置 O_1 的坐标.

8. 固定激光光源、双棱镜和测微目镜的位置,重复第 4、5 两个步骤,再次找到缩小的像点,类似步骤 7 那样记下缩小像两个光点的坐标 x_{21} 和 x_{22},缩小像的间距 $d_2 = |x_{21} - x_{22}|$,同时记下此时凸透镜的位置 O_2 坐标,则凸透镜成放大像和缩小像时位置之间的距离 $L = |O_1 - O_2|$.有时目镜视场太暗,根本看不清水平标尺的读数,可先用餐巾纸在测微目镜、物镜前挡一下再读数.

9. 下面测量干涉条纹的宽度 Δx.小心移开凸透镜(注意:激光光源、双棱镜和测微目镜的前后位置均不能动),通过测微目镜应能看到如图 3-21 所示的干涉条纹.

如看不到,可横向调节双棱镜,使测微目镜中出现清晰的干涉条纹.条纹间距 Δx 是指某一明条纹的最左(或右)侧到另一

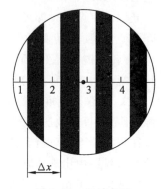

图 3-21　干涉条纹

相邻明条纹最左(或右)侧之间的距离.由于 Δx 较小,可多选几条明条纹进行测量(这里以选 3 条为例,实际应选更多,这是最低要求).旋转测微鼓轮,使竖直叉丝与所选中的第一条明条纹的左侧重合,记下此时的读数 x_{31};再旋转测微鼓轮,使竖直叉丝与所选中的第 4 条明条纹的左侧重合,记下此时的读数 x_{32}. $|x_{31}-x_{32}|$ 为第一条明条纹到第四条明条纹间的距离,这段距离共有 3 个 Δx,所以

$$\Delta x = \frac{|x_{31}-x_{32}|}{3}$$

提示　在使用测微目镜进行测量时,应注意测量时应沿同一方向旋转测微鼓轮,依次读取所需数据,不要中途反向.

实验数据记录及处理

1. 测 l、d_1、d_2.

次数	1	2	3	4	平均值
O_1/cm					
O_2/cm					$\bar{l}=$
l/cm					
x_{11}/cm					
x_{12}/cm					$\overline{d_1}=$
d_1/cm					
x_{21}/cm					
x_{22}/cm					$\overline{d_2}=$
d_2/cm					

2. 测 Δx.

$n=$　　　　　　, $x_{31}=$　　　　　　, $x_{32}=$

$$\Delta x = \frac{|x_{31}-x_{32}|}{n} =$$

3. 计算入射光波长.

$$\lambda = \frac{d_1\sqrt{d_2}-d_2\sqrt{d_1}}{\sqrt{d_1}+\sqrt{d_2}} \cdot \frac{\Delta x}{l} =$$

4. 与公认值 $\lambda=670$ nm 比较,估计测量值的相对误差.

思 考 题

1. 有人说,本实验成败的关键在于共轴调整,你觉得有道理吗? 如何实现共轴条件?

2. 本实验中,虚光源到屏之间的距离 D 控制在约 50 cm,如 D 取值过小或过大会出现什么问题?

3. 分析你的测量值产生误差的原因.有何改进措施?

知识拓展

双缝干涉实验及其发展

托马斯·杨(1773—1829,图 3-22),英国著名的物理学家和医师.他自幼聪慧好学,17 岁时就精读过牛顿刚出版的力学和光学著作.从 19 岁开始,他先后在伦敦、爱丁堡、哥丁根、剑桥学医,学成后主要从事生理光学的研究和医学工作.

在光的微粒说与波动说的竞争中,牛顿是光的微粒说的倡导者.18 世纪前后,光的微粒说因牛顿的威望而占据统治地位.在研究眼睛接受不同颜色的光这一类问题时,托马斯·杨认真思考和审查了牛顿做过的光学实验和有关学说.在研究声学和弦振动时,他发现了声波的干涉现象,即声波在重叠时有时加强有时减弱.1799 年他首先在声学范围内叙述了干涉原理.通过和声波类比,他认为光的本性应是一种波动,复兴了被忽略一个世纪之久的光的波动学说.为了证实光的

图 3-22 托马斯·杨

波动学说的正确性,他做了著名的光的干涉实验.他开始用双孔获得相干光,后发现用双缝代替双孔能得到更明亮的干涉图样.

双缝干涉实验为托马斯·杨的波动学说提供了很好的证据,他也发表了一系列论文,用波动学说中的干涉原理来解释声和光.他的论文遭到了微粒说支持者的猛烈攻击,布鲁厄姆在《爱丁堡评论》上发文斥责道:"没有值得称之为实验或发现的东西","没有任何价值".对此,托马斯·杨给出了有力的反驳,反驳文章竟无处公开发表,只好印小册子出售,但仅卖出一本.正如丁铎尔所说:"通过那时掌握了舆论界的一个作者的激烈挖苦,这个有天才的人被压制了——被他的同胞的评头论足的才智埋没了——整整 20 年,他事实上被当作梦呓者……他首先要感谢著名的法国人菲涅尔和阿拉哥,感谢他们恢复了他的权利."

托马斯·杨把光学理论应用于医学之中,奠定了生理光学的基础,提出了许多著名假说:如眼睛靠调节眼球水晶体的曲度来观察不同距离的物体;视网膜上有几种不同结构分别感受红、绿、紫三种光线;一切色彩都是由红、绿、蓝三种原色按不同比例混合而成的.在材料力学方面,他最早给出了弹性模量的定义并认为剪应力也是一种形变.为了纪念他,人们用他的名字命名了弹性模量——杨氏弹性模量.

菲涅尔(1788—1827),法国物理学家、数学家,1806 年从巴黎工艺学校毕业后,又在巴黎道路桥梁学校学习了三年.1815 年在巴黎工程公司任工程师并开始进行光学研究,独立地提出了光的波动学说.托马斯·杨做的双缝干涉实验之所以受到人们的质疑,是因为光通过其中任何一个缝都会产生衍射现象.早在 1666 年,格里马耳迪就发现了衍射条纹,并且已用光的微粒说和在引起衍射的物体边缘之间进行吸引和排斥的臆想定律来解释.为了消除这些反对意见,菲涅尔 1816 年做了光干涉的双反射镜实验,1819 年用自己发明的双棱镜做了双棱镜干涉实验.这两个实验彻底排除了光的衍射,用无可辩驳的事实证明了光的波动性.

实验 13 衍射光栅常数和谱线波长的测定

实验目的

1. 进一步掌握分光计的调节和使用方法.
2. 观察光栅衍(绕)射现象,测定光栅常数和汞原子光谱的部分谱线的波长.

实验仪器

分光计、衍射光栅、汞灯各一件.

实验原理

如图 3-23 所示,光栅 G 由大量等宽度、等间距的平行狭缝组成. 制作平面透射光栅需用专用的刻线机,在防震室内将一块不透明的光学平面分成透光狭缝,宽度为 a;刻痕基本上不透光,宽度为 b;光栅常数 $d=a+b$,光栅刻痕越密,光栅常数 d 越小,则光栅的色散性能越好,但制作困难,价格也昂贵,精制的光栅一毫米内刻痕可多达 1 000 条以上. 本实验中所用光栅每毫米刻痕约 300~600 条,它是用照相的方法制作的复制光栅,比较经济实用.

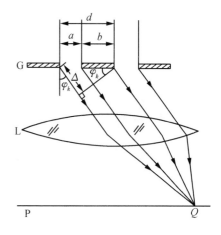

图 3-23 实验原理图

根据夫琅和费衍射理论,在入射平行光与光栅平面垂直的条件下,通过相邻狭缝光的光程差为

$$\Delta=(a+b)\sin\varphi_k=d\sin\varphi_k$$

式中,φ 称为衍射角. 当此光程差等于波长的整数倍时,通过每个狭缝的光束经凸透镜 L 会聚在屏 P 上的 Q 处重叠而加强,形成明亮的光谱线. 这时有

$$d\sin\varphi_k=k\lambda,\quad k=0,\pm 1,\pm 2,\cdots$$

因此,衍射光谱线的位置由上式决定. φ_k 为 k 级谱级的衍射角. 显然,当 $k\neq 0$ 时,对于不同波长的入射光,衍射角也将不同. 于是不同波长的复色光入射,由于衍射角 φ 不同而被分开,形成了光栅光谱. 用分光计可测得 φ_k.

根据以上讨论,我们用分光计测得 k 级光谱线的衍射角 φ_k 后,若给定已知入射光波长 λ,可测得光栅常数 d;反过来也可以用此计算入射光波长 λ.

本实验要求测出 1 级(或 2 级)光谱级的衍射角 φ_k,对于 1 级光谱($k=1$),有 $d\sin\varphi_1=\lambda$(对于 2 级光谱 $k=2$,则 $d\sin\varphi_2=2\lambda$),则

$$d=\frac{\lambda}{\sin\varphi_1}$$

或

$$\lambda=d\sin\varphi_1$$

实验内容

1. 按图 3-24,将光栅放置在分光计平台中央,使平台调平螺丝 B_1、B_2 的连线与光栅面垂直,则光栅的倾斜度可由 B_1 或 B_2 螺丝调节. 以光栅的光学面作为反射面,用自准直法和各半调节法使望远镜只能接收平行光、望远镜光轴与分光计主轴垂直.

开启汞灯照亮平行光管的狭缝. 将望远镜转至对准平行光管狭缝处,以望远镜为基准,使狭缝像位于望远镜中央;松开狭缝装置锁紧螺丝(图 3-25),再前后伸缩狭缝装置(图 3-26),使狭缝像边缘清晰(图 3-27);旋转狭缝装置(图 3-28),使狭缝像竖直(图 3-27);调狭缝宽度调节螺丝(图 3-29),使狭缝像尽量细狭(图 3-27),但中间不要出现断痕.

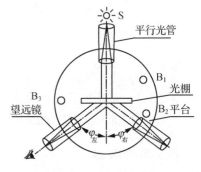

图 3-24　分光计俯视图

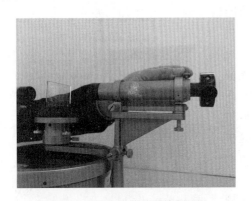

图 3-25　松开狭缝装置锁紧螺丝

图 3-26　前后伸缩狭缝装置

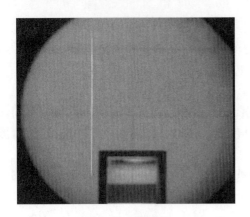

图 3-27　狭缝像

图 3-28　旋转狭缝装置

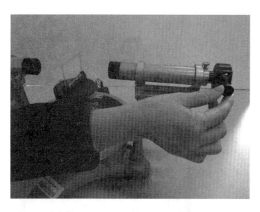

图 3-29　调狭缝宽度调节螺丝

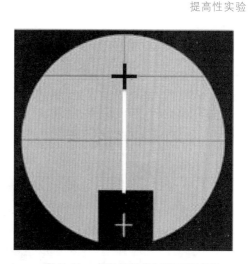

图 3-30　十字反射像与零级明条纹

2. 为了使平行光管发出的平行光垂直入射到光栅平面上,可使望远镜对准平行光管,转动望远镜,使零级($k=0$)明条纹与望远镜中分划板上竖直叉丝重合(图 3-30),调节平行光管下倾斜螺丝(图 3-31),使零级($k=0$)明条纹被望远镜中分划板上水平叉丝平分(图 3-30),这时平行光管发出的平行光垂直照射光栅,然后转动平台,使十字反射像落在望远镜分划板叉丝的上方交点处(图3-30),此时望远镜光轴垂直于光栅平面.调好后锁紧平台,使其不能再转动.

图 3-31　调节平行光管下倾斜螺丝

由于复制光栅上加了保护底片药膜玻璃片,药膜玻璃片与光栅面不一定完全平行,所以用复制光栅作反射面时,往往会出现多个十字纹反射像,遇到该情况,以较亮者为准.

转动望远镜,观察汞灯发出的衍(绕)射光谱的分布情况,在中央零级呈白色的明条纹两边对称地排列±1 级和±2 级光谱线组,分别为蓝、绿、黄等色,如图 3-32 所示.观察时如左右谱线有高低,有时谱线只能看到一部分,是因为光栅上的刻痕与转轴不平行,可调节平台调平螺丝 B_3,使全部谱线高低一致.第 2 级谱线较暗淡,要仔细观察分辨.

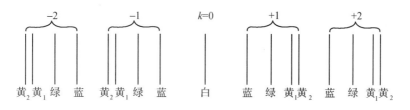

图 3-32　汞的较亮谱线的分布

3. 本实验只要求测±1 级谱线的衍射角.由于衍射光谱在中央明条纹两边对称分布,为了测准±1 级光谱线的衍射角 φ_1,应该测出 −1 级和 +1 级光谱线的各方位角 θ_{+1} 和 θ_{-1},两

者差值绝对值的一半即为 1 级谱线的衍射角，$|\varphi_1| = \left|\dfrac{\theta_{+1} - \theta_{-1}}{2}\right|$，依次测 ±1 级的绿、蓝、黄$_1$、黄$_2$ 谱线方位角 θ（注意蓝、绿色谱线有多余，测最亮条纹）．测时检查一下平台是否固定，望远镜与刻度盘是否同步转动．再转动望远镜测量，由读数装置上读出各谱线方位角．如图 3-33 所示，转动望远镜使分划板上竖直叉丝对准 +1 级黄$_1$ 谱线，读出分光计读数装置左右两窗读数，即为 +1 级黄$_1$ 谱线的方位角．

图 3-33　分划板竖直叉丝对准 +1 级黄$_1$ 谱线时读数装置左右两窗读数

实验数据记录及处理

将测量数据记入下表．

		θ_{+1}	θ_{-1}	$|\varphi_1|$	$\overline{|\varphi_1|}$
汞蓝谱线	左窗读数				
	右窗读数				
汞绿谱线	左窗读数				
	右窗读数				
汞黄$_1$ 谱线	左窗读数				
	右窗读数				
汞黄$_2$ 谱线	左窗读数				
	右窗读数				

一、测光栅常数 d

已知汞绿谱线的波长 $\lambda = 546.1$ nm，由

$$d = \dfrac{\lambda}{\sin \overline{|\varphi_1|}}$$

求出光栅常数．

二、测汞蓝谱线、汞黄$_1$ 谱线、汞黄$_2$ 谱线的波长

由上面测出的光栅常数 d 和测出的各色谱线的衍（绕）射角 $\overline{|\varphi_1|}$，分别计算三种光谱线的波长．计算公式为

$$\lambda = d \sin |\varphi_1|$$

各谱线的标准波长值为 $\lambda_{蓝}=435.8 \text{ nm}, \lambda_{黄_1}=577.0 \text{ nm}, \lambda_{黄_2}=579.1 \text{ nm}$,计算测量值与标准值之间的相对不确定度.计算公式为

$$E=\frac{|\lambda_{测}-\lambda_{标}|}{\lambda_{标}}\times 100\%$$

知识拓展

夫琅和费与光栅方程

夫琅和费(Joseph von Fraunhofer,1787—1826,图 3-34),德国物理学家.1787 年 3 月 6 日生于斯特劳宾,父亲是玻璃工匠,夫琅和费幼年当学徒,后来自学了数学和光学.1806 年开始在光学作坊当光学机工,1818 年任经理,1823 年担任慕尼黑科学院物理陈列馆馆长和慕尼黑大学教授、慕尼黑科学院院士.夫琅和费自学成才,一生勤奋刻苦,终身未婚,1826 年 6 月 7 日因肺结核在慕尼黑逝世.

夫琅和费集工艺家和理论家的才干于一身,把理论与丰富的实践经验结合起来,对光学和光谱学做出了重要贡献.1814 年他用自己改进的分光系统,发现并研究了太阳光谱中的暗线(现称为夫琅和费谱线),利用衍射原理测出了它们的波长.他设计和制

图 3-34　夫琅和费

造了消色差透镜,首创用牛顿环方法检查光学表面加工精度及透镜形状,对应用光学的发展起到了重要的影响.他所制造的大型折射望远镜等光学仪器负有盛名.他发表了平行光单缝及多缝衍射的研究成果(后人称之为夫琅和费衍射),做了光谱分辨率的实验,第一个定量地研究了衍射光栅,用其测量了光的波长,以后又给出了光栅方程.

实验 14　声速的测定

实验目的

1. 学习用驻波法和行波法测定声波在空气中的传播速度.
2. 加深对波的一些性质的认识.
3. 复习用逐差法处理实验数据.

实验仪器

声速测定仪、低频信号发生器、示波器各一台.

实验原理

机械波是机械振动在媒质中的传播.声波是在弹性媒质中传播的一种机械纵波.可闻声波的频率为 20 Hz～20 kHz,次声波频率小于 20 Hz,超声波频率大于 20 kHz.

声速的测量在声波定位、探伤、测距等应用中具有十分重要的作用.

描述声波的三个物理量:波速 v、频率 f 和波长 λ,三者之间存在下列关系:

$$v = f\lambda$$

通过实验,若测出声波频率 f 和波长 λ,便可间接测量出波速 v.

声波速度 v 的大小,取决于媒质的性质(媒质的种类、温度等),而与声波的频率 f 无关. 在气体和液体中传播的声波速度为

$$v = \sqrt{\frac{B}{\rho}}$$

式中,B 为媒质容变模量,ρ 为媒质密度.

声波在温度为 $T(K)$ 的空气中的传播速度为

$$v = v_0 \sqrt{\frac{T}{T_0}}$$

$T_0 = 273.16$ K(即 0 ℃)时声速 $v_0 = 331.30$ m/s.

由于超声波具有波长短、定向发射性能好、功率大、抗干扰性能强等特点,因而在超声波段测量声速较为方便,超声波的发射和接收是用压电陶瓷电声换能器进行的. 在图 3-35 所示的声速测量实验装置中,声速测量仪上 S_1 和 S_2 是两个结构相同的压电陶瓷电声换能器,发声源 S_1 受信号发生器输出正弦电压的激励而发射出超声波,接收器 S_2 把接收到的声波转换成相同频率的正弦电压(信号),再输入示波器后供观测用. 这时声波信号频率与信号发生器上显示的电信号频率相同.

本实验的重点是测出波长 λ,难点是调出共振频率.

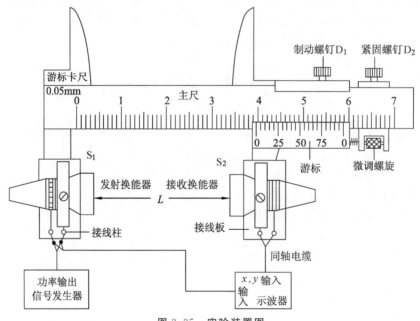

图 3-35 实验装置图

一、驻波法

由 S_1 发射的频率为 f 的平面声波,经空气媒质传播到接收器 S_2,若 S_1 和 S_2 的两端平面平行,入射至 S_2 表面的声波被部分垂直反射回来,形成两束传播方向相反的相干波,在 S_1 与 S_2 间产生干涉,形成驻波,如图 3-36 所示. 若 S_1 和 S_2 两端面间距为半波长($\lambda/2$)的整数

倍,即

$$L = n\frac{\lambda}{2}, \quad n = 1, 2, 3, 4, \cdots$$

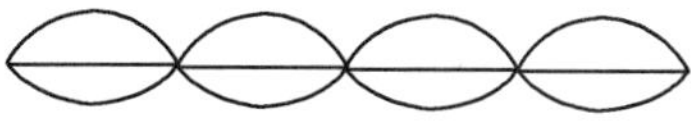

则在 S_1 和 S_2 面处形成波节,驻波两相邻波节(腹)间距为声波波长 λ 的 $1/2$.

图 3-36 驻波图

声波在空气中传播时,引起空气媒质的质点产生振动,由于各质点振动位移的差异,空气中不同小区间内引起膨胀和压缩的周期性变化,伴随产生周期性变化的声压 p. 在波节处声压 p 幅值最大. 当 S_1 固定,移动 S_2,每当 S_1 与 S_2 之间的距离是 $\lambda/2$ 的整数倍时,S_2 面受声压最大,因 S_2 位于波节处. S_2 压电换能器产生一幅值最大的正弦电压值,若输入到示波器荧屏上就显示出幅值最大的正弦电压. 如在示波器水平方向上不加扫描信号,示波器屏上将显示一条竖直的最长直线段,由此可知荧屏上出现两次最大电压信号时,游标尺上 S_2 移动半波长($\lambda/2$). 读出 f,由 $v = f\lambda$ 可算出声速.

二、行波法(相位法)

将图 3-38 中接收声波的换能器 S_2 的端面略转一角度,使其与 S_1 端面不平行,S_1 与 S_2 之间空气柱只存在 S_1 发射的行波. 不同点上的空气质点,以相同频率 f 和相同振动方向振动,由波动理论可知,在同一时刻,S_1 和 S_2 表面处声波引起的振动相位差 $\Delta\varphi$ 与 S_1 和 S_2 之间的距离 L 的关系为

$$\Delta\varphi = \frac{L}{\lambda} \times 2\pi$$

当 $L = 2k\frac{\lambda}{2}$ 和 $l = (2k+1)\frac{\lambda}{2}$ 时,对应的相位差分别为 $\Delta\varphi = 2k\pi$ 和 $\Delta\varphi = (2k+1)\pi$. 由振动合成理论,同频率不同相位的两个相互垂直的谐振动合成时,其李萨如图形如图 3-37 所示.

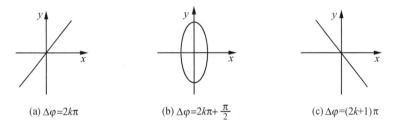

(a) $\Delta\varphi = 2k\pi$ (b) $\Delta\varphi = 2k\pi + \frac{\pi}{2}$ (c) $\Delta\varphi = (2k+1)\pi$

图 3-37 李萨如图形

实验装置如图 3-38 所示,在线路接线不变的情况下,再从 S_1 引一信号输入示波器 x 端. 在示波器荧屏上将显示出振动合成的李萨如图形. 固定 S_1,移动 S_2,当 S_1 与 S_2 间距 $L = 2k\frac{\lambda}{2}$ 时,荧屏显示如图 3-37(a)所示,其相位差 $\Delta\varphi = 2k\pi$. 当 S_1 和 S_2 间距 $L = (2k+1)\frac{\lambda}{2}$ 时,荧屏显示如图 3-37(c)所示,其相位差 $\Delta\varphi = (2k+1)\pi$. 不等于上面两值时,图形为一椭圆[图 3-37(b)]. 缓慢移动 S_2 的过程中交替出现斜率为正、负值的直线时,S_1 与 S_2 间距 L 变化 $\frac{\lambda}{2}$,由此可算出 v.

实验内容

一、驻波法

1. 按图 3-38 接线,为了避免信号干扰,所用接线都是屏蔽线,屏蔽线的金属网外皮应接仪器的接地端(即与仪器外壳同电位).

2. 低频信号发生器旋钮设置如下:按下"200 K"、"正弦波"按钮,"频率调节"旋至 37 kHz 左右(共振,振幅最大).按下"4Ω"下的按钮(功放).

3. 测量波长.示波器上旋钮设置如下:将扫描时间开关 TIME/DIV 旋到"X-Y"位置,将两个"VOLTS/DIV"旋钮顺时针旋至停止点,使 Y_1 输入处于 GND.先将 S_1 和 S_2 靠近一点(3 cm 左右),并在示波器上看到最长亮线,调节信号发生器"频率调节"旋钮,至示波器荧光屏上出现最长竖直亮线(这时换能器处于共振状态,转换效率最高).调节示波器的"VOLTS/DIV"旋钮,使图像(竖直亮线)长短适中.改变 S_2 的位置,可观察到荧光屏上竖直亮线周期性伸长、缩短.

提示 使用声速测定仪微调旋钮时,应先将紧固螺钉 D_2 拧紧,旋动微调螺旋、移动游标.依次连续记下十个振幅值最大(直线最长)位置读数 $L_0, L_1, L_2, \cdots, L_9$.

4. 读出频率计上当时频率值 f,用温度计测出室温 t.

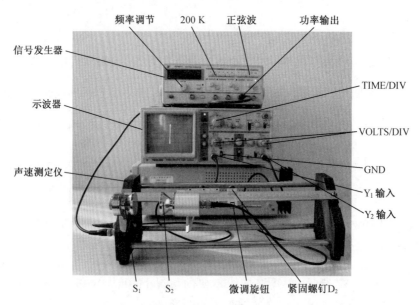

图 3-38 驻波法实物接线图

二、行波法

1. 使示波器上的 Y_1 输入处于 AC,如图 3-39 所示.

2. 将 S_2 的端面转一小角度后移开 S_1,调节示波器 x 轴、y 轴的"VOLTS/DIV"旋钮,使荧光屏上的李萨如图形大小适中,改变 S_2 的位置,可看出荧光屏上图形的变化.将 S_2 移远 S_1 一定距离后,再将 S_2 慢慢向左移动,依次连续记下十个图形为正、负斜率直线的位置读数 $L_0, L_1, L_2, \cdots, L_9$.

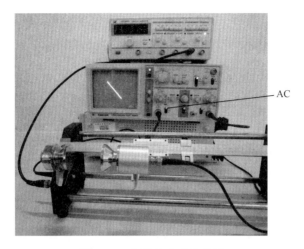

图 3-39　行波法实物接线图

 实验数据记录及处理

一、驻波法

1. 将实验测得的数据填入下表中,用逐差法计算波长 λ,算出声速 v.

室温 $t=$　　℃,频率 $f=$　　Hz

	位置读数/mm		
L_0		$\Delta L_1 = L_5 - L_0$	
L_1			
L_2		$\Delta L_2 = L_6 - L_1$	
L_3			
L_4		$\Delta L_3 = L_7 - L_2$	
L_5			
L_6		$\Delta L_4 = L_8 - L_3$	
L_7			
L_8		$\Delta L_5 = L_9 - L_4$	
L_9			
平均值 $\overline{\Delta L}=5\left(\dfrac{\lambda}{2}\right)$			

$$\lambda = \left(\dfrac{2}{5}\right)\overline{\Delta L}$$

$$v = f\lambda = \left(\dfrac{2}{5}\right)f\,\overline{\Delta L}$$

2. 计算实验值与理论值之间的百分误差.

$$v_{理} = v_0\sqrt{\dfrac{T}{T_0}} = 331.30\sqrt{\dfrac{273.16+t}{273.16}}\,\text{m}\cdot\text{s}^{-1}$$

$$E = \left|\dfrac{v_{实} - v_{理}}{v_{理}}\right| \times 100\%$$

二、行波法

表格与计算方法与驻波法相同.

注意事项

1. 实验前要仔细把低频信号发生器输出的正弦信号频率调到和压电陶瓷电声换能器的谐振频率相一致.
2. 测量波节位置时必须缓慢地同方向连续进行.

思考题

1. 声速的大小由哪些因素决定？与频率有无关系？
2. 用驻波法测声速，当 S_1 与 S_2 之间距离改变时，荧屏上信号图像为何会变大、变小？

知识拓展

李萨如(Jules Antoine Lissajous)与李萨如图形

李萨如(1822—1880，图3-40)，法国物理学家，1822年出生于凡尔赛，1841—1844年在巴黎高等师范学校学习，1850年获科学博士学位，曾先后任巴黎圣路易学院教授、尚贝里学院院长、贝桑翁学院院长.

李萨如主要从事声学和光学方面的研究，提出并用实验验证了"任何复杂的运动都可以分解成为简谐运动"的理论. 1855年，他提出利用"李萨如图形"来研究振动合成的精巧方法，1857年发明了光学比长仪.

李萨如图形是指点的运动轨迹，该点在运动中应满足的条件是：第一，在相互垂直的方向上做独立的谐振动；第二，在两个方向

图3-40 李萨如

上振动频率之比为整数比. 获得李萨如图形主要有机械的、光学的和电子的三种方法. 机械的方法是指布莱克伯恩摆(1844年被推广到科学中)：这种摆由两根旋转轴互相垂直的普通摆组成，一根摆悬挂在另一根摆上，摆锤振动时就画出李萨如图形来. 光学的方法是李萨如1855年设计的：使一束光依次被安装在音叉叉股上的两个小反射镜反射，两个音叉在相互垂直的方向上振动，聚焦在屏幕上的光源图像就绘制出李萨如图形来. 电子的方法主要是用示波器显示李萨如图形，被广泛地用来测量频率和相位.

实验15 碰撞打靶研究抛体运动

物体间的碰撞是自然界中普遍存在的现象，从宏观的天体碰撞到微观粒子的碰撞都是物理学中极其重要的研究课题. 碰撞是物体运动的特殊形式，其特点是在很短的时间间隔内物体的速度发生突然的变化. 本实验通过两个球体的碰撞、碰撞前的单摆运动和碰撞后的平抛运动，研究此过程中的能量转换、动量转换与守恒，并分析和讨论此过程中的能量损失情况.

实验目的

1. 研究两球碰撞、碰撞后的平抛运动的规律.
2. 讨论不同材质的球体碰撞中动量和能量的转换与守恒.
3. 比较实验值和理论值的差异,分析实验现象.

实验仪器

碰撞打靶实验仪、电子天平、游标卡尺、铁球、铝球、铜球.

实验原理

图 3-41 是碰撞打靶示意图,质量为 m_1 的撞击球在距底盘高为 h 时,重力势能 $E_p = m_1 gh$(以底盘位置为重力势能零点),当它摆下时与位于升降台上(高为 y)的被撞球 m_2 发生正碰,碰撞前撞击球具有的动能(不计空气阻力)为

$$E_k = m_1 g(h-y) = \frac{1}{2}m_1 v_0^2 \tag{3-9}$$

若碰撞是弹性碰撞,则两球碰撞过程中系统的机械能守恒:

$$\frac{1}{2}m_1 v_0^2 = \frac{1}{2}m_1 v_1^2 + \frac{1}{2}m_2 v_2^2 \tag{3-10}$$

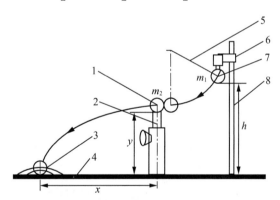

1—被撞球;2—升降台;3—靶心;4—底盘;5—线绳;6—升降架;7—撞击球;8—移动尺

图 3-41 碰撞打靶示意图

式中,m_1、m_2 分别为撞击球和被撞球的质量,v_0 为碰撞前撞击球的速度,v_1、v_2 分别为碰撞后撞击球和被撞球的速度. 两球在碰撞过程中,水平方向不受外力,系统动量守恒,即

$$m_1 v_0 = m_1 v_1 + m_2 v_2 \tag{3-11}$$

碰撞后,被撞球 m_2 做平抛运动,其运动学方程为

$$x = v_2 t \tag{3-12}$$

$$y = \frac{1}{2}gt^2 \tag{3-13}$$

式中,t 是被撞球从抛出开始计算的时间,x 是被撞球在该时间内水平方向移动的距离,y 是被撞球在该时间内竖直下落的距离,g 是重力加速度.

实际碰撞过程中,物体肯定会产生变形,同时会发生声、光与热等物理现象.所以一般碰撞过程很复杂,在碰撞过程中将有一部分机械能转化为其他形式的能量,机械能不守恒.

实验内容

碰撞打靶实验仪如图 3-42 所示,底盘是一个内凹式的盒体,是整个仪器的基底,它用三只底脚旋钮调节仪器的水平.底盘的中央是一个升降台,它由圆柱形的外套、内柱及固定螺钉三部分组成.内柱可自由升降,选择适当的高度后,再用固定螺钉将其固定.实验时将被撞球放在内柱的顶端,端面光滑,以减少摩擦.底盘的右侧有一条滑槽,可供其上的竖尺在水平方向上移动.竖尺上有一个升降架,可在尺上升降.升降架上有一电磁铁,用细绳挂在杆上的撞击球 m_1（铁球）被吸在磁铁下.实验时,按下装于电磁铁控制盒上的按钮开关,指示灯熄灭,电磁铁释放,即可使撞击球 m_1 自由下摆并撞击到被撞球 m_2.底盘的左侧放一张靶纸,以检验碰撞结果.

1. 以直径相同、质量相同的若干个铁球作为被撞球进行实验,找出其能量损失的大小和主要来源.

(1) 调节底盘水平.用气泡水准仪调节仪器水平,使得升降台上可以稳定放置被撞球,若难以放置可微调水平.

(2) 用游标卡尺测量实验用球的直径,每种球测量 5 次,并记录数据.

(3) 用电子秤称量上述用球的质量并记录数据.

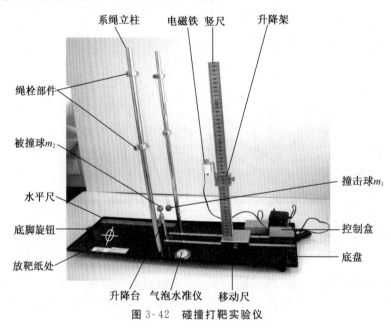

图 3-42 碰撞打靶实验仪

(4) 确定靶心的位置,根据靶心的位置,测出 x,调节升降台的高度 y,并据此算出撞击球的高度 h_0.

(5) 调节绳栓部件,使两根系绳的有效长度相等;系绳点在两立柱上的高度相等,使撞击球能在摆动到最低点时和被撞球进行正碰.

(6) 用铁球作为被撞球 m_2,将其放在升降台上,把撞击球 m_1 吸在磁铁下,调节升降架使它的高度为 h_0,左右移动竖尺,使两细绳拉直.

(7) 按下按钮，使 m_1 撞击 m_2，记下 m_2 击中靶纸的位置 x'，确定实际击中的位置后，应注意将 m_1 的高度 h 升高（升高多少？）才有可能真正击中靶心。

(8) 调整 m_1 的高度，再次撞击，测量 m_2 击中的位置，反复多次，直到 m_2 击中靶心，确定实际击中靶心时 m_1 的高度 h 值（为了减小误差，应多次撞击取平均值）。

(9) 观察撞击球 m_1 在碰撞前后的运动状态，观察撞击球 m_1 在不碰撞时的运动状态，分析碰撞过程中前后各种能量损失的原因和大小。

2. 以直径相同、质量不同的铜球和铝球称为被撞球进行上述实验，分别找出其能量损失的大小和主要来源。

注意 上述每次实验中，应将被撞球稳定放置在升降台上，并仔细调节撞击球的系绳长度，以确保撞击球与被撞球发生正向对心碰撞。

实验数据记录及处理

一、铁球作为被撞球

撞击球　$m_1=$　　　　g，$d_1=$　　　　cm

被撞球　$m_2=$　　　　g，$d_2=$　　　　cm

$y=$　　　　cm，$x=$　　　　cm，计算出 $h_0=$　　　　cm

单位：cm

次数	1	2	3	4	5	…	i
x'						…	
$\Delta x = x - x'$						…	0

$\Delta x = x - x' = 0$ 时　　　　　　　　　　　　　　　　　　单位：cm

次数	1	2	3	4	5	6	平均值
h							
$\Delta h = \bar{h} - h_0 =$							

二、铜球作为被撞球

撞击球　$m_1=$　　　　g，$d_1=$　　　　cm

被撞球　$m_2=$　　　　g，$d_2=$　　　　cm

$y=$　　　　cm，$x=$　　　　cm，计算出 $h_0=$　　　　cm

单位：cm

次数	1	2	3	4	5	…	i
x'						…	
$\Delta x = x - x'$						…	0

$\Delta x = x - x' = 0$ 时　　　　　　　　　　　　　　　　　　单位：cm

次数	1	2	3	4	5	6	平均值
h							
$\Delta h = \bar{h} - h_0 =$							

三、铝球作为被撞球

撞击球　$m_1=$　　　　　g，$d_1=$　　　　　cm

被撞球　$m_2=$　　　　　g，$d_2=$　　　　　cm

$y=$　　　　　cm，$x=$　　　　　cm，计算出 $h_0=$　　　　　cm

单位：cm

次数	1	2	3	4	5	…	i
x'						…	
$\Delta x = x - x'$						…	0

$\Delta x = x - x' = 0$ 时

单位：cm

次数	1	2	3	4	5	6	平均值
h							

$\Delta h = \bar{h} - h_0 =$

分析不同情况下能量损失　$\Delta E =$

分析碰撞过程前后各种能量损失的原因．

注意事项

1. 电磁铁吸住撞击球时，摆线应处于直线状态，摆线不得有明显松弛现象．
2. 撞击球运动时，摆臂不得晃动，相关的固定螺丝必须拧紧．

思考题

1. 推导由 x 和 y 计算 h_0 的公式．
2. 推导由 x' 和 y 计算高度差 $h - h_0 = \Delta h$ 的公式．
3. 如果不放被撞球，撞击球在摆动回来时能否达到原来的高度？这说明了什么？
4. 找出本实验中产生 Δh 的各种原因（除计算错误和操作不当原因外）．
5. 此实验中绳子的张力对小球是否做功？为什么？
6. 本实验中，球体不用金属，改用石蜡或软木可以吗？为什么？

知识拓展

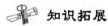

动量守恒定律是自然界最普遍、最基本的规律之一，它是人们在对于碰撞问题的研究中发现和总结出来的．物体间的碰撞、打击是自然界最普遍、最直观的一种现象，人们对这种现象的观察和研究自然是最多的．在力学体系的形成过程中，历史上多位知名科学家都对碰撞问题进行过课题研究，为动量守恒定律的建立奠定了基础．

最早研究碰撞问题的是伽利略（Galileo），他在运动量度的研究上迈开了第一步．伽利略在写《两门新科学》的时候，就打算用数学方法论述碰撞问题，他在《碰撞的力》手稿中尝试找到碰撞规律，但没有成功．

1639年，布拉格大学的马尔西(Marcus Marci)发表了他研究碰撞问题的成果.马尔西的碰撞实验如图3-43所示.在《运动的比例》一书中,他得出一个结论：一个物体与另一个大小相同处于静止的物体发生弹性碰撞时,就会失去自己的运动,而把速度等量地交给另一个物体.他用一颗大理石球对心撞击一排大小相等的同样质料的球,观察到运

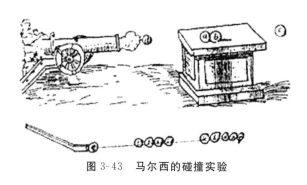

图3-43 马尔西的碰撞实验

动将传递给最后一个球,中间的球毫无影响.这表明马尔西已经认识到碰撞过程中动量守恒,不过,马西尔没有对这一实验结果做进一步的理论分析.

最早建立碰撞理论的是笛卡儿(Rene Descartes),他是一位著名的哲学家,也是一位数学家.笛卡儿主张整个世界是物质的,各种自然现象都可用力学通过数学演绎做出解释. 1644年,笛卡尔在他的《哲学原理》一书中阐述了他的碰撞理论,提出了运动量守恒的思想："当一种物质以两倍于另一种物质的速度运动,而另一种物质却大于这一种物质的两倍时,我们有理由认为这两种物质具有相等的运动量,并且每当一种物质的运动量减少时,另一种物质的运动量就会相应地增加."显然,笛卡儿在这里所说的运动量就是物质的量和速度的乘积,不过他那时还没有建立"质量"的概念,也就没法用数学写出动量的表达式.但这实际上就是"动量"概念的早期表示.

在这本书中,笛卡儿还总结了七条碰撞规律,但是他没有意识到运动量的方向性,没有具体区分弹性碰撞和非弹性碰撞,并错误地认为较小的物体无论速度多大都不能把运动传给较大的物体,因而他总结的七条规律中只有两条是正确的.尽管如此,笛卡尔提出的运动量守恒的思想具有极为重要的意义,而他在碰撞问题研究上的模糊论点引起了人们对碰撞问题的关注.

1652年,荷兰物理学家惠更斯(C. Huygens,图3-44)开始研究弹性物体之间的碰撞.惠更斯1629年生于海牙,1655年获法学博士,他在数学和天文学方面都有很高造诣,1656年发明摆钟,1663年成了英国皇家学会的第一位外国会员,后来还当了法国科学院院士,在国际上享有盛名.惠更斯把相对性原理引入碰撞的研究,通过逻辑推理得出了一系列有关结论,形成了完整的弹性碰撞理论体系.1656年在他的《论碰撞作用下的运动》论文集中,提出了三个假设：

第一个假设是惯性原理："任何运动物体只要不遇障碍,将沿直线以同样的速度运动下去."

第二个假设是："两个相同的物体做对心碰撞时,如果碰撞前各自具有相等且相反的速度,则将以同样的速度反向弹回."

图3-44 惠更斯(Christiaan Huygens,1629—1695)

第三个假设肯定了运动的相对性：" '物体的运动'和'速度的异同'这两个说法,只是相对于另一被看成是静止的物体而言的.尽管所有物体都在共同的运动之中,当两个物体碰撞时,这一共同的运动就像不存在一样."

惠更斯在对碰撞的详尽研究中得出了几个重要概念,其中之一是：两个物体所具有的运

动量在碰撞过程中都可以增大或减小,但它们的量值在同一方向上的总和保持不变.他还指出,两个、三个或任意多个物体的共同重心,在碰撞后是朝着同一方向做匀速直线运动的.惠更斯所说的运动量与笛卡尔的意义相同,但他除了强调运动量的数值大小外,又明确了运动量的方向性,这不仅完善了动量守恒原理,实际上把"矢量"的概念引入了物理学.

惠更斯还得出了两个物体质量和速度的平方的乘积之和,在碰撞前后保持不变的结论.在这个结论中,惠更斯把一个重要的物理量 mv^2 引入物理学,为能量守恒定律的建立打下了基础.

1673 年,马略特(E. Mariotte)创立了一种利用单摆进行碰撞的实验方法.他用线把两物体吊在同一水平面下,把它们当作摆锤,摆锤在最低点的速度与摆的起点高度有关,可从单摆下落时走过的弧来量度.而摆锤能够升起的高度,则决定于在最低点碰撞后所获得的速度.这样马略特就找到了一种巧妙的方法,能测出物体碰撞前后的瞬时速度.

牛顿(Newton)也做过类似的单摆碰撞实验,他运用了修正空气阻力影响的实验方法,并在 1687 年出版的《自然哲学的数学原理》一书中做了详细描述.牛顿在书中明确给出了质量和动量的定义,并在原理的第二部分"运动的基本定理和定律"中,通过他总结的第二定律和第三定律导出了动量守恒定律.

由此可见,碰撞问题的研究在力学发展历史上具有十分重要的地位,它为动量守恒定律等力学基本定律的建立提供了有力的依据.

参考文献

[1] 赵长海.动量守恒定律的建立[J].物理通报,2010(9):90—92.

[2] 陈昌永,李韶华.碰撞现象与逻辑思维推理[J].岳阳师范学院学报(自然科学版),2001(1):72—74.

实验 16 利用光电效应法测普朗克常数

光电效应是指一定频率的光照射在金属表面时,会有电子从金属表面逸出的现象.在光电效应实验中,光显示出它的粒子性质,这一现象对于认识光的本质及早期量子理论的发展具有划时代的深远意义.

实验目的

1. 掌握光电效应的规律,加深对光的量子性的理解.
2. 测量普朗克常数 h.
3. 了解计算机采集数据、处理数据的方法.

实验仪器

GD-4 型智能光电效应实验仪、计算机.

实验装置如图 3-45 所示.

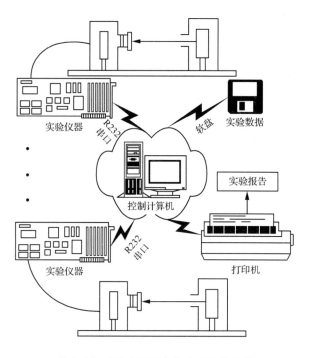

图 3-45　GD-4 型光电效应实验装置图

实验原理

当光照射金属表面时,光能量被金属中的电子吸收,使一些电子逸出金属表面,这种现象称为光电效应,逸出的电子称为光电子.

普朗克常数 h 是 1900 年普朗克为了解决黑体辐射能量分布时提出的"能量子"假设中的一个普适常量,其值为 $h = 6.626\ 755 \times 10^{-34}$ J·s.

光电效应的实验原理如图 3-46 所示.入射光照射到光电管阴极 K 上,产生的光电子在电场的作用下向阳极 A 迁移形成光电流,改变外加电压 U_{AK},测量出光电流 I 的大小,即可得出光电管的伏安特性曲线,如图 3-47 所示.

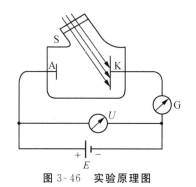

图 3-46　实验原理图　　　　　　　　图 3-47　光电管的伏安特性曲线

光电效应的基本实验事实如下:
(1) 当入射光频率不变时,饱和光电流与入射光强成正比,由图 3-48 可见,对一定的频率,有一电压 U_0,当 $U_{AK}=U_0$(为负值)时,电流为零,因此 U_0 被称为截止电压.对于不同频率的光,其截止电压的值不同.

(2) 截止电压 U_0 与频率 γ 成正比(图 3-48).当入射光频率低于某极限值 γ_0(γ_0 随不同金属而异)时,不论光的强度如何,照射时间多长,都没有光电流产生.而只要入射光的频率大于 γ_0,就有光电子逸出,γ_0 称为红限频率.

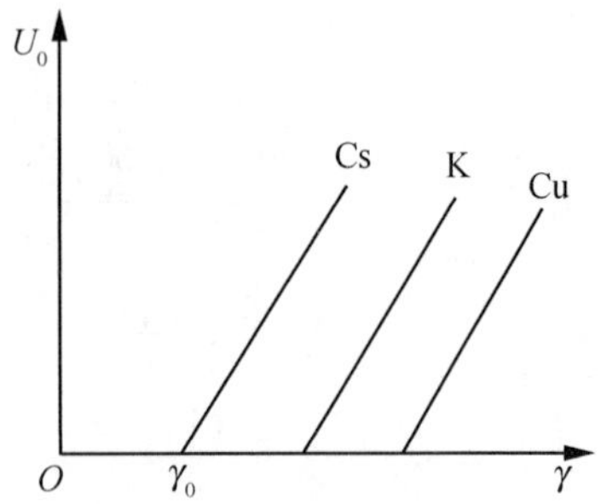

(3) 根据爱因斯坦的光量子理论,频率为 γ 的光子具有能量 $E=h\gamma$,h 为普朗克常数.当电子吸收了光子能量 $h\gamma$ 后,一部分消耗于电子的逸出功 W,另一部分就转变为电子离开金属表面后的初始动能,按照能量守恒原理,爱因斯坦提出了著名的光电效应方程:

$$h\gamma = \frac{1}{2}mv_0^2 + W \qquad (3\text{-}14)$$

图 3-48 截止电压 U_0 与频率 γ 的关系

在阳极 A 和阴极 K 之间加反向电压 U_{AK},并逐渐增大反向电压,由于它对光电子从阴极 K 向阳极 A 运动起到阻碍作用,所以回路中的电流强度随之减小.当光电子刚好不能到达阳极时电流为零,光电子初始动能全部克服电场力做功,此时有关系式:

$$eU_0 = \frac{1}{2}mv_0^2 \qquad (3\text{-}15)$$

将式(3-15)代入式(3-14),可得

$$h\gamma = eU_0 + W$$

$$U_0 = \frac{h}{e}\gamma - \frac{W}{e}$$

$$U_0 = k\gamma - \frac{W}{e} \qquad (3\text{-}16)$$

上式表明截止电压 U_0 是频率 γ 的线性函数,直线斜率 $k=\dfrac{h}{e}$,只要用实验方法得出不同的频率对应的截止电压,求出直线斜率,就可算出普朗克常数 h.

实验中采用 GD-4 型智能光电效应实验仪测量不同频率对应的截止电压.由高压汞灯提供光源,经过滤光片获得单色光,由相距一定距离的光电管接受送入实验仪主机中处理.

提示 本实验原理较为简单,关键是在实验过程中,更换滤色片或光阑时,一定要把汞灯的遮光盖盖上,以免强光照射到光电管.

光电管中的阳极是用逸出功较大的材料制作的,但实验中,仍存在阳极光电效应所引起的反向电流和暗电流(即无光照射时的电流),测得的电流实际上是包括上述两种电流和由阴极光电效应所产生的正向电流三个部分,所以曲线并不与 U 轴相切.由于暗电流是由阴极的热电子发射及光电管管壳漏电等原因产生的,与阴极正向光电流相比,其值很小,且基本上随电位差 U 呈线性变化,因此可忽略其对遏止电位差的影响.而存在阳极反向电流(制作过程中少量阴极材料溅射在阳极上产生的)的伏安特性曲线与图 3-48 十分接近,因此可近似取曲线与 U 轴交点的电位差为遏止电位差 U_0.

实验内容

一、测试前准备

将测试仪及汞灯电源接通(汞灯及光电管暗箱遮光盖盖上),预热 20 min.调整光电管与汞灯距离约 40 cm 并保持不变.用专用连接线将光电管暗箱电压输入端与测试仪电压输出端(后面板上)连接起来(红—红,蓝—蓝),如图 3-49、图 3-50 所示.

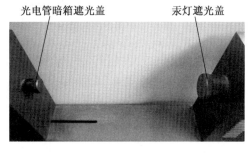

图 3-49　光电管、汞灯位置

图 3-50　实物连线图

二、测量截止电压

测量截止电压时,"伏安特性测试/截止电压测试"状态键应为截止电压测试状态.如按键无效,按"调零确认/系统清零"键,直到两显示窗都有数据,按键就有效了.下面遇到按键无效的情况,均照此操作."电流量程"开关选择 10^{-13} A 挡,进行测试前调零,如图 3-51 所示.

提示　在电流、电压两个显示窗口都有数字的情况下,调节调零旋钮,使电流显示为零,按"调零确认/系统清零"键,系统进入测试状态.

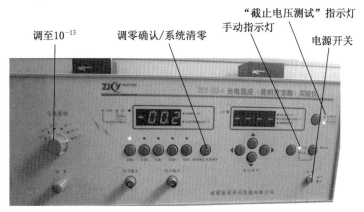

图 3-51　光电效应实验仪面板

智能光电效应实验仪分为单机测量和微机测量两种.在单机测量中又有手动和自动两种模式,分述如下:

1. 手动测量截止电压.

使"手动/自动"模式键处于"手动"模式.将直径为 4 mm 的光阑及 365.0 nm 的滤色片装在光电管暗箱光输入口上,如图 3-52、图 3-53 所示.

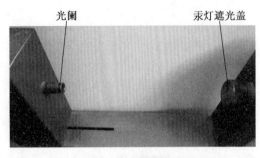
图 3-52 光阑位置

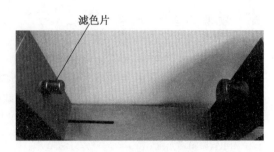
图 3-53 滤色片位置

提示 在更换光阑、滤色片时,汞灯遮光盖是盖着的,以免强光照射到光电管上.

打开汞灯遮光盖,从低到高调节电压(绝对值减小,✦中的上下箭头调大小,左右箭头一定要改变的数位),观察电流值的变化,寻找电流为零时对应的U_{AK}(说明:由于手动时,数字显示器显示的数值不稳定,因此只需找到零电流附近所对应的电压),如图 3-54、图 3-55 所示.

图 3-54 汞灯位置

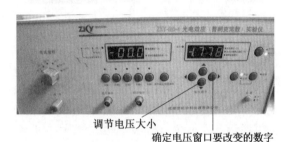
图 3-55 面板上按钮调节

依次换 404.7 nm、435.8 nm、546.1 nm、577.1 nm 的滤色片,重复以上测量步骤.

2. 自动测量截止电压 U_0.

按"手动/自动"模式键切换到"自动"模式,此时仪器前面板左边指示灯闪烁,表示系统处于自动测试扫描范围设置状态,用电压调节键可设置扫描起始电压和终止电压.仪器前面板左边显示扫描起始电压,右边显示终止电压,分别用上述手动测量方法寻找到扫描起始电压和终止电压值,设置好扫描起始电压和终止电压后,按动相应的存储区键,仪器先清除存储区原有数据,等待 30 s 后,按照 4 mV 的步长自动扫描,并在右侧显示电压值,左侧显示相应的电流值.扫描结束后,仪器自动进入数据查询状态.读取电流为零时对应的 U_{AK},以其绝对值作为该波长对应的 U_0 值,并将数据记于 U_0-γ 的关系表中.

三、测光电管的伏安特性曲线与光强的关系

此时,"伏安特性测试/截止电压测试"状态键应为"伏安特性测试"状态."电流量程"开关应拨至 10^{-10} A 挡,并重新调零,按"调零确认"键确认.

提示 在按"调零确认"键时,原来处于"伏安特性测试"状态会自动变为"截止电压测试"状态,需再调回到"伏安特性测试"状态.

将直径为 2 mm 的光阑及所选谱线(建议采用 365 nm)的滤色片装在光电管暗箱光输入口上.测伏安特性曲线可选用单机测量和微机测量两种方式,在单机测量中又有手动和自动两种模式.测量的最大范围为 -1~50 V,自动测量时步长为 1 V.这里采用手动测量模式.

滤光片不变,将光阑直径分别换为 4 mm、8 mm,重复以上步骤.

本实验内容还可采用自动测量和联机测试两种测量方式.

1. 自动测量光电管的伏安特性曲线与光强的关系.

按"调零确认/系统清零"键后,按"手动/自动"模式键切换到"自动"模式.此时仪器前面板左边两个指示灯(一红一绿)同时在闪烁,表示系统处于自动测试扫描范围设置状态,用电压调节键可设置扫描起始电压为 −1 V,终止电压为 50 V.仪器前面板左边显示为扫描起始电压,右边显示为终止电压.设置好电压范围后,按动相应的存储区键,仪器先清除存储区原有数据,等待 30 s 后,按照 1 V 的步长自动测量,并在右侧显示电压值,左侧显示相应的电流值.测量结束后,仪器自动进入数据查询状态.读取电压和相应的电流值(选择性地记录 12 组数据),并将数据记于 I-U_{AK} 的关系表中.记录完数据,按一下查询键,可重新设置.

依次换上直径为 4 mm、8 mm 的光阑,滤色片不变,重复上述步骤.

根据 I-U_{AK} 关系表中的数据,在同一坐标轴上作对应于以上各光强的伏安特性曲线.

2. 联机测试.

(1) 将直径为 2 mm 的光阑及所选谱线(建议采用 365 nm)的滤色片装在光电管暗箱光输入口上,按"手动/自动"模式键切换到"自动"模式.此时仪器前面板左边指示灯闪烁,表示系统处于自动测试扫描范围设置状态,用电压调节键可设置扫描起始电压为 −1 V,终止电压为 50 V.仪器前面板左边显示为扫描起始电压,右边显示为终止电压,设置好电压范围后,用鼠标激活桌面上的"计算机辅助实验系统",系统会弹出一个登录窗口,输入用户名和密码后登录,在出现的窗口中点击"数据通讯"下拉菜单中的"开始新实验",在出现的对话框中输入"班级""学号""姓名",在"实验"下拉菜单中依次选择"伏安特性"→"仪器"下拉菜单中的"1|A 设备"(注:如果一台微机同时控制两台仪器,则某一台仪器对应的设备号是相对的;若后来"参数设置失败",则要重新选择另一台仪器号"2|B 设备";若两台仪器同时在进行测试,则操控两台仪器的同学要相互协调一下,避免相互干扰),输好信息后,点击"开始",出现"提示"对话框,点击"是(Y)"后,出现"实验参数设置"对话框,设置好相关参数后,点击"设置".若出现"是否启动新实验"对话框,说明仪器号选择正确,点击"是(Y)"后,则开始联机测试,此时仪器前面板左边两个指示灯(一红一绿)同时停止闪烁,且红灯熄灭,绿灯一直亮着,表示已选定相应的存储区键,等待 30 s 后微机开始通讯,边采集数据边用软件自动作出相应的伏安特性曲线(曲线一).

(2) 数据采集完毕后,换上直径为 4 mm 的光阑,在仪器面板上设置好扫描起始电压为 −1 V,终止电压为 50 V,步骤同上,然后点击"数据通讯"下拉菜单中的"启动测试"(注:此时切勿点击"开始新实验"),出现"实验参数设置"对话框,重新设置好相关参数后,点击"设置",重复(1)中的步骤,作出相应的伏安特性曲线(曲线二).

(3) 步骤同(2),换上直径为 8 mm 的光阑,作出相应的伏安特性曲线(曲线三).

(4) 点击"数据通讯"下拉菜单中的"打印实验数据",出现光电效应实验报告的页面,点击 ,即可打印实验报告,可与"1."的结果进行比较.

 实验数据记录及处理

1. 截止电压的测量.

将实验测量数据记入表 3-1.

表 3-1 截止电压测试记录表

光阑直径 $\Phi=$ _____ mm

波长 λ_i/nm	365.0	404.7	435.8	546.1	577.0
频率 $\gamma_i/(10^{14}\text{Hz})$	8.214	7.408	6.879	5.490	5.196
截止电压 U_0/V(取正值)					

2. 伏安特性曲线与光强关系的测量.

将实验测量数据记入表 3-2,画出伏安特性曲线图.

表 3-2 伏安特性测试记录表

	U_{AK}/V							
光阑 $\Phi=2$ mm	$I/(10^{-10}$ A)							
光阑 $\Phi=4$ mm	$I/(10^{-10}$ A)							
光阑 $\Phi=8$ mm	$I/(10^{-10}$ A)							

可用以下三种方法处理 U_0-γ 的关系表中的实验数据,得出 U_0-γ 直线的斜率 k.

(1) 根据 $k=\dfrac{\Delta U_0}{\Delta \gamma}=\dfrac{U_{0m}-U_{0n}}{\gamma_m-\gamma_n}$,可用逐差法从 U_0-γ 的关系表中取四组数据求出两个 k,将其平均值作为所要求 k 的值.

(2) 可用 U_0-γ 关系表中的数据在坐标纸上作 U_0-γ 直线,由图求出直线斜率 k.

求出直线斜率 k 后,可用 $h=ek$ 求出普朗克常数,并与 h 的公认值 h_0 比较,求出百分误差 $E=\left|\dfrac{h-h_0}{h_0}\right|\times 100\%$,式中 $e=1.602\times 10^{-19}$ C,$h_0=6.626\times 10^{-34}$ J·s.

(3) 用微机计算普朗克常数.

用鼠标激活桌面上的"计算机辅助实验系统",系统会弹出一个登录窗口,输入用户名和密码后登录.在出现的窗口中点击"数据通讯"下拉菜单中的"手动实验计算",弹出数据计算窗口,依次输入截止电压值,然后点击"计算"按钮,即可计算出普朗克常数和相对误差;然后点击"打印"按钮,出现"线性回归计算 h 实验报告",点击 🖨 ,即可打印出实验报告.

注意事项

1. 光电管入射窗口不要面对其他强光源(如窗户等),以减少杂散光干扰.

2. 为了准确地测量,放大器必须充分预热.连线时务必先接好地线,然后接信号线.注意勿让电压输出端与地短路,以免烧损电源.

3. 在换滤光片时要将汞灯遮光盖盖上或用手将光遮挡住,切不可让汞灯的复合光直接射入光电管中.

4. 汞灯在实验中不要经常开关.若关闭,应在关闭后过一段时间再重新开启.

思考题

1. 当反向电压加到一定值后,为什么光电流会出现负值?
2. 当加在光电管两极间的电压为零时,光电流却不为零,这是为什么?
3. 正向光电流和反向光电流的区别何在?

知识拓展

一、普朗克与能量子假说

普朗克(1858—1947,图 3-56)生于德国基尔,1867 年随父迁往慕尼黑. 普朗克在慕尼黑度过了少年时期,1874 年进入慕尼黑大学. 1877—1878 年间,去柏林大学听过数学家 K. 外尔斯特拉斯、物理学家 H. von 亥姆霍兹和 G. R. 基尔霍夫的讲课. 在柏林期间,普朗克认真自学了 R. 克劳修斯的主要著

图 3-56 普朗克

作《力学的热理论》,这使他立志去寻找像热力学定律那样具有普遍性的规律. 1879 年普朗克在慕尼黑大学取得博士学位后,先后在慕尼黑大学和基尔大学任教. 1888 年基尔霍夫逝世后,柏林大学任命他为基尔霍夫的继任人(先任副教授,1892 年后任教授)和理论物理学研究所主任.

1859 年,在研究热辐射时,德国物理学家基尔霍夫提出了关于辐射传播过程的重要定律:在同样的温度下,各种不同物体对相同波长的发射本领和单色吸收能力之比值都相等,并等于该温度下黑体对同一波长的单色发射本领. 这一定律指出了物体的发射本领和吸收本领之间的普遍关系. 只要弄清了黑体的发射本领,就知道了一般物体的辐射性质,探索黑体辐射理论成了当时研究热辐射的中心问题.

利用开有小孔的空腔这个黑体模型,科研工作者用实验方法测出了黑体的单色发射本领,并绘出了单色发射本领随波长和绝对温度的变化曲线. 为了从理论上导出符合这些实验曲线的函数关系式,19 世纪末,许多物理学家在经典物理学的基础上做了相当大的努力,但理论公式和实验结果不完全相符,其中最典型的是瑞利-金斯公式和维恩公式.

1890 年,瑞利和金斯把分子物理中的能量按自由度均分原则用到电磁辐射上来,得到一个理论公式,该公式在波长很长的情况下与实验曲线符合得较好,但在短波紫外光区,单色发射本领将趋向无穷大,完全与实验曲线不符,物理学上把它称为"紫外灾难".

1896 年,维恩利用辐射按波长的分布类似于麦克斯韦的分子速度分布的思想,导出了另一个理论公式,这个公式在波长较短的方面与实验曲线符合得较好,但在波长很长的方面与实验曲线相差较大.

从 1897 年就投身热辐射研究的普朗克,下决心把这两个公式统一起来. 他采用数学上的内插法得到了一个与实验完全符合的新公式,该公式在长波范围内与瑞利和金斯公式一

致,在短波范围内与维恩公式一致.身为理论物理学家的普朗克,自然不满足于得到一个与实验结果相符的数学公式,他要探究这个公式的理论基础.他在1918年获得诺贝尔奖,在演讲中回忆道:"我一直忙于阐明公式的真正物理特性,而这个问题迫使我考虑熵和概率的关系,这正是玻耳兹曼的思想倾向.经过一生中最紧张的几周工作之后,我从黑暗中见到了光明,一个意想不到的前景展现在我的眼前."

1900年12月14日,普朗克在德国物理学会的会议上宣读了《关于正常光谱中能量分布定律的理论》论文.在这篇文章中,他提出了一个与古典物理学格格不入的能量子假说:振子释放的能量只能是 $h\nu$ 整数倍,能量的最小单位 $E=h\nu$ 称为能量子;h 是一个新的普适常量,也就是现在所说的普朗克常量.

普朗克提出的能量子假说第一次把能量不连续的概念引入了物理学,具有划时代的意义.但在20世纪最初的5年内,普朗克的工作几乎无人问津,他自己也感到不安,总想回到古典理论的体系之中,企图用连续性代替不连续性.为此,他花了许多精力,但最后还是证明这种企图是徒劳的.

二、光电效应与光电效应方程

1887年,赫兹在做证明电磁波存在实验时发现:当接收电磁波的电极之一受到紫外光照射时,两极之间更容易放电.一年后,霍耳瓦斯发现在光的影响下,物体释放出负电.勒纳发现:"当紫外光甚至X射线落在某些物体上时,这些物体无论是露在空气中还是在真空里,都会有大群电子发射出来.被抛出的电子速度不取决于轰击光的强度,而取决于它的波长.波长越短,速度越大.红光和红外光不能产生可察觉的电子抛射."这些统称为光电效应现象,用光的波动理论根本无法解释.

图3-57 爱因斯坦(1879—1955)

正当普朗克为提出能量子假说感到不安时,爱因斯坦(图3-57)受到启发,用提出的光量子概念圆满地解释了光电效应现象.

1905年,年仅26岁的爱因斯坦在他的著名论文《关于光的产生和转化的一个启发性观点》中提出了光量子假说:"关于黑体辐射、光致发光、紫外光产生阴极射线,以及其他一些有关光的产生和转化的现象的观察,如果用光的能量在空间中不连续分布的这种假说来解释,似乎就更好理解."他指出:"从点光源发射出来的光束的能量在传播中不是连续分布在越来越大的空间中,而是由个数有限的、局限在空间各点的能量子所组成,这些能量子能够运动,但不能再分割,而只能整个地被吸收或产生出来."爱因斯坦接着写出了著名的光电方程.1914年,美国实验物理学家密立根第一次用实验证明爱因斯坦方程精确成立.爱因斯坦也因发现光电效应的规律而获得了1921年度诺贝尔物理学奖.

实验17 模拟电冰箱制冷系数的测量

电冰箱是一种利用蒸发吸热方式制冷的机器.本实验通过模拟电冰箱实验装置的使用,了解电冰箱的工作原理,同时加深对热学基本知识,如热力学定律、熵、焓等概念,等温、等压、绝热、循环等过程及焦耳-汤姆逊实验的理解.

实验目的

1. 培养学生理论联系实验、学与用相结合的实际工作能力.
2. 学习电冰箱的制冷原理,加深对热学基本知识的理解.
3. 测定电冰箱的制冷系数.

实验仪器

小型制冷实验装置(SL-189$_A$ 型).

实验原理

一、制冷的理论基础

热力学第二定律的克劳修斯说法是:不可能把热量从低温物体传到高温物体而不引起外界的变化. 因此,只能通过某种逆向热力学循环:外界对系统做一定的功,使热量从低温物体(冷端 T_2)传到高温物体(热端 T_1),如图 3-58 所示. 由热力学第一定律,有

$$Q_2 = Q_1 - W$$

利用此循环可以把热量不断地从低温物体传到高温物体,达到制冷的目的,电冰箱即是这样的一种制冷机器.

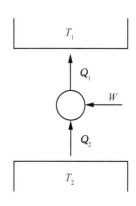

图 3-58 制冷原理图

二、电冰箱的制冷循环

电冰箱的制冷循环如图 3-59 和图 3-60 所示.

由图 3-59 可见,电冰箱的制冷循环主要有四个过程:压缩机压缩 R12 蒸气,使它的压力由低增高成高温高压蒸气;冷凝器(散热器)使高温高压蒸气放热冷凝为中温高压液体;毛细管使中温高压液体节流膨胀为低温低压气液混合体,并不断供向蒸发器;蒸发器使 R12 液体吸热蒸发成低温低压蒸气,从而达到制冷循环的目的. 四个过程的具体情况如下:

1. 压缩过程(绝热过程):在压缩过程中,由于压缩机活塞的运动速度很快,可近似地看做与外界没有热量交换的绝热压缩. 在图 3-60 中,$A \to B$ 是一条绝热线,绝热线下的面积即为压缩机对系统所做的功 W.

2. 冷凝过程(等压过程):从压缩机排出的制冷剂刚进入冷凝器时是过热蒸气(B 点),它被空气冷却成过冷液体直到 E 点. 一般情况下,进入毛细管之前的制冷剂是过冷液体,这是等压过程. 在图 3-60 中 $B \to E$ 是一条水平线,在此过程中制冷剂放出热量 Q_1.

3. 减压过程(绝热过程):制冷剂通过毛细管时,由于摩擦和紊流,在流动方向产生压力下降,此

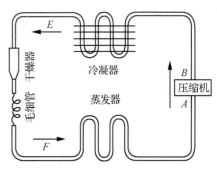

图 3-59 电冰箱工作原理示意图

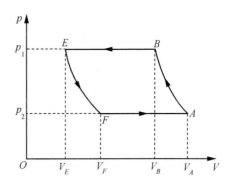

图 3-60 制冷循环 p-V 图

即焦耳-汤姆逊节流过程,在图 3-60 中,$E\to F$ 是一条绝热线.

4. 蒸发过程(等压过程):从毛细管出口经过蒸发器进入压缩机吸入口的制冷剂在通过蒸发器的过程中从周围吸收热量,或过热蒸气被压缩机吸入(A 点).在图 3-60 中,$F\to A$ 是一条水平线,在此过程中制冷剂吸收热量 Q_2.

三、制冷系数 ε 和制冷量 Q

反映制冷机性能的有制冷系数 ε 和制冷量 Q. 根据热力学第二定律,制冷机的制冷系数为

$$\varepsilon=\frac{Q_2}{W}$$

上式表示,压缩机对系统所做的功 W 越小,自低温热源吸取的热量 Q_2 越多,则制冷系数 ε 越大,越经济. 制冷系数是反映制冷机制冷特性的一个参数,它可以大于 1,也可以小于 1.

如把制冷机看作逆向卡诺循环机,则制冷系数为

$$\varepsilon=\frac{T_2}{T_1-T_2}$$

由此可见,T_1、T_2 越接近,即冷冻室的温度与室温越接近时,ε 越大. 消耗同样的功,可以获得较好的制冷效果. 冰箱里没有需要深度冷冻的物品时,不必将冷冻室的温度调得很低,一般保持在 $-5\ ℃$ 左右即可,这样可以省电.

制冷量 Q 表示单位时间内制冷剂通过蒸发器吸收的热量. Q 可以用补偿法测量. 由于制冷剂吸收热量,蒸发器(冷冻室)的温度就会下降,根据热平衡原理,可在冷冻室装入一电加热器而补充热量,当冷冻室内温度维持一定值时,制冷量 Q 在数值上将约等于电加热器的电功率 $P_{加}$,即 $Q\approx P_{加}$. 于是,有

$$\varepsilon=\frac{Q_2}{W}=\frac{QT}{PT}=\frac{P_{加}}{P}$$

式中,T 为时间,P 为压缩机功率,$P=\eta P_{电}\approx 0.52P_{电}$,$P_{电}$ 为压缩机电功率.

实验内容

实验装置如图 3-61 所示.

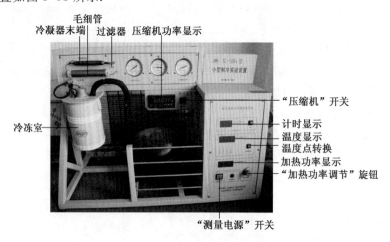

图 3-61 小型制冷实验装置图

对照图 3-61,按下述步骤操作:

1. 将"加热功率调节"旋钮旋到最小(逆时针到底),显示 000.0.
2. 打开"测量电源"开关,预热 10 min.
3. 打开"压缩机"开关,观察蒸发器温度下降,直至 -25 ℃左右.
4. 调节"加热功率调节"旋钮,改变加热器的加热功率,使蒸发器升温至 -18 ℃附近,直至平衡,记录 $P_电$ 和 Q_2. 继续测 -12 ℃、-6 ℃、0 ℃附近的 $P_电$ 和 Q_2.

提示: 由于降温时间较长,所以进入实验室后请立即开机预热,预热结束就将"压缩机"开关打开.

实验数据记录及处理

室温 $t=$ _____ ℃

冷冻室温度 T_2/℃	-18 ℃附近	-12 ℃附近	-6 ℃附近	0 ℃附近
压缩机电功率 $P_电$/W				
压缩机功率 $P=0.52P_电$/W				
加热器功率 $P_加 \approx Q$/W				
制冷系数 $\varepsilon = \dfrac{P_加}{P}$				

1. 作 P-T_2 关系曲线.
2. 作 Q-T_2 关系曲线.
3. 作 ε-T_2 关系曲线,试说明其含意.

注意事项

1. 实验时,学生切勿扳动实验装置上的任一部件和仪器背后的制冷剂充注阀,以免造成制冷剂泄漏而损坏仪器.
2. 压缩机停机后不能立即启动,再次启动要相隔 5 min. 要经常注意电流表的指示值,当指示值急剧增大并超过一定安培时,要停机检查是否有堵塞情况发生.
3. 测量时,要等温度充分稳定后(可从冷冻室温度 t_0 判断),再记录数据.
4. 实验结束后,请务必将"加热功率调节"旋钮旋到最小(逆时针到底),并关闭"测量电源"及"压缩机"开关.

思考题

1. 根据制冷系数与温度的关系曲线说明应怎样合理使用电冰箱?
2. 本实验中制冷量是怎样测定的? 如何修正,使之更为准确?
3. 分析并讨论本实验的系统不确定度.

知识拓展

氟利昂的危害

一、制冷剂氟利昂

氟利昂是饱和碳氢化合物的氟、氯、溴衍生物的统称. 本实验中使用的氟利昂 12 的分子

式为 CCl_2F_2，国际统一符号为 R12. R12 无色、无味、无臭、无毒，对金属材料无腐蚀性，与压缩机润滑油及水均不相互溶解. 容积浓度达到 10% 左右时，对人没有任何不适的感觉；但达到 80% 时，人有窒息的危险. R12 不燃烧，不爆炸，但其蒸气遇到 800 ℃ 以上的明火时，会分解产生对人体有害的毒气，R12 的几个有关参数如下：

沸点(1 atm)	−29.8 ℃	凝固点(1 atm)	−155 ℃
临界温度	112 ℃	临界压力	4.06 MPa
比焓(液体，−29.8℃)	390.8 kJ·kg^{-1}		
比焓(蒸气，45℃)	588.1 kJ·kg^{-1}		
比潜热(1 atm)	165.9 kJ·kg^{-1}		

二、氟利昂对环境的危害

氟利昂中，对臭氧层危害最大的属 CFC 类；HCFC 对臭氧层的破坏力较弱；HFC 则对臭氧层无害，但对温室效应有一定影响，详情见表 3-3.

表 3-3　各类氟利昂对环境危害程序举例

制冷剂	分子式	类别	RODP	RGE
R11	$CFCl_3$	CFC	1	0.4
R12	CF_2Cl_2	CFC	0.9	1
R13	CF_3Cl	CFC	0.45	2.4
R152a	CH_3CHF_2	HFC	0	<0.1
R142b	CH_3CF_2Cl	HCFC	<0.05	<0.2

破坏臭氧层原理（注：此处仅以二氟二氯甲烷，即 CF_2Cl_2 为例）：

氟利昂在大气中的平均寿命达数百年，所以排放的大部分仍留在大气层中，其中大部分仍然停留在对流层，一小部分升入平流层. 在对流层的氟利昂分子很稳定，几乎不发生化学反应. 但是，当它们上升到平流层后，会在强烈紫外线的作用下被分解，含氯的氟利昂分子会离解出氯原子（称为"自由基"），然后同臭氧发生连锁反应（图 3-62，氯原子与臭氧分子反应，生成氧气分子和一氧化氯基；一氧化氯极不稳定，很快又变回氯原子，氯原子又与臭氧反应生成氧气和一氧化氯基……）. 如此周而复始，结果一个氯氟利昂分子就能破坏多达 10 万个臭氧分子. 即 1 kg 氟利昂可以捕捉消灭约 70 000 kg 臭氧.

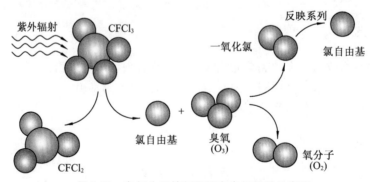

图 3-62　臭氧分子被氯原子夺去氧原子示意图

由于臭氧层可保护地球表面不受太阳强烈的紫外线照射，若被破坏后将会影响生物圈的动植物界,特别是会使人类皮肤癌患者增多.大气中的氟利昂 R11 和 R12 的含量在增加,臭氧浓度在降低,甚至使南极上空出现了臭氧空洞.臭氧空洞的出现,会造成:

(1) 使微生物死亡;
(2) 使植物生长受阻,尤其是农作物如棉花、豆类、瓜类和一些蔬菜的生长受到伤害;
(3) 使海洋中的浮游生物死亡,导致以这些浮游生物为食的海洋生物相继死亡;
(4) 使海洋中的鱼苗死亡,渔业减产;
(5) 使运动和人的眼睛失明;
(6) 使人和动物免疫力降低.

据分析,平流层臭氧减少万分之一,全球白内障的发病率将增加 0.6%～0.8%,即意味着因此引起失明的人数将增加 1 万到 1.5 万人.

氟利昂在大气中浓度的增加的另一个危害是"温室效应",本来地球表面的温室效应的典型来源是大气中的二氧化碳,但大多氟利昂也有类似的特性,而且它的温室效应效果比二氧化碳还高.温室效应使地球表面的温度上升,引起全球性气候反常.如果地球表面温度升高的速度继续发展,科学家们预测:到 2050 年,全球温度将上升 2 ℃～4 ℃,南北极地冰山将大幅度融化,导致海平面上升,有可能使一些岛屿国家和沿海城市淹没于海水之中,其中包括纽约、上海、东京和悉尼.

实验 18 音频信号光纤传输技术实验

1966 年,美籍华人高锟博士根据介质波导理论,首次提出光导纤维可以用于光通信的理论.1976 年,美国亚特兰大的贝尔实验室首先研制成世界上第一个光纤通信系统.如今光纤通信技术是现代通信技术的主要支柱之一,具有通信容量大、传输质量高、频带宽、保密性能好、抗电磁干扰性能强、重量轻、体积小的优点,是理想的现代传输工具.

实验目的

1. 熟悉半导体电光/光电器件的基本性能及主要特性的测试方法.
2. 了解音频信号光纤传输系统的结构及选配各主要部件的原则.
3. 学习分析集成运放电路的基本方法.
4. 训练音频信号光纤传输系统的调试技术.

实验仪器

OFE-B 型光纤传输及光电技术综合实验仪、音频信号发生器、示波器、数字电压表、光功率计、传输光纤盘.

实验原理

一、系统的组成

图 3-63 为一个音频信号直接光强调制光纤传输系统的结构原理图,它主要包括由 LED 及

其调制驱动电路组成的光信号发送器,传输光纤,由光电转换、I-V 变换及功放电路组成的光信号接收器三个部分.光源器件 LED 的发光中心波长必须在传输光纤呈现低损耗的 $0.85~\mu m$、$1.3~\mu m$ 或 $1.5~\mu m$ 附近,本实验采用中心波长为 $0.85~\mu m$ 附近的 GaAs 半导体发光二极管作光源、峰值响应波长为 $0.8\sim0.9~\mu m$ 的硅光二极管(SPD)作光电检测元件.为了避免或减少谐波失真,要求整个传输系统的频带宽度能够覆盖被传信号的频谱范围,对于语音信号,其频谱在 $300\sim3\,400~Hz$ 的范围内.由于光导纤维对光信号具有很宽的频带,故在音频范围内,整个系统的频带宽度主要决定于发送端调制放大电路和接收端功放电路的幅频特性.

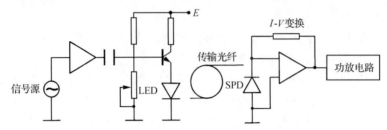

图 3-63 音频信号光纤传输实验系统原理图

二、光导纤维的结构及传光原理

衡量光导纤维性能好坏有两个重要指标:一是看它传输信息的距离有多远,二是看它携带信息的容量有多大,前者决定于光纤的损耗特性,后者决定于光纤的脉冲响应或基带频率特性.

经过人们对光纤材料的提纯,目前已使光纤的损耗达到 $1~dB/km$ 以下.光纤的损耗与工作波长有关,所以在工作波长的选用上,应尽量选用低损耗的工作波长.光纤通信最早是用 $0.85~\mu m$ 的短波长,近来发展至用 $1.3\sim1.55~\mu m$ 范围的波长,因为在这一波长范围内光纤不仅损耗低,而且"色散"也小.

光纤的脉冲响应或它的基带频率特性主要决定于光纤的模式性质.光纤按其模式性质通常可以分成单模光纤和多模光纤两大类.无论单模或多模光纤,其结构均由纤芯和包层两部分组成.纤芯的折射率较包层折射率大,对于单模光纤,纤芯直径只有 $5\sim10~\mu m$,在一定条件下,只允许一种电磁场形态的光波在纤芯内传播;多模光纤的纤芯直径为 $50~\mu m$ 或 $62.5~\mu m$,允许多种电磁场形态的光波传播.以上两种光纤的包层直径均为 $125~\mu m$.按其折射率沿光纤截面的径向分布状况又分成阶跃型和渐变型两种光纤.对于阶跃型光纤,在纤芯和包层中折射率均为常数,但纤芯折射率 n_1 略大于包层折射率 n_2.所以对于阶跃型多模光纤,可用几何光学的全反射理论解释它的导光原理.在渐变型光纤中,纤芯折射率随离开光纤轴线距离的增加而逐渐减小,直到在纤芯—包层界面处减到某一值后,在包层的范围内折射率保持这一值不变.根据光射线在非均匀介质中的传播理论可知:经光源耦合到渐变型光纤中的某些光射线,在纤芯内是沿周期性地弯向光纤轴线的曲线传播的.

本实验采用阶跃型多模光纤作为信道,现应用几何光学理论进一步说明这种光纤的传光原理.阶跃型多模光纤的结构如图 3-64 所示,它由纤芯和包层两部分组成,芯子的半径为 a,折射率为 n_1,包层的外径为 b,折射率为 n_2,且 $n_1>n_2$.

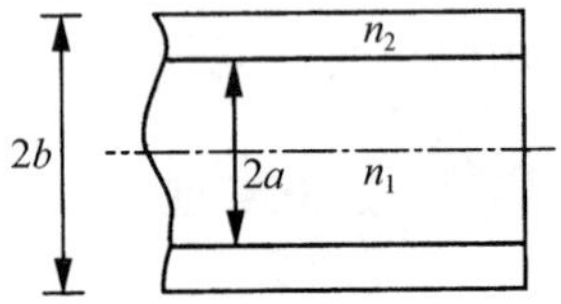

当一光束投射到光纤端面时,进入光纤内部的光射线在光纤

图 3-64 阶跃型多模光纤的结构示意图

入射端面处的入射面包含光纤轴线的称为子午射线,这类射线在光纤内部的行径是一条与光纤轴线相交、呈"Z"字形前进的平面折线;若耦合到光纤内部的光射线在光纤入射端面处的入射面不包含光纤轴线,称为偏射线,偏射线在光纤内部不与光纤轴线相交,其行径是一条空间折线. 以下我们只对子午射线的传播特性进行分析.

参看图 3-65,假设光纤端面与其轴线垂直,如前所述,当一光线射到光纤入射端面时入射面包含了光纤的轴线,则这条射线在光纤内就会按子午射线的方式传播. 根据折射定律及图 3-65 所示的几何关系,有

$$n_0 \sin\theta_i = n_1 \sin\theta_z \tag{3-17}$$

$$\theta_z = \frac{\pi}{2} - \alpha$$

$$n_0 \sin\theta_i = n_1 \cos\alpha \tag{3-18}$$

其中,n_0 是光纤入射端面左侧介质的折射率. 通常,光纤端面处在空气介质中,故 $n_0 = 1$. 由式(3-18)可知:如果所论光纤在光纤端面处的入射角 θ_i 较小,则它折射到光纤内部后投射到芯子—包层界面处的入射角 α 有可能大于由芯子和包层材料的折射率 n_1 和 n_2 按下式决定的临界角 α_c:

$$\alpha_c = \arcsin(n_2/n_1) \tag{3-19}$$

在此情形下光射线在芯子—包层界面处发生全内反射. 该射线所携带的光能就被局限在纤芯内部而不外溢,满足这一条件的射线称为传导射线.

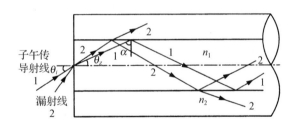

图 3-65　子午传导射线和漏射线

随着 3-65 中入射角 θ_i 的增大,α 角就会逐渐减小,直到 $\alpha = \alpha_c$ 时,子午射线携带的光能均可被局限在纤芯内. 在此之后,若继续增大 θ_i,则 α 角就会变得小于 α_c,这时子午射线在芯子—包层界面处的全内反射条件受到破坏,致使光射线在芯子—包层界面的每次反射均有部分能量溢出纤芯处,于是,光导纤维再也不能把光能有效地约束在纤芯内部,这类射线称为漏射线.

设与 $\alpha = \alpha_c$ 对应的 θ_i 为 θ_{imax},由上所述,凡是以 θ_{imax} 为张角的锥体内入射的子午射线,投射到光纤端面上时,均能被光纤有效地接收而约束在纤芯内. 根据式(3-18),有

$$n_0 \sin\theta_{imax} = n_1 \cos\alpha_c$$

因其中 n_0 表示光纤入射端面空气一侧的折射率,其值为 1,故

$$\sin\theta_{imax} = n_1(1-\sin^2\alpha)^{1/2} = (n_1^2 - n_2^2)^{1/2}$$

通常把 $\sin\theta_{imax} = (n_1^2 - n_2^2)^{1/2}$ 定义为光纤的理论数值孔径(Numerical Aperture),用英文字符 NA 表示,即

$$NA = \sin\theta_{imax} = (n_1^2 - n_2^2)^{1/2} = n_1(2\Delta)^{1/2} \tag{3-20}$$

它是一个表征光纤对子午射线捕获能力的参数,其值只与纤芯和包层的折射率 n_1 和 n_2 有关,与光纤的半径 a 无关. 在式(3-20)中

$$\Delta = \frac{n_1^2 - n_2^2}{2n_1^2} \approx \frac{n_1 - n_2}{n_1}$$

称为纤芯—包层之间的相对折射率差. Δ 愈大,光纤的理论数值孔径 NA 愈大,表明光纤对子午射线捕获的能力愈强,即由光源发出的光功率更易于耦合到光纤的纤芯内,这对于作传光用途的光纤来说是有利的. 但对于通信用的光纤,数值孔径愈大,模式色散也相应增加,这不利于传输容量的提高. 对于通信用的多模光纤,Δ 值一般限制在 1% 左右. 由于常用石英多模光纤的纤芯折射率 n_1 的值处于 1.50 附近的范围内,故理论数值孔径的值在 0.21 左右.

三、半导体发光二极管结构、工作原理、特性及驱动和调制电路

光纤通信系统中对光源器件在发光波长、电光效率、工作寿命、光谱宽度和调制性能等许多方面均有特殊要求,所以不是随便哪种光源器件都能胜任光纤通信任务的. 目前在以上各个方面都能较好满足要求的光源器件主要有半导体发光二极管(LED)和半导体激光二极管(LD),本实验采用 LED 作为光源器件. 光纤传输系统中常用的半导体发

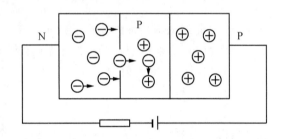

图 3-66 半导体发光二极管及工作原理

光二极管是一个如图 3-66 所示的 N—P—P 三层结构的半导体器件,中间层通常是由 GaAs (砷化镓) P 型半导体材料组成,称有源 S 层,其带隙宽度较窄,两侧分别由 GaAlAs 的 N 型和 P 型半导体材料组成,与有源层相比,它们都具有较宽的带隙. 具有不同带隙宽度的两种半导体单晶之间的结构称为异质结. 在图 3-66 中,有源层与左侧的 N 层之间形成的是 P—N 异质结,而与右侧 P 层之间形成的是 P—P 异质结,故这种结构又称 N—P—P 双异质结构. 当给这种结构加上正向偏压时,就能使 N 层向有源层注入导电电子,这些导电电子一旦进入有源层后,因受到右边 P—P 异质结的阻挡作用不能再进入右侧的 P 层,它们只能被限制在有源层与空穴复合,导电电子在有源层与空穴复合的过程中,有不少电子要释放出能量满足以下关系的光子:

$$h\nu = E_1 - E_2 = E_g$$

其中,h 是普朗克常数,ν 是光波的频率,E_1 是有源层内导电电子的能量,E_2 是导电电子与空穴复合后处于价键束缚状态时的能量. 两者的差值 E_g 与 DH 结构中各层材料及其组分的选取等多种因素有关. 制作 LED 时只要这些材料的选取和组分的控制适当,就可使得 LED 发光中心波长与传输光纤低损耗波长一致.

本实验采用的 HFBR-1424 型半导体发光二极管的正向伏安特性曲线如图 3-67 所示,与普通的二极管相比,在正向电压大于 1 V 以后,才开始导通,在正常使用情况下,正向压降为 1.5 V 左右. 半导体发光二极管输出的光功率与其驱动电流的关

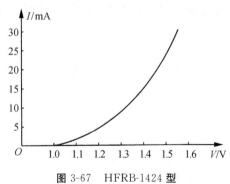

图 3-67 HFBR-1424 型 LED 的正向伏安特性曲线

系称为 LED 的电光特性. 为了使传输系统的发送端能够产生一个无非线性失真而峰—峰值又最大的光信号,使用 LED 时应先给它一个适当的偏置电流,其值等于这一特性曲线线性部分中点对应的电流值,而调制电流的峰—峰值应尽可能大地处于这一电光特性的线性范围内.

音频信号光纤传输系统发送端 LED 的驱动和调制电路如图 3-68 所示,以 BG_1 为主构成的电路是 LED 的驱动电路,调节这一电路中的 W_1 可使 LED 的偏置电流在 0～20 mA 范围内变化. 被传音频信号由 IC_1 为主构成的音频放大电路放大后经电容器 C_4 耦合到 BG_1 基极,对 LED 的工作电流进行调制,从而使 LED 发送出光强随音频信号变化的光信号,并经光导纤维把这一信号传至接收端.

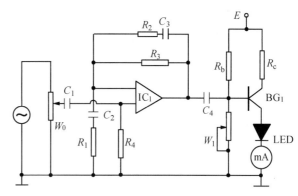

图 3-68　LED 的驱动和调制电路

根据理想运放电路开环电压增益大(可近似为无限大)、同相和反相输入端输入阻抗大(也可近似为无限大)以及虚地三个基本性质,可以推导出图 3-68 所示音频放大电路的闭环增益:

$$G(j\omega) = \frac{V_o}{V_i} = 1 + \frac{Z_2}{Z_1} \tag{3-21}$$

式中,Z_2、Z_1 分别为放大器反馈阻抗和反相输入端的接地阻抗,只要 C_3 选得足够小,C_2 选得足够大,则在符合带宽要求的中频范围内,C_3 的阻抗很大,它所在支路可视为开路,而 C_2 的阻抗很小,它可视为短路. 在此情况下,放大电路的闭环增益 $G(j\omega) = 1 + \frac{R_3}{R_1}$,$C_3$ 的大小决定高频端的截止频率 f_2,而 C_2 的值决定低频端的截止频率 f_1. 故该电路中的 R_1、R_2、R_3 和 C_2、C_3 是决定音频放大电路增益和带宽的几个重要参数.

四、半导体光电二极管的结构、工作原理及特性

半导体光电二极管与普通的半导体二极管一样,都具有一个 P—N 结,光电二极管在外形结构方面有它自身的特点,这主要表现在光电二极管的管壳上有一个能让光射入其光敏区的窗口. 此外,与普通二极管不同,它经常工作在反向偏置电压状态[图 3-69(a)]或无偏压

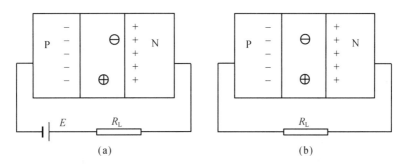

图 3-69　光电二极管的结构及工作方式

状态[图 3-69(b)](光电二极管的偏置电压是指无光照时二极管两端所承受的电压). 在反偏电压下,P—N 结的空间电荷区的垫垒增高、宽度加大、结电阻增加、结电容减小,所有这些均有利于提高光电二极管的高频响应性能. 无光照时,反向偏置的 P—N 结只有很小的反向漏电流,称为暗电流. 当有光子能量大于 P—N 结半导体材料的带隙宽度 E_g 的光波照射到光电二极管的管芯时,P—N 结各区域中的价电子吸收光能后将挣脱价键的束缚而成为自由电子,与此同时也产生一个自由空穴,这些由光照产生的自由电子空穴对统称为光生载流子. 在远离空间电荷区(也称耗尽区)P 区和 N 区内,电场强度很弱,光生载流子只有扩散运动,它们在向空间电荷区扩散的途中因复合而被消失掉,故不能形成光电流. 形成光电流主要靠空间电荷区的光生载流子,因为在空间电荷区内电场很强,在此强电场作用下,光生自由电子空穴对将以很高的速度分别向 N 区和 P 区运动,并很快越过这些区域到达电极沿外电路闭合形成光电流,光电流的方向从二极管的负极流向它的正极,并且在无偏压短路的情况下与入射的光功率成正比,因此在光电二极管的 P—N 结中,增加空间电荷区的宽度对提高光电转换效率有着密切关系. 为此目的,若在 P—N 结的 P 区和 N 区之间再加一层杂质浓度很低以致可近似为本征半导体(用 I 表示)的 I 层,就形成了具有 P—I—N 三层结构的半导体光电二极管,简称 PIN 光电二极管. PIN 光电二极管的 P—N 结除具有较宽空间电荷区外,还具有很大的结电阻和很小的结电容,这些特点使 PIN 管在光电转换效率和高频响应特性方面与普通光电二极管相比均得到了很大改善.

光电二极管的伏安特性可用下式表示:

$$I = I_0 \left[1 - \exp\frac{qU}{kT}\right] + I_L \qquad (3-22)$$

式中,I_0 是无光照的反向饱和电流;U 是二极管的端电压(正向电压为正,反向电压为负);q 为电子电荷量;k 为玻耳兹曼常数;T 是结温,单位为 K;I_L 是无偏压状态下光照时的短路电流,它与光照时的光功率成正比. 式(3-22)中的 I_0 和 I_L 均是反向电流,即从光电二极管负极流向正极的电流. 根据式(3-22),光电二极管的伏安特性曲线如图 3-70 所示,对应图 3-69(a)所示的反偏工作状态,光电二极管的工作点由负载线与第三象限的伏安特性曲线交点确定. 由图 3-70 可以看出:

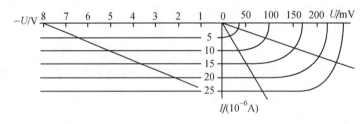

图 3-70 光电二极管的伏安特性曲线及工作点的确定

(1) 光电二极管即使在无偏压的工作状态下,也有反向电流流过,这与普通二极管只具有单向导电性相比有着本质的差别,认识和熟悉光电二极管的这一特点对于在光电转换技术中正确使用光电器件具有十分重要的意义.

(2) 反向偏压工作状态下,在外加电压 E 和负载电阻 R_L 的很大变化范围内,光电流与入射的光功率均具有很好的线性关系. 无偏压工作状态下,只有 R_L 较小时光电流才与入射光功率成正比;R_L 增大时,光电流与光功率呈非线性关系. 无偏压状态下,短路电流与入射

光功率的关系称为光电二极管的光电特性,这一特性在 I-P 坐标系中的斜率

$$R = \frac{\Delta I}{\Delta P} \tag{3-23}$$

定义为光电二极管的响应度,这是表征光电二极管光电转换效率的重要参数.

(3) 在光电二极管处于开路状态情况下,光照时产生的光生载流子不能形成闭合光电流,它们只能在 P—N 结空间电荷区的内电场作用下,分别堆积在 P—N 结空间电荷区两侧的 N 层和 P 层内,产生外电场,此时光电二极管表现出有一定的开路电压.不同光照情况下的开路电压就是伏安特性曲线与横坐标轴交点所对应的电压值.由图 3-70 可见,光电二极管开路电压与入射光功率也呈非线性关系.

(4) 反向偏压状态下的光电二极管,由于在很大的动态范围内其光电流与偏压和负载电阻几乎无关,故在入射光功率一定时可视为一个恒流源;而在无偏压工作状态下光电二极管的光电流随负载电阻变化很大,此时它不具有恒流源性质,只起光电池作用.

光电二极管的响应度 R 值与入射光波的波长有关.本实验中采用的硅光电二极管,其光谱响应波长在 0.4~1.1 μm、峰值响应波长在 0.8~0.9 μm 范围内.在峰值响应波长下,响应度 R 的典型值在 0.25~0.5 μA/μW 的范围内.

实验内容

一、熟悉光纤传输及光电技术综合实验仪

OFE-B 型光纤传输及光电技术综合实验仪前面板如图 3-71 所示.

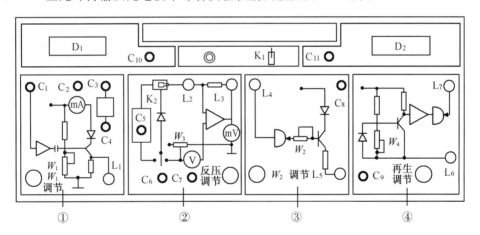

图 3-71 OFE-B 型光纤传输及光电技术综合实验仪前面板布局图

图中,K_1—电源开关;D_1—直流电流表,量程为 0~200 mA;C_{10}—电流表插孔;D_2—直流电压表,量程为 0~20 V;C_{11}—电压表插孔.

① 光源器件的模拟信号调制及驱动电路:C_1—LED 模拟信号调制输入插孔;C_2—电流表插孔;C_3、C_4 为 LED 和电压表并联插孔;W_1 调节—LED 偏置电流调节旋钮;L_1—LED 电流波形监视孔.

② 模拟信号的光电转换及 I-V 变换电路:C_5—光功率计插孔;C_6—模拟信号光电转换及 I-V 变换电路的 SPD 插孔;C_7—SPD 反压测试插孔;反压调节—SPD 反向偏压调节旋钮;

K_2—SPD 切换开关,向左 SPD 接至光功率计,向右接至 I-V 变换电路;L_2、L_3—I-V 变换电路输出及 R_f 测试插孔.

③ 光源器件的数字信号调制及驱动电路:L_4—时钟信号或数字信号调制插孔;L_5—共地插孔;C_8—LED 数字信号调制驱动电路的 LED 插孔;W_2 调节—LED 工作电流调节旋钮.

④ 数字信号的光电转换及再生调节电路:C_9—再生电路中 SPD 插孔;L_6—共地插孔;L_7—再生输出插孔;再生调节旋钮.

二、发光二极管 LED 伏安特性的测定

1. 如图 3-72 所示,用导线分别将直流毫安表 D_1、直流电压表 D_2 和 LED 接入模块①中:C_2 接 C_{10},C_4 接 C_{11},C_3 接光纤盘输入端(小孔).

2. 调节"W_1 调节"旋钮改变电压至 1V 以后,电压每增加 50 mV,记录一次电流表的读数,直到电流达到 20 mA.

图 3-72　实物接线图一

三、发光二极管 LED 电光特性的测定

1. 如图 3-73 所示,在实验内容二的基础上,用带有 SPD 的导线一端接光纤盘输出端(大孔),另一端接模块②中的 SPD 插孔 C_5,C_5 接光功率计.

2. "SPD 切换"开关拨向左,调节"W_1 调节"旋钮,改变电流,电流每增加 2 mA 记录一次光功率计的读数,直到电流达到 20 mA.

图 3-73　实物接线图二

四、光电二极管 SPD 反向伏安特性的测定

测定光电二极管 SPD 反向伏安特性的电路如图 3-74 所示.

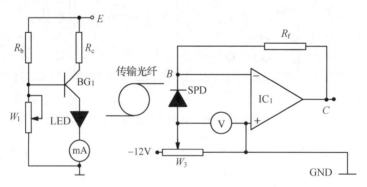

图 3-74　光电二极管反向伏安特性的测定

由 IC_1 为主构成的电路是一个 I-V(电流—电压)变换电路,它的作用是把光电流转换成由 IC_1 输出端 C 点的输出电压 U_0,由于 IC_1 的反向输入端具有很大的输入阻抗,SPD 受光照产生的光电流几乎全部流过 R_f 并在其上产生电压降 $U_{CB}=IR_f$,又因为 IC_1 具有很高的开环电压增益,反相输入端具有与同相输入端的地电位,所以 IC_1 的输出电压 $U_0=IR_f$,相应的光电流为

$$I = \frac{U_0}{R_f} \tag{3-24}$$

在图 3-74 中,被测光电二极管两端的反向偏压由 W_3 组成的分压电路提供.

具体测量时,把实验内容二中 LED 工作电流 20 mV 时输出的光功率平均分成 5 等分,即为 P_1、P_2、P_3、P_4、P_5,在每一种光照情况下,调节 W_3 使 SPD 的反向偏压从 0 V 开始逐渐增加,每增加 2 V 用数字毫伏表 DM-V_2 测量一次 IC_1 输出电压 U_0 的读数,直到 -8 V 为止,根据式(3-24)算出相应的光电流 I,反向偏压由机内电压表 D_2 测量.

1. 如图 3-75 所示,在实验内容三的基础上,将数字毫伏表 DM-V_2 接入模块②中:红线接 I-V 输出端(L_3),黑线接地(L_5 或 L_6);机内电压表 D_2 测反向偏压;C_{11} 接 C_7.

2. "SPD 切换"开关拨向左,调节"W_1 调节"旋钮,使光功率计读数为 P_1;"SPD 切换"开关拨向右,调节"反压调节"旋钮,使反向偏压分别为 0、-2 V、-4 V、-6 V、-8V 时,记下数字毫伏表 DM-V_2 的读数 U_0(mV),$R_f = 10$ kΩ,$I = \frac{U_0}{R_f} = U_0$(mV)/10 kΩ $= U_0 \times 10^{-7}$ A.

3. 重复步骤 2,分别测量光功率 P_2、P_3、P_4、P_5 时的数字毫伏表 DM-V_2 的读数 U_0,计算出相应的光电流.

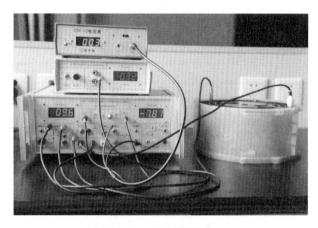

图 3-75 实物接线图三

五、光电二极管 SPD 电光特性的测定(反向偏压为 0 时)

在实验内容四中,当反向偏压为 0 时,测量光功率和电流之间的关系.

实验数据记录及处理

一、发光二极管 LED 伏安特性的测定

将实验数据记入下表中.

U/V	1.00	1.05	1.10	……	
I/mA				……	20.0

以电压为横坐标,电流为纵坐标,在毫米方格纸上作出发光二极管 LED 的伏安特性曲线.

二、发光二极管 LED 电光特性的测定

将实验数据记入下表中.

I/mA	2.0	4.0	6.0	8.0	10.0	12.0	14.0	16.0	18.0	20.0
$P/\mu\text{W}$										

以电流为横坐标、功率为纵坐标,在毫米方格纸上作出发光二极管 LED 的电光特性曲线.

三、光电二极管 SPD 反向伏安特性及光电特性的测定

将实验数据记入下表中.

	反向偏压 U/V	0	−2.0	−4.0	−6.0	−8.0
$P_1=$						
$P_2=$						
$P_3=$	$I=U_0\times 10^{-7}\text{A}$					
$P_4=$						
$P_5=$						

以反向偏压为横坐标、电流为纵坐标,在毫米方格纸上作出光电二极管 SPD 的反向伏安特性曲线.

四、光电二极管 SPD 电光特性的测定(反向偏压为 0 时)

把上表中反向偏压为 0 的电流和光功率列入下表中.

$P/\mu\text{W}$	P_1	P_2	P_3	P_4	P_5
$I(10^{-7}\text{A})$					

以光功率为横坐标、电流为纵坐标,在毫米方格纸上作出反向偏压为 0 时光电二极管 SPD 的光电特性曲线.

 知识拓展

"光纤之父"——高锟

高锟(Charles K. Kao,1933—,图 3-76),拥有英国和美国双重国籍的物理学家.1933 年 11 月 4 日出生在上海,父亲是国际法庭的律师,祖父高吹万是晚清著名诗人.

高锟小时候住在一栋三层楼的房子里,三楼就成了他童年的实验室.童年的高锟对化学十分感兴趣,曾经自制灭火筒、焰火、烟花和晒相纸并尝试自制炸弹.最危险的一次是用红磷粉混合氯酸钾,加上水并调成糊状,再掺入湿泥内,搓成一颗颗弹丸,待风干之后扔下街头,结果发生了爆炸,幸好没有伤及路人.后来他又迷上了无线电,小小年纪便成功安装了一部有五六个真空管的收音机.

图 3-76 高锟

高锟 1948 年随全家移居台湾,1949 年又移民香港,进入圣若瑟书院就读.中学毕业后,他考入香港大学.但由于当时香港大学没有电机工程系,他远赴英国伍尔维奇理工学院(现英国格林尼治大学)就读.1957 年,他从伍尔维奇理工学院电子工程专业毕业;1965 年,在伦敦大学下属的伦敦帝国学院获得电机工程博士学位.

1957 年,高锟读博士时进入国际电话电报公司(ITT),在其英国子公司——标准电话与电缆有限公司(Standard Telephones and Cables Ltd.)任工程师.1960 年,他进入 ITT 设于

英国的欧洲中央研究机构——标准电信实验有限公司,在那里工作了十年,其职位从研究科学家升至研究经理.正是在这段时期,高锟教授成为光纤通信领域的先驱.

从1957年开始,高锟即从事光导纤维在通信领域运用的研究.1964年,他提出在电话网络中以光代替电流,以玻璃纤维代替导线.1965年,在以无数次实验为基础的一篇论文中提出以石英基玻璃纤维作长程信息传递,将带来一场通信业的革命,并提出当玻璃纤维损耗率下降到20 dB/km时,光纤维通信就会成功.1966年,在标准电话实验室与何克汉共同提出光纤可以用作通信媒介.高锟在电磁波导、陶瓷科学(包括光纤制造)方面获28项专利.由于他取得的成果,有超过10亿千米的光缆以闪电般的速度通过宽带互联网,为全球各地的办事处和家庭提供数据.

由于在光纤领域的特殊贡献,他获得了巴伦坦奖章、利布曼奖、光电子学奖等,被称为"光纤之父".

1970—1974年高锟教授在香港中文大学担任电子学系教授及讲座教授,1974年又返回ITT工作.当时,光纤领域进入前生产阶段.他在位于美国弗吉尼亚州劳诺克的光电产品部担任主任科学家,后被提升为工程主任.

1982年,他因卓越的研究与管理才能而被ITT公司任命为首位"ITT执行科学家".1987年10月,高锟从英国回到香港,并出任香港中文大学第三任校长.在1987—1996年任职期间,他为香港中文大学吸纳了大批人才,使香港中文大学的学术结构和知识结构更加合理.

高锟于1996年当选为中国科学院外籍院士.由于他的杰出贡献,1996年,中国科学院紫金山天文台将一颗于1981年12月3日发现的国际编号为"3463"的小行星命名为"高锟星". 目前,他担任香港高科桥集团有限公司(Transtech Services Group Ltd.)主席兼行政总裁,并致力于开发电信与信息.

2009年10月6日瑞典皇家科学院宣布,将2009年诺贝尔物理学奖授予华裔科学家高锟以及美国科学家威拉德·博伊尔和乔治·史密斯,以表彰其在"有关光在纤维中的传输以用于光学通信"方面取得的突破性成就.

实验19 液晶电光效应实验

液晶(liquid crystal)是介于液体与晶体之间的一种物质状态.一般的液体内部分子排列是无序的,而液晶既具有液体的流动性,其分子又按一定规律有序排列,使它呈现晶体的各向异性.当光通过液晶时,会产生偏振面旋转、双折射等效应.液晶分子是含有极性基团的极性分子,在电场作用下,偶极子会按电场方向取向,导致分子原有的排列方式发生变化,从而液晶的光学性质也随之发生改变,这种因外电场引起的液晶光学性质的改变称为液晶的电光效应.

1888年,奥地利植物学家Reinitzer在做有机物溶解实验时,在一定的温度范围内观察到液晶.1961年美国RCA公司的Heimeier发现了液晶的一系列电光效应,并制成了显示器件.从20世纪70年代开始,日本将液晶与集成电路技术结合,制成了一系列的液晶显示器件.液晶显示器件具有驱动电压低、功耗小、体积小、寿命长、环保无辐射等优点.液晶作为一种特殊的功能材料,具有极其广泛的应用价值.随着以液晶显示器为主的各类液晶产品的出现和发展,液晶已经深入到各行各业以及社会生活的各个角落.

实验目的

1. 在掌握液晶光开关基本工作原理的基础上,测量液晶光开关的电光特性曲线,并由电光特性曲线得到液晶的阈值电压和关断电压.

2. 测量驱动电压周期变化时液晶光开关的时间响应曲线,并由时间响应曲线得到液晶的上升时间和下降时间.

3. 测量由液晶光开关矩阵所构成的液晶显示器的视角特性以及在不同视角下的对比度,了解液晶光开关的工作条件.

4. 了解液晶光开关构成图像矩阵的方法,学习和掌握这种矩阵所组成的液晶显示器构成文字和图形的显示模式,从而了解一般液晶显示器件的工作原理.

实验仪器

液晶光开关电光特性综合实验仪 1 套,含激光发射器、液晶板、液晶转盘、激光接收器、开关矩阵等.

实验原理

一、液晶光开关的工作原理

液晶的种类很多,下面以常用的 TN(扭曲向列)型液晶为例,说明其工作原理.

TN 型光开关的结构如图 3-77 所示,在两块玻璃板之间夹有正性向列相液晶,液晶分子的形状如同火柴一样,为棍状. 棍的长度为几纳米($1\ nm = 10^{-9}\ m$),直径为 $0.4 \sim 0.6\ nm$,液晶层厚度一般为 $5 \sim 8\ \mu m$. 玻璃板的内表面涂有透明电极,电极的表面预先做了定向处理,使电极表面的液晶分子按一定方向排列,上下电极之间的那些液晶分子因范德瓦尔斯力的作用,趋向于平行排列. 然而由于上下电极上液晶的定向方向相互垂直,所以从俯视方向看,液晶分子的排列从上电极的沿 $-45°$ 方向排列逐步、均匀地扭曲到下电极的沿 $+45°$ 方向排列,整个扭曲了 $90°$,如图 3-77 左图所示.

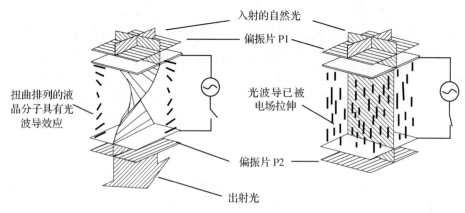

图 3-77 液晶光开关的工作原理

理论和实验都证明,上述均匀扭曲排列起来的结构具有光波导的性质,即偏振光从上电极表面透过扭曲排列起来的液晶传播到下电极表面时,偏振方向会旋转 90°.

取 P1、P2 两张偏振片贴在玻璃的两面,P1 的透光轴与上电极的定向方向相同,P2 的透光轴与下电极的定向方向相同,于是 P1 和 P2 的透光轴相互正交.

在未加驱动电压的情况下,来自光源的自然光经过偏振片 P1 后只剩下平行于透光轴的线偏振光,该线偏振光到达输出面时,其偏振面旋转了 90°.这时光的偏振面与 P2 的透光轴平行,因而有光通过.

在施加足够电压情况下(一般为 1~2 V),在静电场的作用下,除了基片附近的液晶分子被基片"锚定"以外,其他液晶分子趋于平行于电场方向排列.于是原来的扭曲结构被破坏,成了均匀结构,如图 3-77 右图所示.从 P1 透射出来的偏振光的偏振方向在液晶中传播时不再旋转,保持原来偏振方向到达下电极.这时光的偏振方向与 P2 正交,因而光被关断.

由于上述光开关在没有电场的情况下让光透过,加上电场的时候光被关断,因此被叫作常通型光开关,又叫作常白模式.若 P1 和 P2 的透光轴相互平行,则构成常黑模式.

液晶可分为热致液晶与溶致液晶.热致液晶在一定的温度范围内呈现液晶的光学各向异性,而溶致液晶是溶质溶于溶剂中形成的液晶.目前用于显示器件的都是热致液晶,它的特性随温度的改变而有一定变化.

二、液晶光开关的电光特性

图 3-78 为光线垂直液晶面入射时,液晶的相对透过率(以不加电场时的透过率为 100%)与外加电压的关系.

由图 3-78 可见,对于常白模式的液晶,其透过率随外加电压的升高而逐渐降低,在一定电压下达到最低点,此后略有变化.可以根据此电光特性曲线图得出液晶的阈值电压和关断电压.

阈值电压:透过率为 90% 时的驱动电压.

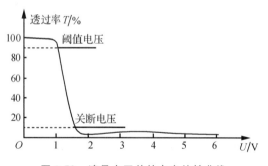

关断电压:透过率为 10% 时的驱动电压.

图 3-78 液晶光开关的电光特性曲线

液晶的电光特性曲线越陡,即阈值电压与关断电压的差值越小,由液晶开关单元构成的显示器件允许的驱动路数就越多.TN 型液晶最多允许 16 路驱动,故常用于数码显示.在电脑、电视等需要高分辨率的显示器件中,常采用 STN(超扭曲向列)型液晶,以改善电光特性曲线的陡度,增加驱动路数.

三、液晶光开关的时间响应特性

加上(或去掉)驱动电压能使液晶的开关状态发生改变,这是因为液晶的分子排序发生了改变,这种重新排序需要一定时间,反映在时间响应曲线上,用上升时间 τ_r 和下降时间 τ_d 描述.给液晶开关加上一个如图 3-79 上

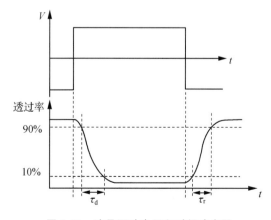

图 3-79 液晶驱动电压和时间响应图

图所示的周期性变化的电压,就可以得到液晶的时间响应曲线、上升时间和下降时间,如图 3-79 下图所示.

上升时间 τ_r:透过率由 10% 升到 90% 所需时间.下降时间 τ_d:透过率由 90% 降到 10% 所需时间.

液晶的响应时间越短,显示动态图像的效果越好,这是液晶显示器的重要指标.早期的液晶显示器在这方面逊色于其他显示器,现在通过结构方面的技术改进,已达到很好的效果.

四、液晶光开关的视角特性

液晶光开关的视角特性表示对比度与视角的关系.对比度定义为光开关打开和关断时透射光强度之比.对比度大于 5 时,可以获得满意的图像;对比度小于 2 时,图像就模糊不清了.

图 3-80 表示了某种液晶视角特性的理论计算结果.图 3-80 中,用与原点的距离表示垂直视角(入射光线方向与液晶屏法线方向的夹角)的大小.

图中 3 个同心圆分别表示垂直视角为 30°、60° 和 90°.90° 同心圆外面标注的数字表示水平视角(入射光线在液晶屏上的投影与 0° 方向之间的夹角)的大小.图中的闭合曲线为不同对比度时的等对比度曲线.

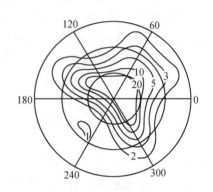

图 3-80　液晶的视角特性

由图 3-80 可见,液晶的对比度与垂直和水平视角都有关,而且具有非对称性.若把具有图 3-80 所示视角特性的液晶开关逆时针旋转,以 220° 方向向下,并由多个显示开关组成液晶显示屏,则该液晶显示屏的左右视角特性对称,在左、右和俯视三个方向,垂直视角接近 60° 时对比度为 5,观看效果较好.在仰视方向对比度随着垂直视角的加大迅速降低,观看效果差.

五、液晶光开关构成图像显示矩阵的方法

除了液晶显示器以外,其他显示器靠自身发光来实现信息显示功能.这些显示器主要有:阴极射线管显示器(CRT)、等离子体显示器(PDP)、电致发光显示器(ELD)、发光二极管显示器(LED)、有机发光二极管显示器(OLED)、真空荧光管显示器(VFD)、场发射显示器(FED)等.这些显示器因为要发光,所以要消耗大量的能量.

液晶显示器通过对外界光线的开关控制来完成信息显示任务,为非主动发光型显示,其最大优点在于能耗极低.正因为如此,液晶显示器在便携式装置如电子表、多用表、手机等的显示方面,具有不可代替的地位.

利用液晶光开关,可实现图形和图像的显示任务.

矩阵显示方式,是把图 3-81(a)所示的横条形状的透明电极做在一块玻璃片上,叫作行驱动电极,简称行电极(常用 Xi 表示);而把竖条形状的电极制在另一块玻璃片上,叫作列驱动电极,简称列电极(常用 Si 表示).把这两块玻璃片面对面组合起来,把液晶灌注在这两片玻璃之间构成液晶盒.为画面简洁,通常将横条状和竖条状的 ITO 电极抽象为横线和竖线,分别代表扫描电极和信号电极,如图 3-81(b)所示.

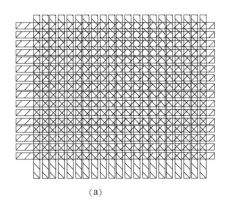
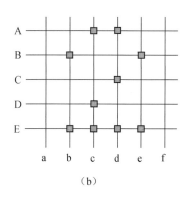

图 3-81 液晶光开关组成的矩阵式图形显示器

矩阵型显示器的工作方式为扫描方式,其显示原理如下:如欲显示图 3-81(b)所示的那些有方块的像素,首先在第 A 行加上高电平,其余行加上低电平,同时在列电极的对应电极 c、d 上加上低电平,于是 A 行的那些带有方块的像素就被显示出来了. 然后第 B 行加上高电平,其余行加上低电平,同时在列电极的对应电极 b、e 上加上低电平,因而 B 行的那些带有方块的像素被显示出来了. 然后是第 C 行、第 D 行……依此类推,最后显示出一整幅的图像.

这种分时间扫描每一行的方式是平板显示器的共同的寻址方式. 依据这种方式,可以让每一个液晶光开关按照其上的电压阈值让外界光关断或通过,从而显示出所需的文字和图像.

实验内容

本实验所用液晶光开关电光特性综合实验仪的外部结构如图 3-82 所示. 仪器各个按钮的功能简介如下:

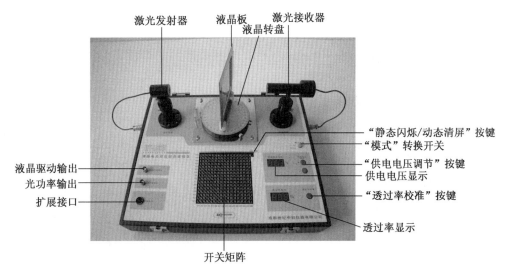

图 3-82 液晶电光效应综合实验仪

"模式"转换开关:切换液晶的静态和动态(图像显示)两种工作模式. 在静态时,所有的液晶单元所加电压相同;在动态时,每个单元所加的电压由开关矩阵控制. 同时,当开关处于静态时打开发射器,当开关处于动态时关闭发射器.

"静态闪烁/动态清屏"按键:当仪器工作在静态的时候,此按键可以切换到闪烁和静止两种方式;当仪器工作在动态的时候,此按键可以清除液晶屏幕因按动开关矩阵而产生的斑点.

供电电压显示:显示加在液晶板上的电压,范围为 0~7.60 V.

"供电电压调节"按键:改变加在液晶板上的电压,调节范围为 0~7.6 V.其中单击"+"按键(或"−"按键)可以增大(或减小)0.01 V.按住"+"按键(或"−"按键)2 s 以上,可以快速增大(或减小)供电电压,但当电压大于或小于一定范围时需要单击按键才可以改变电压.

透过率显示:显示光透过液晶板后光强的相对百分比.

"透过率校准"按键:在接收器处于最大接收状态时(即供电电压为 0 V 时),如果显示值大于"250",则按住该键 3 s,可以将透过率校准为 100%;如果供电电压不为 0,或显示小于"250",则该按键无效,不能校准透过率.

液晶驱动输出:接存储示波器,显示液晶的驱动电压.

光功率输出:接存储示波器,显示液晶的时间响应曲线,可以根据此曲线得到液晶的上升时间和下降时间.

扩展接口:连接 LCDEO 信号适配器的接口,通过信号适配器可以使用普通示波器观测液晶光开关特性的响应时间曲线.

激光发射器:为仪器提供较强的光源.

液晶板:本实验仪器的测量样品.

激光接收器:将透过液晶板的光强信号转换为电压输入到透过率显示表.

开关矩阵:此为 16×16 的按键矩阵,用于液晶的显示功能实验.

液晶转盘:承载液晶板一起转动,用于液晶的视角特性实验.

实验前,将液晶板金手指1(图 3-83)插入转盘上的插槽.打开电源开关,点亮光源,使光源预热 10 min 左右.

水平方向（金手指1）　　　　　　垂直方向（金手指2）

图 3-83　液晶板方向(视角为正视液晶屏凸起面)

注意　液晶板凸起面必须朝向光源发射方向,否则实验记录的数据为错误数据.

检查仪器的初始状态,看发射器光线是否垂直入射到接收器;在静态、0°、0 V 供电电压条件下,透过率显示大于"250"时,按住"透过率校准"按键 3 s 以上,将透过率校准为 100%.

具体实验内容如下:

1. 液晶光开关电光特性的测量.

将"模式"转换开关置于静态模式,"透过率显示"校准为 100%,按表 3-4 的数据改变电压,使电压值从 0 V 变化到 6 V,记录相应电压下的透过率数值.重复三次并计算相应电压下透过率的平均值,依据实验数据绘制电光特性曲线,得出阈值电压和关断电压.

表 3-4 液晶光开关电光特性的测量

电压/V		0	0.5	0.8	1.0	1.2	1.3	1.4	1.5	1.6	1.7	2.0	3.0	4.0	5.0	6.0
透过率/%	1															
	2															
	3															
	平均值															

2. 液晶光开关时间响应的测量.

将"模式"转换开关置于静态模式,"透过率显示"调到 100%,然后将液晶供电电压调到 2.00 V,在液晶静态闪烁状态下,用存储示波器或信号适配器接模拟示波器可以得出液晶光开关时间响应曲线.记录下不同时间的透过率,填入表 3-5.根据实验数据,画出时间响应曲线.由表 3-5 和时间响应曲线图得到液晶的上升时间 τ_r 和下降时间 τ_d.

表 3-5 时间响应的数值表

时间/s													
透过率/%													

3. 液晶光开关视角特性的测量.

将液晶板以水平方向插入插槽,参见图 3-83.

将"模式"转换开关置于静态模式,"透过率显示"调到 100%.在供电电压为 0 V 时,调节液晶屏与入射激光的角度,在每一角度下测量光强透过率最大值 T_{max}.然后将供电电压设置为 2 V,再次调节液晶屏角度,测量光强透过率最小值 T_{min},并计算其对比度.测量数据记入表 3-6,以角度为横坐标、对比度为纵坐标,绘制水平方向对比度随入射光入射角变化而变化的曲线,并找出比较好的水平视角显示范围.

表 3-6 水平方向视角特性

正角度	0	5	10	15	20	25	30	35	40	45	50	55	60	65	70	75
T_{max}(0 V)																
T_{min}(2 V)																
T_{max}/T_{min}																

续表

负角度	−0	−5	−10	−15	−20	−25	−30	−35	−40	−45	−50	−55	−60	−65	−70	−75
T_{max}(0 V)																
T_{min}(2 V)																
T_{max}/T_{min}																

关断总电源后,取下液晶显示屏,将液晶板以垂直方向插入插槽,参见图 3-83.

重新通电,将"模式"转换开关置于静态模式.按照与上述实验内容相同的方法和步骤,测量垂直方向的视角特性,并记入表 3-7 中.根据实验数据,找出比较好的垂直视角显示范围.

表 3-7 垂直方向视角特性

正角度	0	5	10	15	20	25	30	35	40	45	50	55	60	65	70	75
T_{max}(0 V)																
T_{min}(2 V)																
T_{max}/T_{min}																
负角度	−0	−5	−10	−15	−20	−25	−30	−35	−40	−45	−50	−55	−60	−65	−70	−75
T_{max}(0 V)																
T_{min}(2 V)																
T_{max}/T_{min}																

4. 液晶显示器的显示原理.

将"模式"转换开关置于动态(图像显示)模式,液晶转盘转角置于 0°,供电电压调到 5 V 左右.

此时矩阵开关板上的每个按键位置对应一个液晶光开关像素.初始时各像素都处于开通状态,按动矩阵开光板上的某一按键,可改变相应液晶像素的通断状态.利用点阵输入关断(或点亮)对应的像素,使暗像素(或点亮像素)组合成一个字符或文字,体会液晶显示器件的成像原理.可由矩阵开关板右上角的"静态闪烁/动态清屏"按键清除显示屏上的图像.

实验完成后,关闭电源开关,取下液晶板妥善保存.

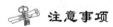 注意事项

1. 严禁用光束照射他人眼睛或直视光束本身,以防伤害眼睛.
2. 在液晶视角特性实验中,更换液晶板方向时,务必断开总电源后再进行插取,否则将会损坏液晶板.
3. 在调节透过率 100% 时,如果"透过率显示"不稳定,则可能是光源预热时间不够,或光路没有对准,需要仔细检查,调节好光路.
4. 在校准透过率 100% 前,必须将液晶供电电压显示调到 0.00 V 或显示大于"250",否

则无法校准透过率为 100%. 在实验中,电压为 0.00 V 时,不要长时间按住"透过率校准"按键,否则"透过率显示"将进入非工作状态,所测得的数据为错误数据.

知识拓展

液晶的发现与液晶显示技术的发明

1883 年,奥地利植物学家和化学家斐德烈·莱尼泽(Friedrich Reinitzer,图 3-84)在加热胆固醇苯甲酸酯研究植物中的胆固醇的过程中,观察到胆固醇苯甲酸酯在热熔时的异常表现,发现这种化合物具有两个熔点的奇特现象:加热固体样品时,可以观察到晶体变为雾浊的液体;当进一步升高温度时,雾浊的液体突然变成清亮的液体.而且在两个熔点之间,他观测到了双折射现象和相应的颜色变化. 莱尼泽对此百思不解,于是他写信给著名的晶体学家诺发斯基(Van Zepharovich). 诺发斯基对此现象也很惊奇,但没办法回答他的疑问,于是建议他向当时著名的德国亚琛大学物理学教授研究相变的权威奥托·雷曼(Otto Lehmann,图 3-85)请教. 莱尼泽写了一封长达 16 页的信寄给雷曼并寄去了样品.

图 3-84　斐德烈·莱尼泽
(Friedrich Reinitzer,1857—1927)

雷曼在收到莱尼泽寄给他的样品后对其进行了测定,确认了莱尼泽的发现:在 145.5℃ 时物质变为雾浊状液体,升温至 178.5℃ 时变为清亮的液体;降温时先变为蓝色,然后呈雾浊状,进一步降温,变为紫色,最后变为白色固体. 雷曼制造了一座具有加热功能的显微镜,去观察这些脂类化合物结晶的过程,后来还加上了偏光镜. 此后雷曼对这类物质进行了系统性研究,发现了 100 多种类似性质的材料. 他发现,这类白而浑浊的物质外观上虽然属于液体,但却显示出异性晶体特有的双折射性. 开始时,雷曼将这些物体称为软晶体,后又改称晶态流体,并分为"晶状液体"(流体状液晶,德文:tropfbar flüssigen Kristalle)和"液态晶体"(黏稠状液晶,德文:schleimig flüssigen Kristalle)两大类. 这就是液晶(Flussige kristalle)名字的来历. 莱尼泽和雷曼后来被誉为液晶之父.

图 3-85　奥托·雷曼
(Otto Lehmann,1855—1922)

1922 年,法国斯特拉斯堡大学的物理学家乔治·弗里德尔(Georges Friedel)在显微镜下观察到液晶分子的空间排列,根据晶体排序结构,进一步把液晶材料分为三类:向列相(nematic phase)、近晶相(smectic phase)、胆甾相(cholesteric phase).

1913 年至 1922 年间,雷曼曾多次被提名为诺贝尔物理学奖候选人,但是由于液晶研究当时还不被学术界广泛认可,所以最终还是没能获奖. 1922 年 6 月 17 日,雷曼在德国卡尔斯鲁厄去世,他为后世留下了物理学的一个全新篇章. 可惜的是,雷曼所发现的液晶现象在当时并没有得到实际的应用,甚至几乎被遗忘了有将近六十年.但雷曼的先期研究,为20世纪60年代液晶产品的问世和迅速发展打下了基础.

美国著名发明家乔治·海尔迈耶(George Heilmeier,图3-86)是首个将液晶的概念变为实用技术的人.海尔迈耶1936年生于费城,是个看门工的儿子,他也是家族中第一个上完中学的人.他本科在宾夕法尼亚大学获得电子工程学位,后来在普林斯顿大学获得固体电子学博士学位.1958年,年轻的海尔迈耶加入了发明电视机的美国RCA公司的普林斯顿实验室,从事微波固体元件等的研究,他在这方面很有造诣.1961年的一天,他的一个朋友向他讲述了正在从事的有机半导体方面的研究,跨学科的课题

图3-86 乔治·海尔迈耶
(George Heilmeier,1936—2014)

引起了他的极大兴趣.他毅然放弃了学有所成的专业领域,进入了一个他还知之甚少的新领域.他把电子学方面的知识应用于有机化学,很快便取得了成绩.为了研究外部电场对晶体内部电场的作用,他想到了液晶.他在两片透明导电玻璃之间夹上掺有染料的向列液晶.当在液晶层的两面施以几伏电压时,液晶层就由红色变成了透明态.出身于电子学的他立刻意识到液晶能用于显示技术!海尔迈耶与课题组成员立即开始了夜以继日的研究,他们相继发现了动态散射和相变等一系列液晶的电光效应,并研制成功了一系列数字、字符的显示器件,以及液晶显示的钟表、驾驶台显示器等实用产品.

RCA公司对他们的研究极为重视,一直将其列为企业的重大机密项目,直到1968年才向世界报道了海尔迈耶等人的成果.海尔迈耶领导的团队展示了液晶显示屏技术,声称这一低成本显示技术最终将取代体积庞大、昂贵的阴极射线管(CRT).1968年,海尔迈耶研发出第一片液晶面板(Liquid Crystal Display,LCD),1969年液晶的生产技术有了突破,1971年第一批液晶显示屏开始投放市场.正是他的发明,让壁挂式电视以及便携式电脑成为可能,为体积轻、性能强、成本低、可交互的电子设备的诞生奠定了基础.这些设备进而改变了人类生活,已成为当代生活不可缺少的一部分,海尔迈耶也因此被称为液晶显示屏之父.

第 4 章

研究性实验

实验 20　波尔共振实验

在机械制造和建筑工程等科技领域中,受迫振动所导致的共振现象是工程技术人员十分关注的问题.共振既有破坏作用,但也有许多实用价值.众多电声器件就是运用共振原理设计与制作的.此外,在微观科学研究中,"共振"也是一种重要的研究手段,如利用核磁共振研究物质结构等.

受迫振动的性质可用振幅-频率特性和相位-频率特性(简称幅频和相频特性)来表征.本实验中采用波尔共振仪定量测定机械受迫振动的幅频特性和相频特性,并利用频闪法测定相位差.

实验目的

1. 研究波尔共振仪中弹性摆轮受迫振动的幅频特性和相频特性.
2. 研究不同阻尼力矩对受迫振动的影响,观察共振现象.
3. 学习用频闪法测定相位差等物理量.

实验仪器

ZKY-BG 型波尔实验仪(由振动仪与电器控制箱两部分组成).

实验原理

振动是自然界中最常见的物理现象,是物体运动的一种基本形式.振动分为自由振动、阻尼振动和受迫振动.受迫振动是物体在周期性外力的持续作用下发生的振动,这种周期性的外力称为强迫力.如果强迫力按简谐运动规律变化,那么稳定状态时的受迫振动也是简谐运动.在受迫振动状态下,系统除了受到强迫力的作用外,同时还受到回复力和阻尼力的作用.本实验采用摆轮在弹性力矩作用下自由摆动,在强迫外力矩和电磁阻尼力矩作用下做受迫振动来研究受迫振动的特性.

当摆轮受到周期性强迫外力矩 $M = M_0\cos\omega t$ 的作用,并在有空气阻尼和电磁阻尼的媒质中运动时$\left(阻尼力矩为-b\dfrac{\mathrm{d}\theta}{\mathrm{d}t}\right)$,其运动方程为

$$J\frac{\mathrm{d}^2\theta}{\mathrm{d}t^2}=-k\theta-b\frac{\mathrm{d}\theta}{\mathrm{d}t}+M_0\cos\omega t \tag{4-1}$$

式中 J 为摆轮的转动惯量,$-k\theta$ 为弹性力矩,M_0 为强迫力矩的幅值,ω 为强迫力的圆频率. 令

$$\omega_0{}^2=\frac{k}{J},\ 2\beta=\frac{b}{J},\ m=\frac{M_0}{J}$$

则式(4-1)变为

$$\frac{\mathrm{d}^2\theta}{\mathrm{d}t^2}+2\beta\frac{\mathrm{d}\theta}{\mathrm{d}t}+\omega_0{}^2\theta=m\cos\omega t \tag{4-2}$$

当 $m\cos\omega t=0$ 时,式(4-2)即为阻尼振动方程;若阻尼振动方程中 $\beta=0$,则式(4-2)变为无阻尼简谐运动方程,系统的固有频率为 ω_0.

方程(4-2)的通解为

$$\theta=\theta_1\mathrm{e}^{-\beta t}\cos(\omega_f t+\alpha)+\theta_2\cos(\omega t+\varphi_0) \tag{4-3}$$

由式(4-3)可见,受迫振动可分成两部分:

第一部分,$\theta_1\mathrm{e}^{-\beta t}\cos(\omega_f t+\alpha)$ 和初始条件有关,经过一定时间后衰减消失.

第二部分,说明强迫力矩对摆轮做功,向振动体传送能量,最后达到一个稳定的振动状态,其振幅为

$$\theta_2=\frac{m}{\sqrt{(\omega_0{}^2-\omega^2)^2+4\beta^2\omega^2}} \tag{4-4}$$

它与强迫力矩之间的相位差为

$$\varphi=\tan^{-1}\frac{2\beta\omega}{\omega_0{}^2-\omega^2}=\tan^{-1}\frac{\beta T_0{}^2 T}{\pi(T^2-T_0{}^2)} \tag{4-5}$$

由式(4-4)和式(4-5)可见,振幅 θ_2 与相位差 φ 的数值取决于强迫力矩 m、频率 ω、系统的固有频率 ω_0 和阻尼系数 β 四个因素,而与振动初始状态无关.

令 $\dfrac{\partial}{\partial\omega}[(\omega_0{}^2-\omega^2)^2+4\beta^2\omega^2]=0$ 可得出,当强迫力的圆频率 $\omega=\sqrt{\omega_0{}^2-2\beta^2}$ 时产生共振,θ 达极大值. 若共振时圆频率和振幅分别用 ω_r、θ_r 表示,则

$$\omega_r=\sqrt{\omega_0{}^2-2\beta^2} \tag{4-6}$$

$$\theta_r=\frac{m}{2\beta\sqrt{\omega_0{}^2-2\beta^2}} \tag{4-7}$$

式(4-6)、式(4-7)表明,阻尼系数 β 越小,共振时圆频率越接近于系统固有频率,振幅 θ_r 也越大. 当 $\beta=0$ 时,$\omega_r=\omega_0$,$\theta_r=\dfrac{\pi}{2}$. 图 4-1 表示出在不同 β 时受迫振动的幅频特性和相频特性.

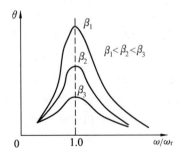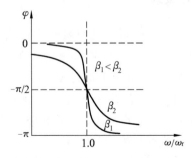

图 4-1 受迫振动的幅频特性和相频特性

实验内容

一、实验准备

ZKY-BG 型波尔实验仪如图 4-2 所示.

按下电源开关后,屏幕上出现欢迎界面,其中 NO. 0000X 为电器控制箱与电脑主机相连的编号. 几秒钟后屏幕上显示“按键说明”字样,符号◀、▶、▲、▼分别表示向左、向右、向上、向下移动,如图 4-3 所示.

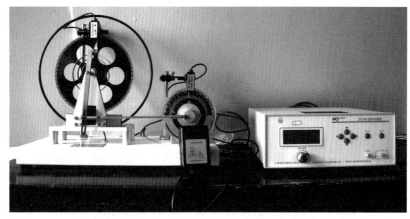

图 4-2　ZKY-BG 型波尔实验仪

二、自由振荡——摆轮振幅 θ 与系统固有周期 T_0 的对应值测量

自由振荡实验的目的,是测量摆轮振幅 θ 与系统固有振动周期 T_0 的关系.

在图 4-3 状态按“确定”键,显示选择系统模型,按▶键,选择“单机模式”,再按“确定”键,显示如图 4-4 所示的实验类型,默认选中项为“自由振荡”,字体反白为选中. 再按“确定”键,显示如图 4-5 所示.

按键说明
◀ ▶ → 选择项目
▲▼ → 改变工作状态
确定 → 功能项确定

图 4-3　按键说明

实验步骤
自由振荡 阻尼振荡 强迫振荡

图 4-4　实验类型

周期 X1 = 秒(摆轮)
阻尼 0 振幅
测量关 00 回查 返回

图 4-5　数据测量(无阻尼)

用手转动摆轮 160°左右,放开手后按▲或▼键,测量状态由“关”变为“开”,控制箱开始记录实验数据,振幅的有效数值范围为 50°～160°(振幅在 50°～160°之间测量开,小于 50°测量自动关闭). 测量显示关时,此时数据已保存并发送至主机.

查询实验数据,可按◀或▶键,选中“回查”,再按“确定”键,如图 4-6 所示,表示第一次记录的振幅 $\theta_0=134°$,对应的周期 $T=1.442$s. 按▲或▼键可查看所有记录的数据,该数据为每次测量振幅相对应的周期数值. 数据记录完毕,按“确定”键,返回到图 4-3 状态. 利用此法可作出振幅 θ 与 T_0 的对应表. 该对应表将在稍后的“幅频特性和相频特性”数据处理过程中使用.

若进行多次测量可重复操作,“自由振荡”完成后,选中“返回”,按“确定”键,回到图 4-4 进行其他实验.

三、阻尼系数 β 的测量

在图 4-4 状态下,根据实验要求,按 ▶ 键,选中"阻尼振荡",按"确定"键,显示"阻尼选择",如图 4-7 所示. 阻尼分三个挡次,其中"阻尼 1"最小. 根据实验情况选择阻尼挡,如选择"阻尼 2"挡,按"确定"键,显示图 4-8.

将角度盘指针 F 放在 0°位置,用手转动摆轮 160°左右,选取 θ_0 在 150°左右,按 ▲ 或 ▼ 键,测量由"关"变为"开"并记录数据. 仪器记录十组数据后,测量自动关闭. 此时振幅大小还在变化,但仪器已经停止记数.

周期 ×1 = 01.442 秒(摆轮)	阻尼选择	周期 ×$\frac{10}{0}$ = 10 ^{T} 秒(摆轮)
阻尼 0 振幅 134	阻尼 1 阻尼 2 阻尼 3	阻尼 2 振幅
测量查 01 ↑↓按确定键返回		测量关 00 回查 返回
图 4-6 数据查询	图 4-7 阻尼选择	图 4-8 数据测量(有阻尼)

阻尼振荡的回查同自由振荡类似,请参照上面操作. 若改变阻尼挡测量,重复上述操作步骤即可.

从液晶窗口读出摆轮做阻尼振动时的振幅数值 $\theta_1, \theta_2, \theta_3, \cdots, \theta_n$,利用公式

$$\ln \frac{\theta_0 e^{-\beta t}}{\theta_0 e^{-\beta(t+n\overline{T})}} = n\beta \overline{T} = \ln \frac{\theta_0}{\theta_n} \tag{4-8}$$

求出 β 值. 式中 n 为阻尼振动的周期次数;θ_n 为第 n 次振动时的振幅;$\overline{T}$ 为阻尼振动周期的平均值,可测出 10 个摆轮振动周期值,然后取其平均值.

四、受迫振动的幅频特性和相频特性曲线的测定

在进行"强迫振荡"前必须先做"阻尼振荡",否则无法实验.

仪器在图 4-4 状态下,选中"强迫振荡",按"确定"键,显示如图 4-9 所示,默认状态选中"电机".

周期 ×1 =   秒(摆轮)
       =   秒(电机)
	周期 ×1 = 1.425 秒(摆轮)
	       = 1.425 秒(电机)
		周期 ×$\frac{10}{5}$ = 秒(摆轮)
		         = 秒(电机)

阻尼 1 振幅	阻尼 1 振幅 122	阻尼 1 振幅
测量关 00 周期 1 电机关 返回	测量关 00 周期 1 电机开 返回	测量开 01 周期 10 电机开 返回
图 4-9 测量界面	图 4-10 周期显示	图 4-11 周期调节

按 ▲ 或 ▼ 键,让电机启动. 保持周期为 1,待摆轮和电机的周期相同(末位数差异不大于 2),特别是振幅已稳定,变化不大于 1,表明两者已经稳定了(图 4-10),此时方可开始测量.

测量前应先选中周期,按 ▲ 或 ▼ 键把周期由 1(图 4-10)改为 10(图 4-11),目的是为了减少误差,若不改周期,测量无法打开;再选中测量,按下 ▲ 或 ▼ 键,测量打开并记录数据(图 4-11).

一次测量完成,显示测量关后,读取摆轮的振幅值,并利用闪光灯测定受迫振动位移与强迫力间的相位差.

调节强迫力矩周期电位器,改变电机的转速,即改变强迫外力矩频率 ω,从而改变电机转动周期. 电机转速的改变可按照 $\Delta \varphi$ 控制在 10°左右来定,可进行多次这样的测量.

每次改变了强迫力矩的周期,都需要等待系统稳定,即返回到图 4-10 所示状态,待摆轮

和电机的周期相同后再进行测量.

在共振点附近由于曲线变化较大,因此测量数据相对密集些.此时电机转速的极小变化会引起 $\Delta\varphi$ 的很大改变.电机转速旋钮上的读数为参考数值,建议在不同 ω 时都记下此值,以便实验中快速寻找和要重新测量时参考.

测量相位时,应把闪光灯放在电机转盘前下方,按下闪光灯按钮,根据频闪现象来测量.

强迫振荡测量完毕后,按 ◀ 或 ▶ 键选中"返回",按"确定"键,重新回到图 4-4 状态.

五、关机

所有实验全部完毕后,在图 4-4 状态下按住复位按钮保持不动,几秒钟后仪器自动复位,此时所做实验数据全部清除,然后按下电源按钮结束实验.

提示

(1) 不要将摆轮随意摆动.

(2) 摆轮转动幅度不要超过170°.

(3) 做强迫振荡实验时,调节仪器面板"强迫力周期"旋钮,可改变电机转动周期.该实验必须做 10 次以上,其中必须包括电机转动周期与自由振荡实验时振荡周期相同的数值.且每次改变强迫力矩的周期后,都需要重新等待系统稳定.

(4) 由于闪光灯的高压电路及强光会干扰光电门采集数据,因此须待一次测量完成、显示测量关后,才可使用闪光灯读取相位差.测量相位差时,闪光灯按钮要长按.

实验数据记录及处理

1. 摆轮振幅 θ 与系统固有周期 T_0 的关系.

表 4-1 振幅 θ 与 T_0 的关系

振幅 θ /°	固有周期 T_0 /s	振幅 θ /°	固有周期 T_0 /s	振幅 θ /°	固有周期 T_0 /s	振幅 θ /°	固有周期 T_0 /s	振幅 θ /°	固有周期 T_0 /s

2. 阻尼系数 β 的计算.

表 4-2　阻尼系数的计算　　　　　　　阻尼挡位_____

序号	振幅 $\theta/°$	序号	振幅 $\theta/°$	$\ln\dfrac{\theta_i}{\theta_{i+5}}$
θ_1		θ_6		
θ_2		θ_7		
θ_3		θ_8		
θ_4		θ_9		
θ_5		θ_{10}		
$\ln\dfrac{\theta_i}{\theta_{i+5}}$ 平均值				

$10T=$ _____ s, $\overline{T}=$ _____ s

利用公式

$$5\beta\overline{T}=\ln\dfrac{\theta_i}{\theta_{i+5}} \tag{4-9}$$

对表 4-2 中所测数据按逐差法处理,求出 β 值.式中 i 为阻尼振动的周期次数,θ_i 为第 i 次振动时的振幅.

$\beta=$ _____

3. 幅频特性和相频特性的测量.

(1) 将实验数据填入表 4-3,并查询振幅 θ 与固有频率 T_0 的对应表(表 4-1),获取对应的 T_0 值,也填入表 4-3.

表 4-3　幅频特性和相频特性测量数据记录表　　　　阻尼挡位_____

强迫力矩周期电位器刻度盘值	强迫力矩周期 T/s	相位差 φ 读取值/°	振幅 θ 测量值/°	查表 4-1 得出与振幅 θ 对应的固有周期 T_0/s
0.00				
0.40				
0.80				
1.20				
1.60				
2.00				
2.40				
2.80				
3.20				

(2) 利用表 4-3 记录的数据,将计算结果填入表 4-4.

表 4-4 幅频、相频特性分析

φ 读取值/°	θ 测量值/°	$\dfrac{\omega}{\omega_r}\left(=\dfrac{T}{T_0}\right)$

以 ω/ω_r 为横轴,振幅 θ 为纵轴,作出幅频特性曲线;以 ω/ω_r 为横轴,相位差 φ 为纵轴,作出相频特性曲线.

思考题

1. 摆轮上方的光电门为什么能同时测出摆轮转动的振幅与周期?
2. 如果实验中阻尼电流不稳定,会有什么影响?

附 录

本实验使用的 ZKY-BG 型波尔实验仪由振动仪与电器控制箱两部分组成,如图 4-12、图 4-13 所示.

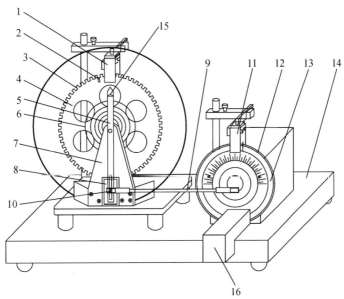

1—光电门 H;2—长形凹槽 C;3—短凹槽 D;4—铜质摆轮 A;5—摇杆 M;6—蜗卷弹簧 B;
7—支承架;8—阻尼线圈 K;9—连杆 E;10—摇杆调节螺丝;11—光电门 I;12—角度盘 G;
13—有机玻璃转盘 F;14—底座;15—弹簧夹持螺钉 L;16—闪光灯

图 4-12 波尔振动仪

一、振动仪

铜质圆形摆轮A安装在机架上,弹簧B的一端与摆轮A的轴相连,另一端可固定在机架支柱上,在弹簧弹性力的作用下,摆轮可绕轴做自由往复摆动.在摆轮的外围有一卷槽形缺口,其中一个长形凹槽C比其他凹槽长出许多.机架上对准长形缺口处有一个光电门H,它与电器控制箱相连接,用来测量摆轮的振幅角度值和摆轮的振动周期.在机架下方有一对带有铁芯的线圈K,摆轮A恰巧嵌在铁芯的空隙;线圈通电时,摆轮受到一个电磁阻尼力的作用.改变电流的大小即可使阻尼大小相应变化.

在电机轴上装有偏心轮,通过连杆E带动摆轮A做受迫振动.在电机轴上装有带刻线的有机玻璃转盘F,它随电机一起转动,由它可以从角度盘G读出相位差φ.调节控制箱上的十圈电机转速调节旋钮,可以精确改变加于电机上的电压,使电机的转速在实验范围(30~45 r/min)内连续可调.由于电路中采用特殊稳速装置、电机采用惯性很小的带有测速发电机的特种电机,所以转速极为稳定.电机的有机玻璃转盘F上装有两个挡光片.在角度盘G中央上方90°处有光电门I,它与控制箱相连,用来测量强迫力矩的周期.

受迫振动时摆轮与外力矩的相位差可利用小型闪光灯来测量.闪光灯受摆轮信号光电门控制,每当摆轮上长形凹槽C通过平衡位置时,光电门H接受光,引起闪光,这一现象称为频闪现象.在稳定情况时,由闪光灯照射下可以看到有机玻璃转盘F好像一直"停在"某一刻度处,所以此数值可方便地直接读出,误差不大于2°.闪光灯搁置在底座上,切勿拿在手中直接照射刻度盘.

利用光电门H测量通过它的摆轮圈上凹形缺口个数,可测出摆轮振幅,并在控制箱液晶显示器上直接显示出此值,精度为1°.

二、电器控制箱

波耳实验仪电器控制箱的前面板和后面板分别如图4-13和图4-14所示.

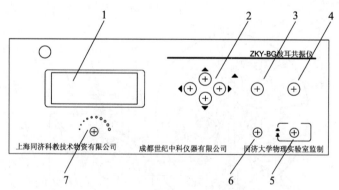

1—液晶显示屏幕;2—方向控制键;3—确认按键;4—复位按键;
5—电源开关;6—闪光灯开关;7—强迫力周期调节电位器

图4-13 波耳实验仪电器控制箱的前面板示意图

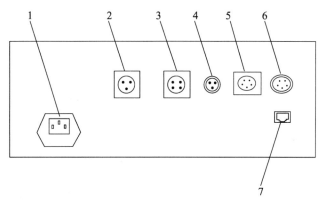

1—电源插座(带保险);2—闪光灯接口;3—阻尼线圈;
4—电机接口;5—振幅输入;6—周期输入;7—通信接口

图 4-14 波耳实验仪电器控制箱的后面板示意图

电机转速调节旋钮为带有刻度的十圈电位器,调节此旋钮可精确改变电机转速,即改变强迫力矩的周期.锁定开关处于图 4-15 所示的位置时,电位器刻度锁定,要调节大小须将其置于该位置的另一边.×0.1 挡旋转一圈,×1 挡走一个字.一般调节刻度仅供实验时作参考,以便大致确定强迫力矩周期值在多圈电位器上的相应位置.

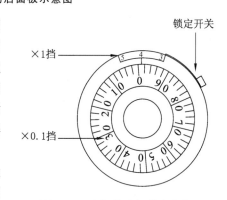

图 4-15 电机转速调节电位器

通过软件控制阻尼线圈内直流电流的大小,以达到改变摆轮系统阻尼系数的目的.阻尼共分三挡,分别是"阻尼 1"、"阻尼 2"、"阻尼 3".阻尼电流由恒流源提供,实验时可根据不同情况进行选择(可先选择在"阻尼 2"处,若共振时振幅太小则可改用"阻尼 1"),振幅在 150°左右.

闪光灯开关用来控制闪光与否.当按住闪光按钮、摆轮长形缺口通过平衡位置时便产生闪光.由于频闪现象,可从相位差读数盘上看到刻度线似乎静止不动的读数(实际有机玻璃转盘 F 上的刻度线一直在匀速转动),从而读出相位差数值.为使闪光灯管不易损坏,仅在测量相位差时才按下按钮.

知识拓展

共振的应用

共振是十分普遍的自然现象,几乎在物理学的各个分支学科和许多交叉学科中以及工程技术的各个领域中都可以观察到它,都要应用到它.例如,桥梁、码头等各种建筑,飞机、汽车、轮船、发动机等机器设备的设计、制造、安装中,为使建筑结构安全工作和机器能正常运转,都必须考虑到防止共振问题.而有许多仪器和装置要利用共振原理来制造.机械共振应用的典型例子是地震仪,它不仅是地震记录和研究地震预报的基本手段,也是研究地球物理的重要工具.利用共振可以制造超声工具,利用原子、分子共振可以制造各种光源如日光灯、激光以及电子表、原子钟等.在音乐艺术中,不论是声乐,还是器乐,共振都起决定性的作用,甚至可以说没有共振就没有音乐.人的听觉器官中有一精巧绝伦的共振系统,许多动物也如此."听"可以说是利用共振原理对声振动的谐波分析.研究共振对于医学、仿生学均有重大意义.

一、桥梁垮塌

18世纪中叶,一队拿破仑士兵在指挥官的口令下,迈着威武雄壮、整齐划一的步伐,通过法国昂热市一座大桥,快走到桥中间时,桥梁突然发生强烈的颤动并且最终断裂坍塌,造成许多官兵和市民落入水中丧生.后经调查,造成这次惨剧的罪魁祸首,正是共振!因为大队士兵齐步走时,产生的一种频率正好与大桥的固有频率一致,使桥的振动加强,当它的振幅达到最大限度直至超过桥梁的抗压力时,桥就断裂了.类似的事件还发生在美国等地.有鉴于此,所以后来许多国家的军队都有这么一条规定:大队人马过桥时,要改齐步走为便步走(图4-16).

图4-16　大队人马过桥梁

对于桥梁来说,不光是大队人马厚重整齐的脚步能使之断裂,那些看似无物的风儿同样也能对之造成威胁.1940年,美国的全长860 m的塔柯姆大桥因大风引起的共振而塌毁(图4-17),尽管当时的风速还不到设计风速限值的1/3,但因这座大桥实际的抗共振强度没有过关,所以导致事故的发生.

图4-17　塔柯姆大桥垮塌

二、微波炉

具有2 500 Hz左右频率的电磁波称为"微波".食物中水分子的振动频率与微波大致相同,微波炉加热食品时,炉内产生很强的振荡电磁场,使食物中的水分子做受迫振动,发生共振,将电磁辐射能转化为热能,从而使食物的温度迅速升高.微波加热技术是对物体内部的整体加热技术,完全不同于以往的从外部对物体进行加热的方式,它是一种可极大地提高加热效率、极为有利于环保的先进技术.

实验21　夫兰克-赫兹实验

1913年,丹麦物理学家波尔(N. Bohr)发表了《论原子构造与分子构造》等三篇论文,提出了关于原子稳定性和量子跃迁理论的三条假设,建立了一个氢原子模型,指出原子内部存在能级.该模型在预言氢光谱的观察中取得了显著的成功.根据玻尔的原子理论,原子光谱中的每条谱线表示原子从某一个较高能态向另一个较低能态跃迁时的辐射.1914年,德国物理学家夫兰克(J. Frank)和赫兹(G. Hertz)对勒纳用来测量电离电位的实验装置做了改进,他们同样采取慢电子(几个到几十个电子伏特)与单元素气体原子碰撞的办法,但着重观察碰撞后电子发生什么变化(勒纳则观察碰撞后离子流的情况).通过实验测量,电子和原子碰撞时会交换某一定值的能量,且可以使原子从低能级激发到高能级,直接证明了原子发生跃变时吸收和发射的能量是分立的、不连续的,证明了原子能级存在,从而证明了波尔理论的正确.为此,夫兰克与赫兹获得了1925年度诺贝尔物理学奖.

夫兰克-赫兹实验至今仍是探索原子结构的重要手段之一,实验中用的"拒斥电压"筛去小能量电子的方法,已成为广泛应用的实验技术.

实验目的

1. 测量氩原子的第一激发电位.
2. 证实原子能级的存在,加深对原子结构的了解.

实验仪器

DH4507智能型夫兰克-赫兹实验仪、测试架(配被测电子管)、示波器.

实验原理

波尔提出的原子理论指出:

1. 原子只能较长地停留在一些稳定状态(简称为定态).原子在这些状态时,不发射或吸收能量;各定态有一定的能量,其数值是彼此分离的.原子的能量不论通过什么方式发生改变,只能使原子从一个定态跃迁到另一个定态.

2. 原子从一个定态跃迁到另一个定态而发射或吸收辐射能量时,辐射频率是一定的.如果用 E_m 和 E_n 分别代表有关两定态的能量,则辐射的频率 ν 满足如下关系:

$$h\nu = E_m - E_n$$

式中,h 为普朗克常数($h = 6.63 \times 10^{-34}$ J·s).

原子状态的改变通常在两种情况下发生,一是当原子本身吸收或发射电磁辐射时,二是当原子与其他粒子发生碰撞而交换能量时.用电子轰击原子实现能量交换最方便,因为电子的能量 eU,可通过改变加速电势 U 来控制.夫兰克-赫兹实验就是用这种方法来证明原子能级存在的.

当电子的能量 eU 很小时,电子和原子只能发生弹性碰撞,几乎不发生能量交换.设初速度为零的电子在电位差为 U_0 的加速电场作用下,获得能量 eU_0.当具有这种能量的电子与稀薄气体原子(如氩原子)发生碰撞时,电子与原子发生非弹性碰撞,实现能量交换.如以 E_1 代表氩原子的基态能量,E_2 代表氩原子的第一激发态能量,那么,当氩原子吸收从电子传递来的能量恰好为

$$eU_0 = E_2 - E_1$$

时,氩原子就会从基态跃迁到第一激发态,而相应的电位差称为氩的第一激发电位(或称中肯电位).测定出这个电位差 U_0,就可以根据 $eU_0 = E_2 - E_1$ 求出氩

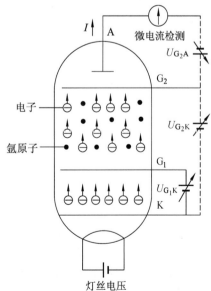

图 4-18 夫兰克-赫兹实验原理图

原子的基态和第一激发态之间的能量差（其他元素气体原子的第一激发电位也可依此法求得）.

夫兰克-赫兹实验的原理图如图 4-18 所示.

在充氩的夫兰克-赫兹管中，电子由热阴极出发，阴极 K 和第二栅极 G_2 之间的加速电压 U_{G_2K} 使电子加速. 在板极 A 和第二栅极 G_2 之间加有反向拒斥电压 U_{G_2A}. 管内空间电位分布如图 4-19 所示. 当电子通过 KG_2 空间进入 G_2A 空间时，如果电子仍具有较大的能量（$\geqslant eU_{G_2A}$），电子就能冲过反向拒斥电场而到达板极 A 形成板极电流，被微电流计检出. 如果电子在 KG_2 空间与氩原子碰撞，把自己一部分能量传给氩原子而使后者激发的话，电子本身所剩余的能量就可能很小，以致通过第二栅极后不足以克服拒斥电场而被折回到第二栅极. 这时，通过微电流计的电流将显著减小.

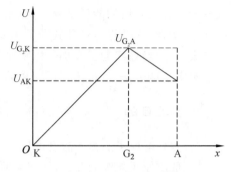

图 4-19　夫兰克-赫兹管内空间电位分布

实验时，使 U_{G_2K} 电压逐渐增加，并仔细观察微电流计的电流指示. 如果原子能级确实存在，而且基态和第一激发态之间存在确定的能量差的话，就能观察到如图 4-20 所示的 I_A-U_{G_2K} 曲线.

图 4-20 所示的曲线反映了氩原子在 KG_2 空间与电子进行能量交换的情况. 起始阶段，由于电压较低，电子获得的能量较少，如果此时与氩原子碰撞，还不足以影响氩原子的内部能量，穿过第二栅极的电子所形成的板极电流 I_A 将随第二栅极电压 U_{G_2K} 的增加而增大（图 4-20 所示 Oa 段）.

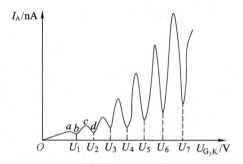

图 4-20　夫兰克-赫兹管 I_A-U_{G_2K} 曲线

当 KG_2 间的电压达到氩原子的第一激发电位 U_0 时，电子在第二栅极附近与氩原子碰撞，将自己从加速电场中获得的全部能量传递给氩原子，使氩原子从基态激发到第一激发态，而电子几乎失去所有的动能，这些电子即使穿过了第二栅极也不能克服反向拒斥电场而被折回第二栅极（被筛选掉），所以板极电流将显著减小（图 4-20 所示 ab 段）.

随着第二栅极电压的增加，电子的能量也随之增加，在与氩原子相碰撞后还留下足够的能量，可以克服反向拒斥电场而达到板极 A，这时电流又开始上升（图 4-20 所示 bc 段）. 当 KG_2 间的电压是两倍的氩原子第一激发电位时，电子在 KG_2 空间有可能发生二次碰撞而失去能量，因而又会造成第二次板极电流的下降（图 4-20 所示 cd 段）.

同理，凡在

$$U_{G_2K}=nU_0(n=1,2,3,\cdots)$$

的地方，板极电流 I_A 都会相应下降，形成规则起伏变化的 I_A-U_{G_2K} 曲线. 而各次板极电流 I_A 下降相对应的阴、栅极电压差 $U_{n+1}-U_n$，就是氩原子的第一激发电位 U_0.

本实验就是要通过实验测量来证实原子能级的存在，并测出氩原子的第一激发电位.

原子处于激发态是不稳定的. 在实验中被慢电子轰击到第一激发态的原子要跳回基态，进行这种反跃迁时，就应该有 eU_0 电子伏特的能量发射出来. 反跃迁时，原子是以放出光量子的形式向外辐射能量. 这种光辐射的波长满足

$$eU_0 = h\nu = h\frac{c}{\lambda}$$

$$\lambda = \frac{hc}{eU_0}$$

对于氩原子,$U_0 = 11.5$ V,$\lambda = 1\,081$ Å.

实验内容

测量氩原子的第一激发电位.通过 U_{G_2K}-I_A 曲线,观察原子能量量子化情况,并求出原子的第一激发电位.

夫兰克-赫兹实验仪及测试架分别如图 4-21、图 4-22 所示.

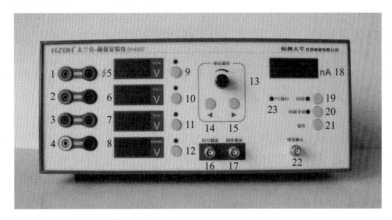

图 4-21　DH4507 型夫兰克-赫兹实验仪

夫兰克-赫兹实验仪功能说明:

1. U_{G_2K} 电压输出,与夫兰克-赫兹管对应插座相连.

2. U_{G_2A} 电压输出,与夫兰克-赫兹管对应插座相连.

3. U_{G_1K} 电压输出,与夫兰克-赫兹管对应插座相连.

4. 灯丝电压输出,与夫兰克-赫兹管对应插座相连.

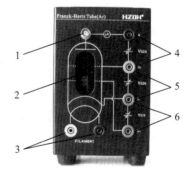

1—微电流输出接口;2—夫兰克-赫兹管;
3—灯丝电压输入接口;4—拒斥电压 U_{G_2A} 输入接口;
5—第二栅压 U_{G_2K} 输入接口;6—第一栅压 U_{G_1K} 输入接口

图 4-22　测试架

5. U_{G_2K} 电压显示窗.

6. U_{G_2A} 电压显示窗.

7. U_{G_1K} 电压显示窗.

8. 灯丝电压显示窗.

9、10、11、12. 四路电压设置切换按钮,仅被选中的电压可以通过电压调节进行设置.

13. 调节电压值大小.

14、15. 移位键,可改变电压调节步进值大小.

13、14. 组合功能,在手动模式 U_{G_2K} 设定时,按住 14 键不放,顺时针旋转 13 设定 U_{G_2K} 最小步进值,可以设定为 0.1 V、0.2 V 和 0.5 V 步进,默认为 0.1 V.

16. 波形信号输出,与示波器 CH1 或 CH2 相连.

17. 同步输出,与示波器触发通道相连.

18. 微电流显示窗.

19. 启停键,自动模式下控制采集的开始或暂停;开启时,指示灯亮.

20. 自动/手动模式选择,按下自动后,功能指示灯亮;自动模式下按 19 键可以开启自动测量,仪器按照固定的最小电压步进(0.2 V)输出 U_{G_2K},并采集微电流信号,同时把采集的数据信号输出到示波器上;手动模式下需手动调节 U_{G_2K} 开展实验,信号输出接口将同步输出采集的数据波形,增加或减小 U_{G_2K},波形输出将同步变化,实时动态显示,便于寻找极点.

21. 复位功能,当系统出现意外死机后,按此键复位系统.

22. 微电流输入接口,与夫兰克-赫兹管微电流输出接口相连.

23. PC 接口指示,当测试仪与计算机连接通信成功后,该指示灯亮(微机型适用).

本实验仪分自动和手动两种测量模式.

手动方式测量步骤如下:

(1) 将夫兰克-赫兹实验仪前面板上的四组电压输出(第二栅压 U_{G_2K}、拒斥电压 U_{G_2A}、第一栅压 U_{G_1K}、灯丝电压)与电子管测试架上的插座分别对应连接;将电流输入接口与电子管测试架上的微电流输出口相连.

注意:仔细检查,避免接错损坏夫兰克-赫兹管.

(2) 开启电源,默认工作方式为"手动"模式.

(3) 将电压设置切换按钮选择为"灯丝电压"设定,调节"电压调节",使与出厂参考值一致(详见夫兰克-赫兹管测试架标示),灯丝电压调整好后,中途不再变动.

注意:灯丝电压不要超过出厂参考值 0.5 V,否则会加快灯管老化,连续工作不要超过 2 小时.

(4) 将电压设置切换按钮选择为第一栅压"U_{G_1K}"设定,调节"电压调节",使与出厂参考值一致(详见夫兰克-赫兹管测试架标示),一般设定在 2~3 V 之间.

(5) 将电压设置切换按钮选择为拒斥电压"U_{G_2A}"设定,调节"电压调节",使与出厂参考值一致(详见夫兰克-赫兹管测试架标示),一般设定在 5~9 V 之间.

(6) 将电压设置切换选择为第二栅压"U_{G_2K}"设定,调节"电压调节"使输出为零.

注意:不同的电子管,设置的最佳参数会不一样,出厂时一般设定了一个参考值,标记在测试架上.

(7) 预热仪器 10~15 分钟,待上述电压都稳定后,即可开始实验.

(8) 将电压设置切换选择为第二栅压"U_{G_2K}"设定,调节"电压调节",使第二栅压从 0 V 到 90 V 按最小步进电压值依次增加,一边调节,一边观察和记录实验仪面板上的电流示值,当波形处于谷值附近时放慢调节节奏,在电流反转的电压点上顺时针和逆时针调节电压多次,确定谷值点(顺时针和逆时针调节电流均增大的点),用同样的方法确定后面的 5 个谷值电压点;实验前,可以通过"电压调节"组合键设置 U_{G_2K} 最小电压步进值为 0.1 V、0.2 V 或 0.5 V(实验过程中请不要再改变最小步进值),建议步进值为 0.1 V(方法是按 14 键不放,顺时针旋转编码开关13).

(9) 求出各峰值所对应的电压值,用逐差法求出氩原子第一激发电位,并与公认值相比较,求出相对误差.

自动方式测量步骤如下:

(1) 前几个步骤与手动方式测量步骤1~7一致.

(2) 将夫兰克-赫兹实验仪前面板上"信号输出"接口与示波器CH1通道相连,"同步输出"与示波器触发端接口相连.

(3) 将电压设置切换选择为第二栅压"U_{G_2K}"设定.

(4) 按下测试仪"自动/手动"模式按钮,选择"自动"模式,指示灯亮.

(5) 按下测试仪"启/停"按钮,指示灯亮,自动测试开始,测试仪将按固定的最小步进值(0.2 V)输出U_{G_2K}并实时采集微电流值,同时将采集的数据值动态输出到示波器上.

通过调整示波器的电压幅度、扫描时间和触发设置,使其能在屏幕上实时显示波形. 记录每个曲线峰值位置对应的第二栅压值.

 实验数据记录及处理

1. 手动测量氩管的 I_A-U_{G_2K} 数据.

灯丝电压　　　　　V,第一栅压　　　　　V,拒斥电压　　　　　V.

U_{G_2K}/V	I_A/nA	U_{G_2K}/V	I_A/nA	U_{G_2K}/V	I_A/nA	U_{G_2K}/V	I_A/nA	U_{G_2K}/V	I_A/nA
1		15		29		43		57	
2		16		30		44		58	
3		17		31		45		59	
4		18		32		46		60	
5		19		33		47		61	
6		20		34		48		62	
7		21		35		49		63	
8		22		36		50		64	
9		23		37		51		65	
10		24		38		52		66	
11		25		39		53		67	
12		26		40		54		68	
13		27		41		55		69	
14		28		42		56		70	

续表

U_{G_2K}/V	I_A/nA	U_{G_2K}/V	I_A/nA	U_{G_2K}/V	I_A/nA	U_{G_2K}/V	I_A/nA	U_{G_2K}/V	I_A/nA
71		77		83		89		95	
72		78		84		90		96	
73		79		85		91		97	
74		80		86		92		98	
75		81		87		93		99	
76		82		88		94		100	

2. 在坐标纸上描绘氩原子的 I_A-U_{G_2K} 曲线,并求出曲线各峰值所对应的电压值.

峰值序号 n	1	2	3	4	5	6
U_{G_2K}/V						

3. 求出氩原子的第一激发电位.

方法1:根据 I_A-U_{G_2K} 数据,用逐差法求出氩原子的第一激发电位,并与公认值 U_0 = 11.5 V 相比较,求出相对不确定度.

方法2:作 I_A-U_{G_2K} 曲线(为直线),求出该直线的斜率,即为氩原子的第一激发电位,并与公认值 U_0 = 11.5 V 相比较,求出相对不确定度.

注意事项

1. 使用前应正确连接好夫兰克·赫兹实验仪面板至测试架的连线,连好后至少检查三遍.连线错误会损坏仪器或电子管.

2. 灯丝电压不要超过出厂参考值 0.5 V.

3. 尽管本实验仪配有短路保护电路,但应尽量避免使各组电源线短路.

4. 手动操作完成后,将第二栅压调至零伏.

5. 实验结束后,切断电源,保管好被测电子管.仪器长期放置不用后再次使用时,请先加电预热 30 min 后使用.

思考题

1. 为什么 I_A-U_{G_2K} 曲线中各谷点电流随 U_{G_2K} 的增加而升高?
2. 第一峰值所对应的电压是否等于第一激发电位?原因是什么?
3. 如何测定较高能级激发电位或电离电位?

知识拓展

夫兰克、赫兹及弗兰克-赫兹实验

1925年,德国物理学家夫兰克(图4-23)、赫兹(图4-24)因阐明原子受电子碰撞的能量转换定律而共同获得第25届诺贝尔物理学奖.

图4-23　夫兰克(James Franck,1882—1964)

图4-24　赫兹(Gustar Hertz,1887—1975)

夫兰克1882年8月26日出生于汉堡.在海德堡大学学了一年化学,1902年进入柏林大学学习物理学.当时世界物理学的中心在德国,鲁宾斯(Rubens)、埃米尔·沃伯格(Emil Warburg)、普朗克都是柏林大学教授,后来又有杜鲁德(Drude)与爱因斯坦,他们联合举办的讨论会对夫兰克一生的事业有巨大的影响.

1906年,夫兰克在柏林大学获博士学位后,曾有一短暂时期在法兰克福大学任物理学助教,后来又返回母校柏林大学担任鲁宾斯教授的助教,1911年起在柏林大学讲授物理学,后成为该大学的物理学副教授.1917年起任威廉物理化学研究所(后来改为普朗克研究所)助理教授兼部门领导.1921年,受哥廷根大学物理系主任、物理学家玻恩邀请,担任格丁根大学实验物理学教授并兼任第二实验物理研究所所长.当时,罗伯特·波尔(R.Pohl)已在那里担任特约教授并兼任第一物理研究所所长.这两个研究所设在同一幢楼内.玻恩的这种安排,使三位教授分别在三个系里各得其所又便于接触联系,使研究工作进行得令人满意.他们经常合办讨论会,轮流担任主席.在哥廷根的十二年间,夫兰克与玻恩结成了亲密的伙伴,他们有着共同的科研兴趣,形成了这个区域活跃的科学团体的核心.

1933年,为抗议希特勒反犹太法,夫兰克公开发表声明并辞去教授职务,离开德国去哥本哈根,一年后移居美国,成为美国公民.1935—1938年任约翰·霍普金斯大学物理系教授.1938年起任芝加哥大学物理化学教授,直到1949年退休.第二次世界大战期间,他参加了研制原子弹的有关工程,但与大多数科学家一样,他反对对日本使用原子武器.在芝加哥大学期间,夫兰克还担任该校光合作用实验室主任,对各种生物过程、特别是光合作用的物理化学机制进行了研究.

G.赫兹1887年7月22日出生于汉堡,他是电磁波的发现者H.赫兹的侄子.赫兹在汉堡完成中学学业后,先后就读于哥廷根大学(1906—1907)、慕尼黑大学(1907—1908)和柏林大学(1908—1911),1911 年获博士学位.从 1911 年到 1914 年,赫兹是柏林大学鲁宾斯教授的助理.在此期间,赫兹与夫兰克完成了著名的夫兰克-赫兹实验.

由于爆发了第一次世界大战,赫兹于 1914 年应征入伍,1915 年在一次作战中身负重伤,1917 年回到柏林担任讲师.1920 年到 1925 年期间,赫兹在埃因霍温的飞利浦白炽灯厂物理研究室工作.1925 年赫兹被选为哈雷大学的教授和物理研究所所长.1928 年回到柏林任夏洛特堡工程大学(即柏林工业大学)物理教研室主任.1935 年由于政治原因辞去了主任职务,又回到工业界,担任西门子公司的研究室主任.后来又前往莱比锡的卡尔·马克思大学(即莱比锡大学)的物理研究所任教授和主任,期间的 1945—1954 年,他还在苏联的一家研究实验室任主管.赫兹在 1961 年退休后居住在莱比锡,后来移居柏林.

夫兰克和赫兹对物理学的最大贡献是他们在柏林大学任职时的巨大发现.1914 年,夫兰克和赫兹采用电子碰撞原子的方法,使原子从低能级激发到高能级.他们对电子与原子碰撞时能量交换规律进行了细致研究.在他们的著名实验中,夫兰克与赫兹测定了使电子从原子中电离出来应需要多大的能量.他们让具有一定能量的电子与水银蒸气分子发生碰撞,借以计算碰撞前后电子能量的变化.实验的结果明确地表明:在与水银原子碰撞时,电子严格地损失 4.9 eV 的能量,也就是说,水银原子只能接收 4.9 eV 的能量.这个事实证明了水银原子具有玻尔所设想的那种"完全确定的、互相分立的能量状态".在实验中他们又测得了被激发的原子返回基态时辐射光的频率服从玻尔假设的频率定则.夫兰克-赫兹实验为玻尔理论提供了光谱研究之外的另一种验证手段,为玻尔原子理论提供了直接、独立的实验证据,使它不只是一个假设,而是被实验证实了的模型.

赫兹认为夫兰克虽然主要从事实验研究,但是他又很有理论头脑;而夫兰克自认为动手能力不如赫兹.他们二人互相吸取对方的长处,弥补自己的不足,团结协作、默契配合,进行了长期不懈的研究,因此才取得了令人瞩目的成就.这堪称团队精神、密切配合的典范.

夫兰克在他的诺贝尔奖领奖词中讲道:"在用电子碰撞方法证明向原子传递的能量是量子化的这一科学研究中,我们在工作中犯了一些错误,走了一些弯路,尽管玻尔理论已为这个领域开辟了笔直的通道.后来我们认识到了玻尔理论的指导意义,一切困难才迎刃而解.我们清楚地知道,我们的工作之所以会获得广泛的承认,是由于它和普朗克,特别是和玻尔的伟大思想和概念有了联系."夫兰克-赫兹实验至今仍是探索原子内部结构的主要手段之一.

实验 22 电子顺磁共振实验

实验目的

1. 掌握电子顺磁共振的原理.
2. 通过实验获得 DPPH 样品的朗德 g 因子,以加深对电子顺磁共振实验原理的理解.

实验仪器

DP-EPR 电子顺磁共振实验仪、DPPH 样品.

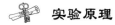 **实验原理**

电子在原子中绕原子核旋转,其轨道角动量记为 $\boldsymbol{L}$,依据经典电磁学理论,电子绕原子核旋转产生的轨道磁矩为

$$\boldsymbol{\mu}_L = -\frac{e}{2m_e}\boldsymbol{L} = -\gamma \boldsymbol{L} \tag{4-10}$$

式中,m_e 为电子质量,$\gamma = \dfrac{e}{2m_e}$ 称为旋磁比. 在量子力学中,电子轨道角动量的大小表达为

$$L = \hbar\sqrt{l(l+1)},\quad l = 0, 1, 2, \cdots \tag{4-11}$$

其中 l 为轨道角量子数,$\hbar$ 为约化普朗克常数. 电子的轨道角动量在 z 方向上的投影大小为

$$L_z = m_l \hbar,\quad m_l = 0, \pm 1, \cdots, \pm l \tag{4-12}$$

式中 m_l 为磁量子数. 因此电子的轨道磁矩可以表示为

$$\mu_L = -\frac{e\hbar}{2m_e}\sqrt{l(l+1)} = -\mu_B\sqrt{l(l+1)},\quad l = 0, 1, 2, \cdots \tag{4-13}$$

$$\mu_{L,z} = -\frac{e\hbar}{2m_e}m_l = -m_l\mu_B,\quad m_l = 0, \pm 1, \cdots, \pm l$$

其中 $\mu_B = \dfrac{e\hbar}{2m_e}$ 称为波尔磁子,是轨道磁矩的最小单位,它是原子物理学中一个重要常数.

1925 年乌仑贝克(G. E. Uhlenbeck)和古兹米特(S. Goudsmit)为了说明碱金属原子能级的双层结构,首先提出了"电子自旋"的假设:电子不是点电荷,它除了轨道角动量外,还有自旋运动,即有固有的自旋角动量($\boldsymbol{S}$),其大小为

$$S = \hbar\sqrt{s(s+1)} \tag{4-14}$$

其中 $s = \dfrac{1}{2}$,为电子的自旋量子数,自旋角动量 $\boldsymbol{S}$ 在 z 方向上只有两个取值:

$$S_z = \pm s\hbar = \pm\frac{1}{2}\hbar \tag{4-15}$$

在此基础上,两人进一步提出假设:电子的自旋磁矩在外磁场方向上的分量为 1 个波尔磁子 μ_B:

$$\mu_{S,z} = \mp \mu_B = g_s s \mu_B \tag{4-16}$$

式中 g_s 被称为朗德(Lande) g 因子,它的通用定义为

$$g = \frac{\text{测量到的 } \mu_S(z)(\text{以 } \mu_B \text{ 为单位})}{\text{角动量在 } z \text{ 方向上的投影}(\text{以 } \hbar \text{ 为单位})} \tag{4-17}$$

因此,g_s 表示电子自旋运动 g 因子. 该假设直到 1944 年被扎伏伊斯基通过电子顺磁共振实验予以证实,并可以从狄拉克的相对论量子力学严格导出. 上面两式可以看出,由于电子带负电,原子的自旋磁矩、轨道磁矩和各自的角动量方向相反.

电子的总角动量 $\boldsymbol{J}$ 为电子自旋角动量和轨道角动量的矢量和:

$$\boldsymbol{J} = \boldsymbol{L} + \boldsymbol{S} \tag{4-18}$$

同理,电子的总磁矩也是自旋磁矩和轨道磁矩的矢量和,按照朗德 g 因子的定义,电子的总磁矩及其在 z 方向上的投影为

$$\mu_J = -\sqrt{j(j+1)}\, g_j \mu_B$$

$$\mu_{J,z} = -m_j g_j \mu_B, \quad m_j = -j, -j+1, \cdots j \tag{4-19}$$

注意到，总角动量 J、自旋角动量 S 和轨道角动量 L 的空间分布都是量子化的．按照量子力学理论，在原子序数较小的原子中，只考虑电子 L-S 耦合，朗德 g 因子为

$$g_j = 1 + \frac{J(J+1) - L(L+1) + S(S+1)}{2J(J+1)} \tag{4-20}$$

由此可见，若只考虑电子的轨道磁矩（$J=L$，$S=0$），$g_j=1$；若只考虑电子的自旋磁矩，$g_j=2$．原子中，原子核的磁矩非常小，因此原子的总磁矩主要由电子的总磁矩 $\boldsymbol{\mu}_J$ 决定．因此精确测定原子的 g 因子，可以推断原子内部电子的运动，从而有助于了解原子的结构．

若原子中有未成对电子，当它处于稳恒外磁场中时，会发生因电子磁矩与外磁场相互作用而产生的塞曼分裂．即在外磁场中，电子的能量为

$$E = -m_j g_j \cdot \mu_B \cdot B_0 \tag{4-21}$$

因此能级间距为

$$\Delta E = g_j \cdot \mu_B \cdot B_0 \tag{4-22}$$

如果在电子所在的稳恒磁场区，再叠加一个同稳恒磁场垂直的频率为 ω_0 的交变磁场 B_1，当它的能量（$\hbar\omega_0$）与塞曼能级间距相匹配时，即

$$\hbar\omega_0 = g_j \cdot \mu_B \cdot B_0 \tag{4-23}$$

就会发生物质从电磁波吸收能量的共振现象，这种现象即为电子顺磁共振（Electron Paramagnetic Resonance，EPR）．由于这种顺磁现象的起因主要为电子的自旋，也称之为电子自旋共振（Electron Spin Resonance，ESR）．式（4-23）可以改写为

$$\omega_0 = g_j \cdot \frac{\mu_B}{\hbar} \cdot B_0 \tag{4-24}$$

或

$$f_0 = g_j \cdot \frac{\mu_B}{h} \cdot B_0 \tag{4-25}$$

在 ESR 中，包含两个过程：

（1）受激跃迁过程：受激跃迁过程中从整个系统来说是电子自旋磁矩吸收 B_1 的能量占优势，使高低能级上粒子差数减少而趋于饱和．

（2）弛豫过程．① 自旋-晶格相互作用．这是自旋电子与周围其他质点交换能量，使电子自旋磁矩在磁场中从高能级状态返回低能级状态，以恢复玻尔兹曼分布，这种作用的特征时间用 T_1 来表示，称为自旋-晶格弛豫时间．② 自旋-自旋相互作用．它发生于自旋电子之间，使得各个自旋电子所处的局部场不同，其共振频率也相应有所差别，从而电子自旋磁矩在横向平面上的投影趋于完全的无规分布，这种作用特征时间用 T_2 表示，称为自旋-自旋弛豫时间．

1944 年开始，电子自旋共振（ESR）逐渐发展成为一项新技术，其研究对象是具有原子固有磁矩的顺磁性物质，如 $3d$ 壳层未满的铁族与 $3d$ 壳层未满的稀土族元素所组成的化合物以及含有自旋不配对的自由基有机化合物．通过 ESR，我们可以了解复杂原子的电子结构、晶体结构、偶极矩及分子结构、有机化合物中的化学键、电子密度分布以及相关反应机理．因此电子自旋共振是一种重要的近代物理实验技术，在物理、化学、生物、医学等领域有广泛的应用．

本实验要求观察电子自旋共振现象和顺磁离子对共振信号的影响，利用 DP-EPR 电子顺磁共振实验仪来测量 DPPH 样品中电子的朗德 g 因子．

实验内容

一、恒定磁场 B_0 与扫场磁场 B_1

ESR 实验中的恒定磁场 B_0 与扫场磁场 B_1 由两个同轴螺线管线圈通电后产生.

磁感应强度为

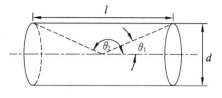

图 4-25　螺线管

$$B_0 = 4\pi nI \times 10^{-7} \cos\theta_1 = 4\pi nI \frac{1}{\sqrt{1+\left(\frac{d}{l}\right)^2}} \times 10^{-7} \quad (4\text{-}26)$$

式中 n 为单位长度上的线圈匝数,单位为匝/米;I 为电流,单位为 A;B_0 的单位为 T;d、l 见图 4-25. 50 Hz 交流电流经扫场线圈时产生 B_1,$B_1 = B_m \cos\omega t$. 螺线管中心处的磁感应强度为

$$B = B_0 + B_m \cos\omega t \quad (4\text{-}27)$$

B_0 和 B_1 的方向垂直于水平面.

二、样品

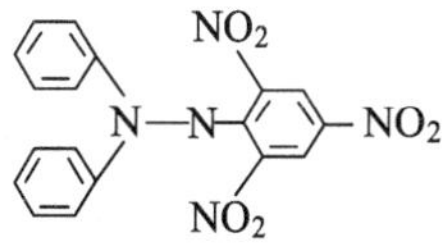

本实验采用含有自由基的有机物"DPPH",其分子式为 $(C_6H_5)_2N-NC_6H_2(NO_2)_3$,被称为"二苯基苦酸基联氨",其结构式如图 4-26 所示,在第二个氮原子上存在一个未偶电子——自由基,ESR 就是观测该电子的自旋共振现象. 这种"自由电子"没有轨道磁矩,只有自旋磁矩. 这里需要指出的是,这种"自由电子"也并不是完全自由的,DPPH 的 ESR 信号很强,其常被用作测量 g 因子值接近 2.00 的样品的一个标准信号.

图 4-26　分子式

根据式(4-25),如果实验中测得了共振频率 f_0 和相应的恒定磁场 B_0,便可计算出原子的 g 因子.

$$g = 0.714\,5 \cdot \frac{f_0}{B_0} \quad (4\text{-}28)$$

式(4-28)中 f_0 的单位是 MHz,B_0 的单位为 Gs.

三、连接线路

1. 根据图 4-27 所示检查仪器线路,熟悉有关器件使用方法,通电预热,观察其是否正常工作,在此前提下:

① 调节振荡器的频率调节,使频率计示值为 25～33 MHz.

② 使螺丝管恒定磁场的工作电源为 8～12 V.

③ 扫场调节适当输出.

④ 调节 SBR-1 示波器,使"x 轴作用"的扩展扫描为某一示位,使"y 轴作用"灵敏度为某一示位,最终应在示波器上观察到位置、幅值适当的共振吸收信号.

⑤ 在得到共振信号后,在确定 f_0 不变的情况下调节 B_0,以求获得等间距共振信号,如图 4-28 所示.

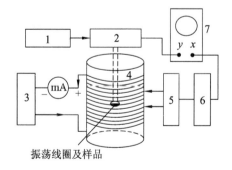

1—频率计；2—边限振荡器；
3—稳流电源；4—螺线管；
5—50 Hz 扫场电源；6—移相器；
7—示波器

图 4-27　仪器线路

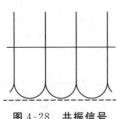

图 4-28 共振信号

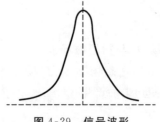

图 4-29 信号波形

⑥ 在得到等间距共振信号后,分别依次改变磁场强度 B_0、射频频率 f_0、扫场幅度来观察信号的位置和形状变化.

⑦ 重新调好等间距共振信号,将"x 轴作用"转至"外接"某一示位,即在屏上观察到如图 4-29 所示的两个形状近似对称的信号波形.

⑧ 调节移相,使之初步得到左右对称、高度适中、尖峰重合的波形.

⑨ 计算 B_0 值. 根据式(4-26),可得

$$B_0 = 4\pi \cdot \frac{N}{l} \cdot \frac{U}{R}\cos\theta_1 \times 10^{-3} \text{Gs} \tag{4-29}$$

式中 N 为线圈匝数,本实验参考值约为 346 匝;l 为线圈绕制长度,本实验约为 182 mm,即 0.182 m;U 为螺线管磁场电压;R 为螺线管电阻,本实验中的螺线管电阻参考值为 15.1 Ω,精确值可以自行测量;如图 4-25 所示,根据本实验产生恒定磁场 B_0 的螺线管尺寸(绕线部分:l 为 182 mm,d 为 148 mm)、线径(0.47 mm),可得 $\theta_1 = 39.2°$.

2. 消除地磁场的影响.

地磁场的存在必然影响 B_0 的计算,无论螺线管如何放置,地磁场的水平分量或垂直分量必叠加在 B_0 之上,因此应予以消除,其方法就是采取螺线管通电电流倒向法.

先设定按图 4-28 调定的共振信号地磁场垂直分量与螺线管产生的磁场方向相同,根据式(4-25),有

$$f_0 = g\frac{\gamma}{2\pi}(B_0 + B_{地}) \tag{4-30}$$

而当螺线管通电电流倒向后地磁场垂直分量与螺线管产生的磁场方向相反,合成磁场使共振信号偏移,如欲恢复到原先位置就得重新调整螺线管通电电流,此时螺线管产生的磁场为 B_0',故

$$f_0 = g\frac{\gamma}{2\pi}(B_0' - B_{地}) \tag{4-31}$$

两式相减,有

$$B_{地} = \frac{1}{2}(B_0' - B_0) \tag{4-32}$$

通过这个方法,地磁场的垂直分量 $B_{地}$ 可以求出.

3. 测 DPPH 样品的朗德 g 因子.

根据公式:$g = 0.714\ 5 \times \frac{f_0}{B_0}$(MHz/Gs),给定一个 f_0 的情况下采用上述消除地磁场的方法求得 B_0 值,计算 g 值.

	f_0	U	B_0 根据式(4-26)计算	$\overline{B}_0 = \dfrac{B_0 + B_0'}{2}$	$g = 0.714\,5\dfrac{f_0}{B_0}$
1		U=	$B_0=$		
		U'=	$B_0'=$		
2		U=	$B_0=$		
		U'=	$B_0'=$		

$\overline{g}=$

表中,U 为正向磁场电压,U' 为反向磁场电压.

4. 测共振线宽,并估算 T_2 值.

实际的 ESR 不只是发生在单一频率上,而是发生在一定频率范围内,即谱线有一定的宽度.共振吸收信号的谱线宽度(简称线宽)通常用半高宽表示,如图 4-30 所示.

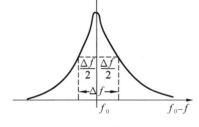

图 4-30 谱线宽度

在 B_0 不是很强时:

$$f - f_0 = \Delta f = \frac{1}{T_2} \tag{4-33}$$

若采用样品吸收磁感应强度信号来表征 T_2,因 $\Delta f = g_j \cdot \dfrac{\mu_B}{h} \cdot \Delta B$,则可测得 T_2 值:

$$T_2 = \frac{h}{g_j \mu_B \Delta B} \tag{4-34}$$

知识拓展

核磁共振

原子中,除了电子有自旋磁矩外,原子核也有自旋磁矩.原子核的自旋量子数与原子序数和原子的质量数相关联.当原子的原子序数和原子的质量数都为偶数时,原子核的自旋量子数为零,因此也没有自旋磁矩.

原子核的自旋量子数为 I,与电子自旋磁矩的推导过程相似,产生的自旋磁矩为 $\mu_I = -\gamma P_I$,γ 为旋磁比,$P_I = \hbar \sqrt{I(I+1)}$.当有自旋磁矩的原子处于外加磁场 B_0 中,核能级发生 $2I+1$ 重劈裂,称为原子核的塞曼分裂.在该外加磁场中,核能级能隙为 $\Delta E = \gamma \Delta m \hbar B_0 (\Delta m = \pm 1)$,当再加入一个交变磁场,使得交变磁场的能量子满足核能级能隙,从而发生核能级跃迁.因此可以通过外加磁场和交变磁场的参数,解析原子核的核能级,进而了解分子的化学结构和分子动力学的信息.因此核磁共振技术已成为分子结构解析以及物质理化性质表征的常规技术,在物理、化学、生物、医药、食品等领域得到广泛应用,在化学中更是常规分析不可缺少的手段.20 世纪 70 年代,在磁共振频谱学和计算机断层技术等基础上,发展了医学核磁共振成像技术,对脑、甲状腺、肝、胆、脾、肾、肾上腺、子宫、卵巢、前列腺等实质器官以及心脏和大血管有绝佳的诊断功能.人体内含有非常丰富的水,不同的组织,水的含量也各不相同,医用核磁共振成像技术就是通过识别水分子中氢原子信号的分布来推测水分子在人体内的分布,从而绘制出一幅比较完整的人体内部结构图像,进行疾病诊断.

与磁共振相关的诺贝尔奖如下：

1943年，美籍德国人O. Stern因发展分子束的方法和发现质子磁矩获得当年诺贝尔物理学奖．

1944年，美籍奥地利人I. I. Rabi因应用共振方法测定了原子核的磁矩和光谱的超精细结构获得当年诺贝尔物理学奖．

1952年，美籍科学家Bloch和Purcell因首次观察到宏观物质核磁共振信号获得当年诺贝尔物理学奖．

1991年，瑞士科学家R. Ernst因发明了傅里叶变换核磁共振分光法和二维及多维的核磁共振技术获得当年诺贝尔化学奖．

2002年，瑞士波谱学家Kurt. Wuthrich因发明了利用核磁共振技术测定生物大分子三维结构的方法获得当年诺贝尔化学奖．

2003年，美国科学家Paul C. Lanterbur和英国科学家Peter Mansfield因发明磁共振成像技术无损地从微观到宏观来系统地探测生物活体的结构和功能获得当年诺贝尔生理或医学奖．

实验23 扫描Fabry-Perot干涉仪及其在塞曼效应等高分辨率光谱检测中的应用

实验目的

1. 了解F-P干涉仪的原理．
2. 掌握F-P干涉仪的调整、使用方法．
3. 利用气压扫描法测定标准具的主要技术指标．
4. 应用F-P干涉仪测定塞曼效应等．

实验仪器

气压扫描Fabry-Perot干涉仪（简称F-P干涉仪）、单频He-Ne激光器及其电源、硅光电池探测器、函数记录仪或PC、扩束平行光管、电磁铁及其电源、特斯拉计、笔形汞灯及其电源、聚光透镜．

实验原理

一、F-P干涉仪的简要描述

F-P干涉仪的核心是两个平面性和平行性极好的高反射光学镜面，它可以是一块玻璃或石英平行平板的两个面上镀制的镜面，也可以是两块相对平行放置的镜片，即为空气间隔，如图4-31所示．前一种形式结构简单，使用时无需调整，比较方便，体积也小，但由于材料的均匀性和两面加工平行度往往达不到很高水平，故性能不如后者优良．用固定间隔来定位的F-P干涉仪又常被称为F-P标准具．间隔圈常用热膨胀系数小的石英材料（或零膨胀微晶玻璃）．它在三个点上与平镜接触，用三个螺丝调节接触点的压力，可以在小范围内改变二镜面的平行度,使之达到满意的程度.使用时常在干涉仪的前方加聚光透镜,后方则用成像透镜把干涉图成像于焦平面上,如图 4-32 所示.

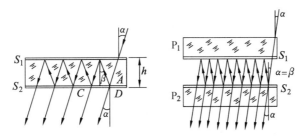

图 4-31 F-P 干涉仪的多光束干涉

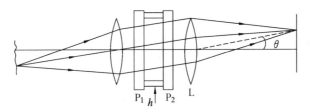

图 4-32 F-P 干涉仪的使用

F-P 干涉仪采用多光束干涉原理,关于多光束干涉的详细理论可参阅有关专著,我们在此就直接利用一些关系式.

设每一镜面的反射率都为 R,透过率为 T,吸收散射等引起的损耗率为 τ,则有

$$R+T+\tau=1 \tag{4-35}$$

图 4-31 中相邻两光束的光程差为

$$\Delta=2nh\cos\beta=2h\sqrt{n^2-\sin^2\alpha} \tag{4-36}$$

其中 h 为镜面间隔距离,n 为镜间介质折射率,α 为入射光束投射角,β 为光束在镜面间的投射角.干涉条纹定域在无穷远,在反射中光强分布由下式决定:

$$I^R=I_0 R\frac{[1-(1-\tau)(R+T)]^2+4(1-\tau)(R+T)\sin^2\frac{\Phi}{2}}{[1-(1-\tau)R]^2+4(1-\tau)R\sin^2\frac{\Phi}{2}} \tag{4-37}$$

在透射光中光强分布为

$$I^T=I_0\frac{(1-\tau)T^2}{[1-(1-\tau)R]^2+4(1-\tau)R\sin^2\frac{\Phi}{2}} \tag{4-38}$$

其中 I_0 为入射角为 α 的入射光强;而 Φ 为相邻光束的相位差,来自式(4-36)表示的光程差 Δ 和两次反射时的相位差变化 δ_1、δ_2:

$$\Phi=\frac{2\pi\Delta}{\lambda}+\delta_1+\delta_2 \tag{4-39}$$

其中 δ_1、δ_2 对金属膜可认为是常数,对介质膜来说它们是零,下面我们不予考虑.所以对一定波长的单色光,Φ 因入射角 α 而变.可见干涉极大的角分布是以镜面法线为轴对称分布的.在图 4-31 所示的成像透镜焦面上得到一套同心环.干涉图的圆心位置在通过透镜光心的 F-P 镜面法线上.

当镜面的吸收率可忽略时,式(4-37)、式(4-38)可简化为

$$I^R = I_0 \frac{4R\sin^2\frac{\Phi}{2}}{(1-R)^2 + 4R\sin^2\frac{\Phi}{2}} \tag{4-40}$$

$$I^T = I_0 \frac{(1-R)^2}{(1-R)^2 + 4R\sin^2\frac{\Phi}{2}} \tag{4-41}$$

它们的分布图如图 4-33 所示,可见反射光是亮背景上的暗环,透射光是暗背景上的亮环,两者是互补的,其和等于入射光强 $I_0(\alpha)$.

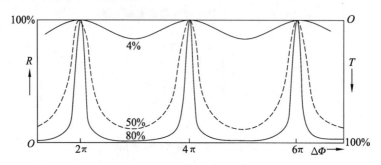

图 4-33 透射光和反射光

根据式(4-38)或式(44-41)知,透射光强在光程差满足以下条件的角方位上有极大值:

$$m\lambda = \Delta = 2nh\cos\beta = 2h\sqrt{n^2 - \sin^2\alpha} \tag{4-42}$$

其中 m 为干涉级次,是正整数.

二、F-P 干涉仪的技术参数

F-P 干涉仪作为光谱仪器,其主要参数是:① 角色散和线色散;② 不重叠光谱范围;③ 峰值透过率;④ 衬比因子;⑤ 分辨率、仪器宽度和细度.其中③、④、⑤三项是衡量 F-P 干涉仪质量的主要指标,而尤以⑤最为重要.

把式(4-42)对 λ 微分,可得角色散为

$$\frac{d\alpha}{d\lambda} = \frac{-1}{\lambda\cos\alpha\sin\alpha}\left[n^2 - \sin^2\alpha - \lambda n\frac{dn}{d\lambda}\right] \tag{4-43}$$

$$\approx -\frac{n}{\lambda\alpha} \quad (\text{当 } \alpha \text{ 和 } \frac{dn}{d\lambda} \text{小时})$$

可见角色散与镜间距离和反射膜性质无关,当入射角 $\alpha \to 0$ 时,

$$\left|\frac{d\alpha}{d\lambda}\right| \to \infty$$

负号表示 λ 增大时,相应的透射光束 α 变小. 玻璃平行平板($n\approx 1.5$)F-P 标准具比空气板标准具的角色散约大 n^2 倍.

在成像透镜焦面上所得干涉圈的线色散显然为

$$\frac{dr}{d\lambda} = f \cdot \frac{d\alpha}{d\lambda} \approx -\frac{f}{\lambda\alpha} \approx -\frac{f^2}{\lambda r} \tag{4-44}$$

式中 f 为透镜焦距,r 为干涉环半径.

把式(4-42)对 m 微分,把 λ 作为常数,再令 $\Delta m = 1$,可得相邻干涉级次间的角间隔

$$\Delta\alpha\bigg|_{\Delta m=1}=-\frac{\lambda}{2h\sin\alpha\cos\alpha}\sqrt{n^2-\sin^2\alpha}\xrightarrow{n=1\text{时}}-\frac{\lambda}{2h\sin\alpha} \quad (4\text{-}45)$$

焦面上单色光相邻干涉环的间距为

$$\Delta r\bigg|_{\Delta m=1}=f\cdot\Delta\alpha=-\frac{\lambda f}{2h\sin\alpha}\xrightarrow{\alpha\text{ 小时}}-\frac{\lambda f^2}{2hr} \quad (4\text{-}46)$$

可见镜间距离增大时,干涉环的间隔距离缩小;成像透镜焦距 f 增大时,干涉环间隔迅速增大.为了得到便于观察的干涉图,需选用焦距适当的成像透镜.当采用有限空间分辨率的探测器探测时,应采用适当焦距的透镜来获得必要的线色散,可以看出,把探测器置于干涉环中心($\alpha\to 0, r\to 0$)是有利的.

不重叠光谱范围也称自由光谱区,当一个波长 λ 的第 m 级次干涉极大与另一波长($\lambda+\Delta\lambda_{\text{FSR}}$)的第($m-1$)级次重叠时,关于两者的波长差 $\Delta\lambda_{\text{FSR}}$,由上面的讨论应有

$$\frac{\mathrm{d}\alpha}{\mathrm{d}\lambda}\Delta\lambda_{\text{FSR}}=\Delta\alpha\bigg|_{\Delta m=1} \quad (4\text{-}47)$$

根据式(4-43)和式(4-45),有

$$\Delta\lambda_{\text{FSR}}=\frac{\lambda^2\sqrt{n^2-\sin^2\alpha}}{2h\left[n^2-\sin^2\alpha-\lambda n\dfrac{\mathrm{d}n}{\mathrm{d}\lambda}\right]} \quad (4\text{-}48)$$

分母中第三项不大,可忽略不计,当 α 为小角度时 $\sin^2\alpha$ 也很小.这时有

$$\Delta\lambda_{\text{FSR}}\approx\frac{\lambda^2}{2nh}\xrightarrow{n=1\text{时}}\frac{\lambda^2}{2h} \quad (4\text{-}49)$$

若用频率表示,则为

$$\Delta\nu_{\text{FSR}}=\frac{c}{2nh}\xrightarrow{n=1\text{时}}\frac{c}{2h}$$

若用波数表示,则为

$$\Delta\tilde{\nu}_{\text{FSR}}=\frac{1}{2nh}\xrightarrow{n=1\text{时}}\frac{1}{2h} \quad (4\text{-}50)$$

它与波长无关,只取决于镜间光程.如果入射光中各谱线成分的间隔大于不重叠区时,就会发生干涉图重叠,不能确定它们干涉级次的相对高低,从而不能确定其波长差.相反,如果入射光中的谱线间隔比自由光谱区小得多,就不易被分辨开.所以镜间距应根据研究对象的光谱范围来选择.例如,塞曼效应中,汞 5 461 Å 谱线的塞曼分裂可达 0.75Å,故选用 2 mm 的镜间隔.

由式(4-38)和式(4-42)可见,干涉仪的峰值透过率为

$$T_{\max}=\frac{I_{\max}^{\text{T}}}{I_0}=\frac{(1-\tau)T^2}{[1-(1-\tau)R]^2}\xrightarrow{\tau=0}1 \quad (4\text{-}51)$$

可见,随着 $\tau\to 0$,$T_{\max}\to 1$;而当 τ 一定时,随反射率 R 的增大,$T_{\max}$ 减小,如图 4-34 所示.为了不过分损失透射强度,反射率不能取太高.透射光极小值则为

$$I_{\min}^{\text{T}}=\frac{(1-\tau)T^2}{[1+(1-\tau)R]^2}\cdot I_0 \quad (4\text{-}52)$$

当 $\tau=0$ 时,

$$I_{\min}^{\text{T}}=\frac{T^2}{(1+R)^2}\cdot I_0$$

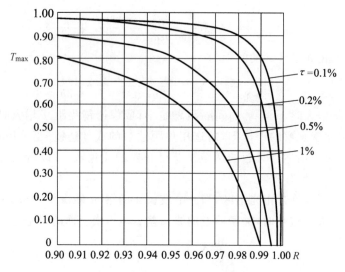

图 4-34　T_{max} 与 τ 和 R 的关系

干涉仪的重要指标之一——衬比因子 C（也称对比度）为

$$C = \frac{I_{max}^T}{I_{min}^T} = \frac{[1+(1-\tau)R]^2}{[1-(1-\tau)R]^2} \xrightarrow{\tau \to 0} \left(\frac{1+R}{1-R}\right)^2 \tag{4-53}$$

可见对比度主要取决于反射率 R，随 R 增大而急剧增大. 由于最小透射光强 I_{min}^T 并不是零，所以强谱线的背景透射可能淹没弱谱线的透射峰，对比度反映了谱线之间可能的最大隔离程度.

一般 F-P 干涉仪对于理想单色光透射光强减到峰值一半所对应的相位宽度 $\Delta\Phi = 2\delta\Phi$ 是不大的，式(4-41)分母中两项相等时就是求得 $\delta\Phi$ 的条件，其中取

$$\sin\frac{\Phi}{2} = \sin\left(m\pi + \frac{\delta\Phi}{2}\right) \approx \pm\frac{\delta\Phi}{2}$$

可得

$$\Delta\Phi = 2\delta\Phi = \frac{2(1-R)}{\sqrt{R}} \tag{4-54}$$

透射峰半高处宽度除以相邻峰间距就是细度. 相邻级次的干涉峰相应于 2π 相位差，所以 F-P 干涉仪的细度为

$$F_R = \frac{2\pi}{\Delta\Phi} = \frac{\pi\sqrt{R}}{(1-R)} \tag{4-55}$$

可见细度由反射率决定，而与 h 无关. 这里假定两镜面是理想的平行平面，故 F_R 称为反射率细度. 图 4-35 曲线 1 表示式(4-55)所示的 F_R-R 关系. 细度越大，分辨紧邻谱线的能力越强，但不能靠无限制地提高 R 来提高细度. 细度严重地受限于镜面的平面度和平行度. 平行度往往可以调整，尽量调到最佳，但平面度却受限于工艺技术，不可能达到理想状态，这往往是限制细度的主要原因.

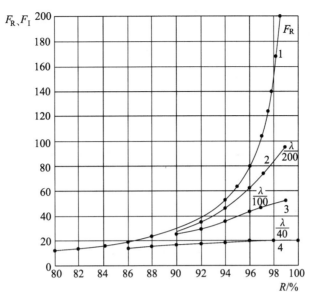

图 4-35　F 和 R 的关系

由于有平面误差和平行误差,所以在全孔径范围内,h 是坐标(x,y)的函数.镜面的平面平整度通常用全孔径范围内以波长 λ 表示的最大起伏$\frac{\lambda}{M}$来表示,如$\frac{\lambda}{30}$、$\frac{\lambda}{100}$、$\frac{\lambda}{200}$等.用单色平行光束垂直镜面投射时,由于各处 h 略有差别,就不能同时满足干涉透射峰的条件.如果 h 的起伏较大,扫描过程中透射光只以等厚条纹的形式出现,扫过全孔径.h 起伏小时,可能全孔径同时有透射光,但各处达到峰值的时刻会不同.

由于各处峰值叉开,就必然使全孔径的透射峰加宽和畸变,使峰值和细度都减小.平整度误差为$\frac{\lambda}{M}$的一对镜片,对应的干涉光束有$\frac{4\pi}{M}$的光程差起伏,会引入附加"平整度细度"为

$$F_{\mathrm{F}}=\frac{M}{2} \tag{4-56}$$

另外,探测器的有限空间分辨率也会影响到实际的细度,例如,在 F-P 干涉仪成像透镜焦面上的干涉环的中心设置一个直径为 d 的小孔光阑,探测通过小孔的光,有限大小的小孔光阑会引入附加的"小孔细度"(pinhole fineness):

$$F_{\mathrm{P}}=\frac{4\lambda f^2}{h d^2} \tag{4-57}$$

考虑到反射率细度 F_{R}、平整度细度 F_{F}、小孔细度 F_{P},仪器的综合细度 F_{I} 满足:

$$\frac{1}{F_{\mathrm{I}}^2}=\frac{1}{F_{\mathrm{R}}^2}+\frac{1}{F_{\mathrm{F}}^2}+\frac{1}{F_{\mathrm{P}}^2} \tag{4-58}$$

为了使小孔细度不明显影响综合细度,可选用 d 足够小的小孔光阑和焦距 f 较大的成像透镜.通常对 F_{I} 的主要限制来自 F_{F}.图 4-35 中曲线 2、3、4 表示了这种限制.可见镜面平面度对 F-P 干涉仪的细度有着决定性影响.缩小标准具的使用面积,可以减小平面误差的影响,提高 F_{F}.当光束截面很小时,可忽略 F_{F} 的影响,使 $F_{\mathrm{I}} \approx F_{\mathrm{R}}$,达到很高的值.缩小使用面积带来的不良影响是减少了标准具的集光本领,同时使不垂直入射的光束在多次反射时,很

快偏到孔径以外,减少了干涉光束数,从而使分辨率随入射角 α 的增大而迅速减小.

如果两个单色光 λ 和 $(\lambda+\delta\lambda)$ 的峰值间隔正好为式(4-54)所示的 $\Delta\Phi$,则 $\delta\lambda$ 称为干涉仪本身的仪器宽度.取式(4-39)对 λ 的微分,再利用式(4-54),即可得

$$\delta\lambda = \frac{\lambda^2(1-R)}{2nh\cos\beta \cdot \pi\sqrt{R}} = \frac{\lambda^2}{2nh\cos\beta} \cdot \frac{1}{F} \quad (4-59)$$

$$\approx \frac{\lambda^2}{2nh} \cdot \frac{1}{F}$$

仪器宽度就等于自由光谱区除以细度.用波数表示仪器宽度为

$$\delta\nu = \frac{1}{2nh\cos\beta} \cdot \frac{1}{F} \approx \frac{1}{2nhF} \quad (4-60)$$

可见,仪器宽度的波数值与细度和镜间距离 h 成反比.

仪器的分辨本领为

$$\frac{\lambda}{\delta\lambda} = \frac{2nh\cos\beta}{\lambda} \cdot F \quad (4-61)$$

可见分辨本领与细度 F 成比例,与镜间介质折射率 n 或镜间距离 h 成正比.当 h 增大时,使干涉环直径及环间隔都减小,使不重叠光谱范围减小,使干涉仪的调整变得困难.

综上所述,对于镜间介质折射率确定的 F-P 干涉仪的角色散是一致的;线色散取决于成像透镜的焦距;不重叠光谱范围反比于镜间距离;峰值透过率和衬比因子取决于镜面反射膜的反射率和损耗率;仪器宽度和分辨本领取决于镜间距离和细度的乘积;对于理想的平行平面 F-P 干涉仪,细度 F_R 仅取决于反射率,在实际情况下,仪器能达到的细度 F_I 受限于镜面的平面平整度和平行度以及接受小孔光阑的直径.在应用 F-P 标准具时,应根据具体要求选择镜间间隔、镜面反射率、细度及成像透镜焦距.反映 F-P 干涉仪质量的指标主要是峰值透过率 T_{max}、衬比因子 C 和综合细度 F_I,而以细度尤为重要.其他还有温度稳定性、抗震性能等.

在 F-P 干涉仪中,使镜面具有高反射率和低损耗率是很关键的.金属膜制备简单,高反射率的光谱范围大,但光的损耗率也大,银膜在红光和黄光区域的反射率可达 95%,但在紫光区域就比较差了,到 3 100 Å 左右反射率降到接近零.铝膜在红光和黄光区域反射率接近银膜,对于波长较短的光,铝膜优于银膜,可一直用到 2 000 Å.现在多层介质膜技术可以容易制得 R 在 99% 以上的高反射膜,而损耗 $\tau \leqslant 0.2\%$.高反射率的光谱带宽通常约为 1 000 Å 左右,采用特殊宽带膜系可得更宽的高反射带宽.究竟采用多大的 R,取决于要求有多大的 F_R 和由 τ 及 R 决定的 T_{max}.采用多层介质膜时还应注意膜层应力对平镜平面度的不良影响.

三、干涉光谱的观测和记录方法

可采用目视或照相法.目视法一般用目视测量显微镜进行,方便直观,但易引入主观测量误差,不能作干涉光谱的强度测量,不能得到原始可保存资料;采用照相法时应注意选用焦距适当的照相镜头.也可以用摄像机摄下干涉图,在显示屏幕上对干涉图进行数据处理,这样可免除拍照和暗室冲洗的烦琐.采用目前流行的 CCD 摄像机具有小巧方便和附加畸变小的优点,但其像素有限,同时,干涉图愈向外圈,色散愈小,分辨本领和光强也都愈小.下面着重介绍扫描光电记录法.

由 F-P 干涉仪的光程差表示式 $\Delta = 2nh\cos\beta$ 可知,改变镜间距离 h、改变镜间气体压强从而改变折射率 n 以及改变角度 β 都可以改变光程差 Δ,从而实现干涉光谱的扫描.

改变倾角法通常是转动标准具本身,在成像透镜焦平面上设置一段短狭缝光阑,随着标

准具法线取向的变化,使整套干涉环在垂直狭缝光阑的方向过中心地扫过狭缝光阑,光电探测器接收通过光阑的光强.这种方法容易实施,容易扫过多个干涉级次,适用于 h 和 n 不易改变的实心介质标准具.其缺点是标准具的角色散的非线性,使得扫描也是非线性的;不能利用干涉圈中心色散最大处;倾角大时,干涉光束数目减少,从而分辨率下降.

较好的办法是扫描 h 或 n,这时干涉环的圆心位置不变,而从中心冒出(h 或 n 增大)或湮灭(h 或 n 减小),同时探测通过中心小孔光阑的光强,得到如图 4-33 所示的信号.这样能利用中心色散最大处,扫描是线性的,分辨率是一致的.

改变 h 可用精密丝杆匀速移动一面镜子来实现,但这种方法稳定性差,一般不采用.通常把干涉仪的一面镜子固定在可以伸缩的支承材料上.这种伸缩可以是压电伸缩或磁致伸缩,也可以热胀冷缩(这时需把干涉仪置于温度可均匀而线性变化的温室内),这类方法操作方便,其中压电伸缩用得最多.其主要缺点是在改变 h 时,不易保持两镜严格的平行,同时必须有一镜是可动支撑结构,使其机械稳定性和温度稳定性降低.但采取严格措施,还是能达到满意的程度.

改变镜间气压来扫描干涉光谱是广泛采用的最简单而可靠的方法,它不会破坏两镜的平行性,采用固定间隔环的 F-P 标准具的稳定性好,对振动干扰不太敏感,容易做到较好的线性慢扫.这种方法的局限性在于气压不能很快改变,故不适合研究波长和光强较快改变的光源;还有必须有足够的镜间间隔,才能方便地实现几个干涉级次的扫描范围.让我们来估算一下,改变气压时,标准具光学厚度的相应改变有多大.理论和实验都表明,在相当大的气压范围内,气体折射率 n 与气体密度 ρ 有很好的线性关系,在温度 T 不变时与气压 p 也有线性关系:

$$n-1=A'\rho=A''\cdot\frac{p}{T}=Ap \tag{4-62}$$

其中 A'、A'' 和 A 为常数.光束入射角接近 $0°$ 时,干涉级次为 $m=\frac{2nh}{\lambda}$,气压改变 Δp 时,干涉级次的改变为

$$\Delta m=\frac{2h}{\lambda}\cdot A\cdot\Delta p \tag{4-63}$$

如果采用空气,在标准条件下,$A=2.93\times10^{-4}$ 大气压$^{-1}$,当 $\lambda=5\,500$ Å,$h=2$ mm,$\Delta p=2$ 大气压时,能扫过干涉级次 $\Delta m=4.262$.

气压扫描的具体做法是把 F-P 标准具置于两端有通光窗口的密闭容器中.一般常用机械真空泵抽空容器内气体,从气源通过毛细管对容器充气.这时随着 nh 的增大,干涉环从中心冒出、扩大.如果气源的压强比扫描时气压的改变量大得多,可近似地认为充气流量是恒定的,则 n 随时间的变化也是线性的:

$$n=1+Ap=1+kt \tag{4-64}$$

但要得到较好的线性,抽气、充气系统并不简单方便,同时毛细管易被尘埃等堵积而改变流量,要想改变扫描速度也不方便.

在我们的仪器中,用步进电机驱动的封闭压缩泵来改变容器内的气压.容器上装有半导体压力传感器,直接输出与气压呈线性关系的电压信号,作为记录仪的 x 坐标信号.由 $2nh=m\lambda$ 可知,对于 λ 确定的单色光,就得到干涉级次的线性扫描,而在同一级次中的就得到对不同波长的线性扫描.记录仪 y 轴的信号来自小孔光阑后的光电探测器.图 4-36 就是记录得

到的光谱.如果采用谱线宽度很窄的单色光,如单纵模激光,则其透射峰就能反映仪器宽度,以半峰值处的宽度除以峰—峰距离就得到细度.但一般光谱灯的谱线本身有 GHz 量级的频宽,其透射峰是仪器线形与谱线线形的卷积.

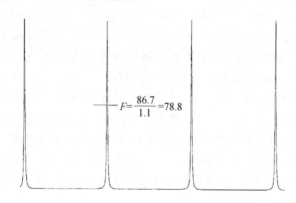

图 4-36 单色光的光电扫描光谱

作为封闭压缩系统驱动器的步进电机的步速可方便地改变,从而改变气压扫描速度,同时仪器中采用了反馈控制,使气压扫描速度接近恒定,避免封闭压缩系统的空间缩小时,恒定的步速使气压上升速度越来越快,导致信号探测和处理中时间响应不一致.

用气压传感器的气压信号作为正比于气体折射率的信号,其前提是系统的温度应保持不变.在仪器结构上已尽量使温度变化微小,同时在使用中,扫描速度慢能使温度变化更小.另外,进行气压扫描时,气室外壳会发生微小形变,已采取措施有效地隔离了这种形变对镜片的影响,否则,气压扫描 F-P 干涉仪将不能正常工作.

应根据光信号的强度和波长合理选择光强信号的探测器.强光时,如用 He-Ne 激光,可采用硅光电池,工作波长范围为 $0.4\sim1.1~\mu m$,不需要供给其他工作电压.但应注意,光电池的短路光电流才与光信号强度有线性关系,所以采用的信号放大器输入阻抗必须是极小的,我们的仪器是满足此要求的.弱光时,如各种光谱灯,可采用光电倍增管,应选灵敏波长范围合适的型号、无光时的暗电流小的器件.光电倍增管的倍增率与所供给的负高压关系很大,调节负高压可在相当大的范围内改变输出光电信号的大小,同时要求负高压要足够稳定,否则光电信号将会产生明显的漂移或抖动.

数据记录可以采用 x-y 记录仪,也可通过 A/D 转换接口输入到 PC,用专用软件来显示扫描曲线和进行数据处理.

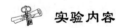 **实验内容**

一、调整仪器系统

把仪器调整到最佳状态是实验取得优良效果的基础,同时能加深对仪器原理和功能的认识,学会正确而巧妙地使用仪器,这对提高实验能力十分重要.在 F-P 干涉仪的实验中,应注意如何调节两镜的平行度,如何求取平面度最好的部位用于实验,如何正确地把小孔光阑设置到干涉图的中心,如何正确照明来获取最强信号.在扫描型的 F-P 干涉仪中,可利用其扫描特点,把调整工作巧妙地做好.

通常调节 F-P 镜的平行度方法如图 4-37 所示.采用单色光照明干涉仪,眼睛一边观察干涉仪,一边向某一方向移动,如果移动时发现环从中心冒出并扩大,说明沿此方向镜间距在增大,应调节相应螺旋并纠正之.实践证明,这样的调节效果往往还不尽人意,在本实验中,利用成像透镜—焦面小孔光阑组件,可选出一束通过F-P干涉仪的平行光束来观察.这样观察到的是等厚干涉条纹.在增加气压时,条纹将向镜间距小的方向移动,这样我们可以很明确地知道该调哪个螺旋,如何调.随着平行度的

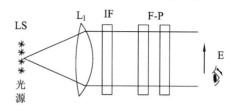

LS—线光谱光源;L_1—聚光透镜;
IF—干涉滤光片;F-P—标准具;E—眼睛

图4-37 通常观测平行度方法

改善,等厚条纹会变宽、变弯曲,变成宽大的亮斑,如图4-38中(a)、(b)、(c)所示.设想一对理想的平行平镜,其镜间距处处相等,等厚干涉条件各处一样,在扫描气压时,整个孔径内亮暗应均匀分布,在透射峰时呈现的干涉图是一均匀亮场.若平镜不平行,则会导致扫描时等厚干涉图的定向横向移动,这就提供了极其敏感的平行度指示.平行度调到最佳后,由于镜面必定存在平面度误差,所以透射峰时仍不是均匀亮场.从以上的观察和调节,可以直观地领会到平镜平行度和平面度对仪器细度和峰值透过率的决定性影响.

焦面上小孔光阑设置于干涉环的中心是最有利的,但有时所研究的光源亮度较低,难以清晰地看清干涉环,为此,我们的仪器在小孔光阑后方设置了一个可移动的发光二极管,可把它移到正对小孔,使光向前经成像透镜投射到F-P镜上,再反射回来,又在焦面上成一亮点,如图4-39所示,调整F-P干涉仪的方位,使该亮点与小孔重叠,就保证了小孔光阑位于干涉环的正中心.调毕,把发光二极管关闭并移开,从而不妨碍光电探测器接收信号.

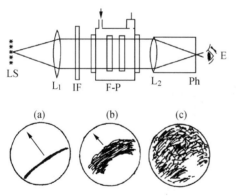

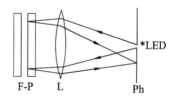

LS—线光谱光源;L_1—聚光透镜;L_2—成像透镜;
IF—干涉滤光片;Ph—小孔光阑;E—眼睛

图4-38 扫描法观测平行度

图4-39 调整干涉环中心

为了在记录仪或计算机屏幕上显示大小适中的信号曲线,除了在记录仪或计算机上选择设置合适的灵敏度以外,对x轴的气压(波长)信号,还可在"扫描控制器"上连续调节气压模拟信号的"输出调节";对y轴光强信号,还可调节光源的光强、光电倍增管电压、光电流放大器倍率或"输出调节"来得到合适的信号强度.

二、F-P干涉仪主要参数的测定

1. 两镜相对平面度的估测.

在我们的扫描干涉仪中,真正起作用的是干涉图中心的光强,而这部分光能量来自于垂直镜面的光束干涉叠加.由于两镜面不是理想的平行平面,镜面不同位置(x,y)的镜间距

$h(x,y)$不尽一致,所以满足干涉极大的条件不一致,设(x_1,y_1)处在气压p_1时达到极大,(x_2,y_2)处在p_2时达到同一级次的极大,这意味着$n_1h_1=n_2h_2$,根据式(4-62)、式(4-63),可得这两处的镜间距差为

$$\Delta h = \frac{\lambda}{2} \cdot \frac{p_2 - p_1}{\delta p} \tag{4-65}$$

其中δp是对应于相邻两个干涉级次峰的气压差,它等价于h与$\frac{\lambda}{2}$相除.

利用图4-38所示的观察方法,扫描气压时,可测得通光孔径中不同位置在同一干涉级次达到干涉极大的相应气压,从而可估测出镜间距的最大偏差$\Delta h_{\max}$,在平行度调到最佳的情况下,$\Delta h_{\max}$就表示两平镜的"相对平面度".

如采用扩束平行He-Ne激光束照明,因其谱线宽度窄,估测效果会更好.但应注意,这时眼睛不能直接对着小孔观察,可在干涉仪前加一毛玻璃来散射光束,或在小孔后设置一白屏,观察透射光斑.这时往往还可看到相应于不同纵模的条纹.

2. 细度的测定.

用扩束平行单频He-Ne激光垂直照明干涉仪,用硅光电池探测通过焦面上小孔光阑的光强,气压扫描时用记录仪或计算机记录扫描曲线,测定两相邻峰之间距离,以峰半高处宽度,即为细度F_1.实验系统如图4-40所示.

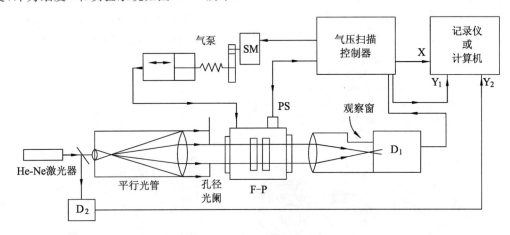

图4-40 测定参数实验装置

在光路中用不同直径的光阑截取或大或小的光束截面,可测得不同的细度,这是由于所利用镜面面积小时,一般说来"相对平面度"也好($\Delta h_{\max}$小),细度增加.如果在干涉仪前方置一用黑纸片做的特异形状的光阑,挡住透射峰时不亮的镜面部分,会明显提高仪器的细度,而并不降低透射峰值.这能显著改善光谱测量时的分辨本领.

3. 峰值透过率的测定.

用扩束平行单频He-Ne激光垂直照明干涉仪,用小于或等于干涉仪通光孔径的光阑截取一束光,使之落入干涉仪的通光孔径,用硅光电池探测通过焦面上小孔光阑的光强,扫描气压,测得透射峰$I_{\max}^{\mathrm{T}}$,移去干涉仪,再测得照明光束的强度I_0,则峰值透过率$T_{\max} = \frac{I_{\max}^{\mathrm{T}}}{I_0}$.移去干涉仪时,光束方向会有所改变,需调整探测组件的方位才能测得I_0.因激光强度会漂移

起伏,因此用探测器 D_2 监测其相对变化.由于平镜非理想平行平面,故在不同位置、用不同截面的光束所测得的 T_{max} 会有所不同.

4. 对比度的测定.

用扩束平行单频 He-Ne 激光照明干涉仪,把干涉仪扫描到透射极小状态,停止扫描.把面积为 S_1 的较大孔径光阑置于光路中,测定透射极小时的光通量 $I_{min}^T \cdot S_1$ 的相对值 I_1,这时因为 I_{min}^T 很弱,而 S_1 较大,应严格遮蔽杂散光,同时用 6 328 Å 的窄带干涉滤光片挡住激光器的各种其他波长的自发辐射.再换面积 S_2 较小的孔径光阑,测定透射极大时的光通量 $I_{max}^T \cdot S_2$ 的相对值 I_2,即可求得对比度:

$$C = \frac{I_{max}^T}{I_{min}^T} = \frac{I_2 \cdot S_1}{I_1 \cdot S_2} \tag{4-66}$$

之所以用孔径光阑 S_1、S_2,是为了使探测器面对的信号强度不要太悬殊.

三、空气折射度的测定

扫描几个干涉级次,从气压表上读出第一和最后干涉极大所对应的气压 p_1 和 p_2,根据已知的干涉仪间隔 h,按式(4-63)求得系数 A,我们所用的是普通空气,所以 A 即为实验温度下的空气折射度.

四、光谱灯谱线轮廓和超精细结构的测定

用光谱灯和聚光透镜取代激光器和扩束平行光管,用干涉滤光片或单色仪滤出一条谱线,用光电倍增管探测通过干涉图中心小孔光阑的光通量,扫描记录该谱线,可得到谱线的轮廓、宽度和超精细结构的分布.由此可进一步得到发光原子的能态和所处环境的信息.图 4-41 是汞 5 461 Å 谱线用 2 mm 间隔的 F-P 干涉仪得到的结构.

可比较笔形汞灯、低压汞灯及高压汞灯的谱线轮廓和宽度.

五、塞曼效应的测定

"塞曼效应"是高校理科"近代物理实验"中的基本实验之一,塞曼和洛仑兹由于这方面的研究获得了 1902 年度诺贝尔物理奖.至今它仍是研究原子、分子的重要手段,在应用方面,它被用于准

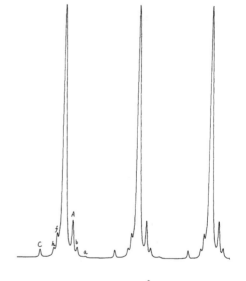

图 4-41 汞 5 461 Å 谱线结构

确而灵敏的磁场测量、原子频率标准(原子钟)以及有关激光和微波激射器的多种应用技术中.关于塞曼效应的原理,所有有关原子物理和光学的教科书以及各种"近代物理实验"教材上都有详细的介绍.从实验的角度,做好"塞曼效应"实验的关键在于要具有分辨率高而工作稳定的分光仪器,利用气压扫描 F-P 干涉仪能完美地完成该实验.实验者应从完成实验的过程中,深入领会 F-P 干涉仪的原理,掌握用好这类干涉仪的技巧,并触类旁通地理解这类具有更广泛意义的高分辨光谱和高灵敏光学测量的实验技能.

图 4-42 是塞曼效应实验装置.在开始调整仪器时,可拿开偏振片,使光强较大;同时取下光电倍增管,直接用眼睛通过焦面小孔光阑观察.调整好 F-P 干涉仪后,取下焦面小孔光阑,可目视观察无磁场和有磁场时气压扫描的等倾干涉图;装上带小孔光阑的光电倍增管组

件即可进行光电记录,必要时可采用前面介绍的方法,保证光阑小孔位于干涉环的正中心. 记录时,把气压信号(对应于波长扫描)接记录仪或计算机屏幕的 x 轴;把光强信号接 y 轴,调节各环节信号强度,使显示幅度恰当.

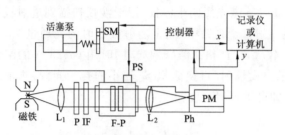

L_1—聚光透镜;P—偏振片;IF—干涉滤光片;F-P—气压扫描标准具;L_2—成像透镜;Ph—焦面小孔光阑;PM—光电倍增管;SM—步进电机;PS—气压传感器

图 4-42 塞曼效应实验装置

通常采用干涉滤光片从汞灯光源中滤出很强的 5 461 Å 绿线来进行实验,得到分裂为 9 条塞曼分量的反常塞曼效应.塞曼分裂的扫描谱图中,相邻级次的峰间距 S_0 所对应的波长为自由光谱范围 λ_{FSR},从分裂峰的裂距 S 即可得知相应的波长 $\Delta\lambda = \lambda_{FSR} \cdot \dfrac{S}{S_0}$. 用特斯拉计测定塞曼分裂时的相应磁场 B,而从原子物理得知:

$$\Delta\lambda = (M_2 g_2 - M_1 g_1) \cdot \frac{\lambda^2 B}{4\pi C} \cdot \frac{e}{m_e}$$
(4-67)

其中 M_2、M_1 和 g_2、g_1 分别为跃迁上、下能级的磁量子数和朗德因子.相应数值标在图 4-43 中.从测得的 $\Delta\lambda$ 和 B,用式(4-67)可算得电子的荷质比 $\dfrac{e}{m_e}$.

可测量不同磁场下的塞曼分裂,以及各塞曼分量的相对强度,并与理论值进行比较.

利用其他波长的滤光片或用一台单色仪作为谱线选择,还可方便地测得汞灯其他几条谱线的塞曼分裂,所测谱线的波长范围受限于 F-P 干涉仪的镜面高反射波长区域.其中 5 790.7 Å 分

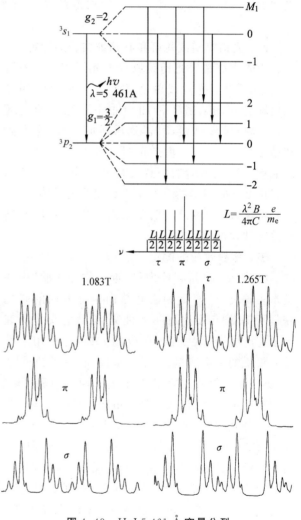

图 4-43 HgI 5 461 Å 塞曼分裂

裂成 3 条,为正常塞曼效应;5 769.6 Å 分裂成紧靠成三组的 9 条,一般只能分辨为三个峰;4 358.3 Å 分裂成 6 条,中间为两条 π 分量,不存在原位不变的分量;4 046.6 Å 也分裂为 3 条,但朗德因子为 2,裂距较大.

思 考 题

1. 缩小 F-P 干涉仪的利用面积有利于提高细度和分辨率,与此同时会带来什么不利的影响? 对于亮度高、束径小的激光束,这种不利的影响的程度如何?

2. 采用准直性优良的激光光束,成像透镜焦面上的小孔光阑主要起什么作用? 它是否引入针孔细度 F_P? 测定光谱灯的扫描光谱时,在本实验所用装置上采用 $f=180$ mm 的成像透镜,为保证仪器综合细度达到 50,小孔光阑最大可取多大?

3. 干涉仪的干涉环中心位置取决于什么? 如何调整光源、透镜和 F-P 干涉仪的方位,使干涉图中心有最大光强?

4. 如何根据研究对象的参数选择 F-P 干涉仪的间隔 h 和反射率 R? 若可获 1.2 T 的磁场,为观测 5 461 Å 谱线的塞曼效应,该选多大的 h? 若观察频率间隔范围为 1.5 GHz 的 He-Ne 纵模激光,h 该多大为好?

5. 你认为本实验中各测定量(可着重深入讨论一个量)的误差可能来自什么原因? 误差大约会有多大?

6. 对本实验有何改进意见?

知识拓展

塞曼效应是物理学史上一个著名的实验. 荷兰物理学家塞曼(图 4-44)在 1896 年发现把产生光谱的光源置于足够强的磁场中,磁场作用于发光体使光谱发生变化,一条谱线即会分裂成几条偏振化的谱线,这种现象称为塞曼效应.

塞曼效应是继法拉第磁致旋光效应之后被发现的又一个磁光效应. 这个现象的发现是对光的电磁理论的有力支持,证实了原子具有磁矩和空间取向量子化,使人们对物质光谱、原子、分子有更多了解. 由于及时得到洛伦兹的理论解释,塞曼效应更加受到人们的重视,被誉为继 X 射线之后物理学最重要的发现之一.

图 4-44 塞曼

理论发展:

1896 年,荷兰物理学家塞曼使用半径 10 英尺的凹形罗兰光栅观察磁场中的钠火焰的光谱,他发现钠的 D 谱线似乎出现了加宽的现象. 这种加宽现象实际上是谱线发生了分裂. 随后不久,塞曼的老师、荷兰物理学家洛伦兹应用经典电磁理论对这种现象进行了解释. 他认为,由于电子存在轨道磁矩,并且磁矩方向在空间的取向是量子化的,因此在磁场作用下能级发生分裂,谱线分裂成间隔相等的 3 条谱线. 塞曼和洛伦兹因为这一发现共同获得了 1902 年度诺贝尔物理学奖.

应用正常塞曼效应测量谱线分裂的频率间隔可以测出电子的比荷. 由此计算得到的荷质比数值与约瑟夫·汤姆生在阴极射线偏转实验中测得电子的比荷数量级是相同的,二者互相印证,进一步证实了电子的存在.

塞曼效应也可以用来测量天体的磁场.1908年在威尔逊山天文台,美国天文学家海尔等人利用塞曼效应首次测量到了太阳黑子的磁场.

1897年12月,普雷斯顿(T. Supeston)报告称,在很多实验中观察到光谱线有时并非分裂成3条,间隔也不尽相同,人们把这种现象叫作反常塞曼效应,将塞曼原来发现的现象叫作正常塞曼效应.反常塞曼效应的机制在其后二十余年时间里一直没能得到很好的解释,困扰了一大批物理学家.

1912年,帕邢和拜克(E. E. A. Back)发现在极强磁场中,反常塞曼效应又表现为三重分裂,被称为帕邢-拜克效应.这些现象都无法从理论上进行解释,此后二十多年一直是物理学界的一件"疑案".正如不相容原理的发现者泡利后来回忆的那样:"这不正常的分裂,一方面有漂亮而简单的规律,显得富有成果;另一方面又是那样难于理解,使我感觉简直无从下手."

1921年,德国杜宾根大学教授朗德(Landé)发表题为《论反常塞曼效应》的论文,他引进一因子 g 代表原子能级在磁场作用下的能量改变比值,这一因子只与能级的量子数有关.

1925年,乌伦贝克与哥德斯密特"为了解释塞曼效应和复杂谱线"提出了电子自旋的概念.1926年,海森伯和约旦引进自旋 S,从量子力学角度对反常塞曼效应做出正确的计算.由此可见,塞曼效应的研究推动了量子理论的发展,在物理学发展史中占有重要地位.

实验 24　电子束(比荷测量)实验

测量物理学方面的一些常数(如光在真空中的速度 c、阿伏加德罗常数 N、电子电荷 e、电子的静止质量 m……)是物理学实验的重要任务之一,而且测量的精确度往往会影响物理学的进一步发展和带来一些重要的新发现.本实验将通过较为简单的方法,对电子荷质比 $\dfrac{e}{m}$ 进行测量.

电子质量很小,到目前为止还没有直接测量的方法,但已有不少的方法可测得电子的电荷 e(如密里根油滴实验,加上其他修正后,可以计算出很准确的 e 值来).因此,只要能测得电子的比荷 $\dfrac{e}{m}$,即可利用 e 值算出电子的质量 m 来.我们经常用到的电子的静止质量 $m=(9.1072\pm0.0003)\times10^{-28}$ g,就是通过这样的途径计算出来的.

测量电子比荷的方法很多,如磁聚焦法、汤姆生法和磁控管法等.由于实验的设计思想巧妙,我们利用简单的实验设备,既能观察到电子在磁场中的螺旋运动,又能测出电子的比荷,附带测量地磁水平分量.

实验目的

1. 了解示波管的结构.
2. 了解电子束发生电偏转、电聚焦、磁偏转、磁聚集的原理.
3. 掌握一种测量比荷的方法.

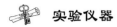 **实验仪器**

LB-EB3 型电子束(比荷)实验仪.

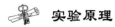 **实验原理**

一、电子束实验仪的结构原理

电子束实验仪的工作原理与示波管相同,它包括抽成真空的玻璃外壳、电子枪、偏转系统与荧光屏四个部分.电子束实验仪所用示波管的内部结构及工作电源配置如图 4-45 所示.

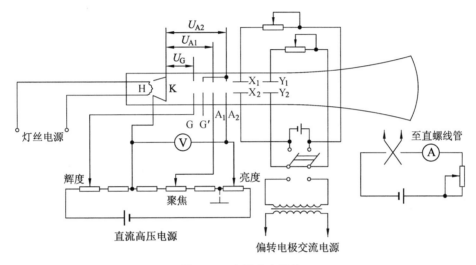

图 4-45　电子束实验仪

电子束实验仪接通电源后,灯丝 H 发热,阴极 K 受热发射电子.在栅极 G 上加一相对于阴极的负电压(5~20 V),它的作用有二:一方面调节电压的大小以便控制阴极发射电子的数目,所以栅极也叫控制极;另一方面栅极电压和与第二阳极电压同电位的 G' 构成一定的空间电位分布,使得由阴极发射的电子束的栅极附近形成一交叉点(实际上是一个最小界面),如图 4-46 所示.

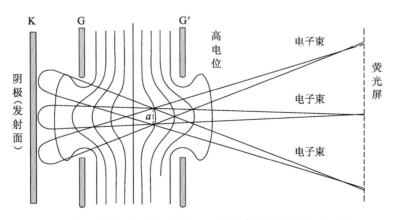

图 4-46　阴极发射的电子束及由 G 和 G' 构成的空间电位分布

上述图中,与阴极 K 同轴布置有栅极 G、电极 G′、第一阳极 A_1、第二阳极 A_2 四个各自带有小圆孔的圆筒电极. 电极 G′ 在管内与第二阳极 A_2 相连, 工作电位 U_{A2} 相对于阴极 K 一般是正几百伏到几千伏; 第一阳极 A_1 相对于阴极 K, 其上加有几百伏的电压 U_{A1}, 这个电位介于 U_G、U_{A2} 之间; 电极 G′、第一阳极 A_1、第二阳极 A_2 一方面构成聚焦电场, 使得经过第一交叉点又发散了的电子在聚焦电场的作用下再汇聚起来, 另一方面使电子加速; 电子以高速度打在荧光屏上, 屏上的荧光物质在高速电子轰击下发出荧光, 荧光屏上的发光亮度取决于到达荧光屏的电子数目和速度, 改变栅极及加速电压的大小都可以控制光点的亮度. 横、纵偏转板是相互垂直放置的两对金属平行板, 其上分别加以不同的电压, 用来控制电子束的位置, 适当调节这个电压值可以把光点移到荧光屏的中间位置. 在示波管的内表面涂有石墨导电层, 叫作屏蔽电极. 它与第二阳极连在一起, 使荧光屏受电子束轰击而产生的二次电子由导电层流入供电回路, 避免荧光屏附近电荷积累. 这样, 电子进入第二阳极后就在一个等电位的空间中运动.

二、实验原理

(一) 电偏转: 电子束＋横向电场

电偏转原理如图 4-47 所示. 通常在示波管(又称电子束线管)的偏转板上加上偏转电压 U_d, 当加速后的电子以速度 v_0 沿 z 方向进入偏转板后, 受到偏转电场 E(y 轴方向)的作用, 使电子的运动轨道发生偏移. 假定偏转电场在偏转板 l 范围内是均匀的, 电子做抛物线运动, 在偏转板外, 电场为零, 电子不受力, 做匀速直线运动. 在偏转板之内:

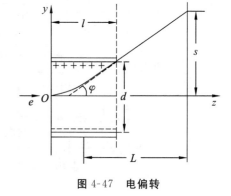

图 4-47 电偏转

$$Y = \frac{1}{2}at^2 = \frac{1}{2}\frac{eE}{m}\left(\frac{Z}{v_0}\right)^2 \quad (4\text{-}68)$$

式中 Y 为电子束在 y 方向的偏转量, Z 为电子束沿 z 轴方向的位移; 电子在加速电压 U_{A2} 的作用下, 加速电压对电子所做的功全部转化为电子的动能, 则 $\frac{1}{2}mv_0^2 = eU_2$, 将 $E = \frac{U_d}{d}$ 和 $v_0^2 = \frac{2eU_{A2}}{m}$ 代入式(4-68), 得 $Y = \frac{U_d Z^2}{4U_{A2}d}$.

电子离开偏转系统时, 电子运动的轨道与 z 轴所成的偏转角 φ 的正切为

$$\tan\varphi = \frac{dY}{dZ}\bigg|_{Z=l} = \frac{U_d l}{2U_{A2}d} \quad (4\text{-}69)$$

设偏转板的中心到荧光屏的距离为 L, 电子在荧光屏上的偏转量为 s, 则

$$\tan\varphi = \frac{s}{L}$$

代入式(4-69), 得

$$s = \frac{U_d l L}{2U_{A2}d} \quad (4\text{-}70)$$

由上式可知, 荧光屏上电子束的偏转量 s 与偏转电压 U_d 成正比, 与加速电压 U_2 成反比, 由于上式中的其他量是与示波管结构有关的常数, 故可写成

$$s = k_e \frac{U_d}{U_{A2}} \quad (4\text{-}71)$$

k_e 为电偏常数. 可见,当加速电压 U_2 一定时,偏转距离与偏转电压呈线性关系. 为了反映电偏转的灵敏程度,定义

$$\delta_{电} = \frac{s}{U_d} = \frac{k_e}{U_{A2}} \tag{4-72}$$

$\delta_{电}$ 称为电偏转灵敏度,单位为 mm/V. $\delta_{电}$ 越大,表示电偏转系统的灵敏度越高.

(二)电聚焦:电子束+纵向电场

由电极 G'、第一阳极 A_1 和第二阳极 A_2 组成的电聚焦系统把电子束的交叉点成像在示波管的荧光屏上,呈现为直径足够小的光点. 如果将这一过程与几何光学做类比,由于 A_1 两侧具有相同的电位就好比具有相同的折射率,因此由 G'、A_1、A_2 所组成的电聚焦系统对电子的作用与凸透镜对光的作用相似,通常也称为电子透镜.

设一电子由圆筒电极 G' 进入加速场,电子初速度 v 与 z 轴的夹角为 θ,其运动轨迹如图 4-48 所示. 由于电子带负电,电子在电场中任何位置所受电场力 $\boldsymbol{F}$ 的方向应与该点电场强度 $\boldsymbol{E}$ 的方向相反,$\boldsymbol{E}$ 的方向与电场线的切线方向一致. 在图 4-48 中,作用于电子上的电场力 $\boldsymbol{F}$ 可分解为两个分量,即轴向的 $\boldsymbol{F}_{//}$(沿 z 轴方向)和径向的 $\boldsymbol{F}_{\perp}$(垂直于 z 轴方向). 当入射电子处于①时,所受到的力使电子减速、发散;当电子处于②时,所受到的力使电子减速、会聚;当电子处于③时,所受到的力使电子加速、会聚;当电子处于④时,电子则被加速、发散. $\boldsymbol{F}_{//}$ 在整个电子透镜范围内,沿着 z 轴加速电子;而 $\boldsymbol{F}_{\perp}$ 在电子透镜的前半区使电子运动轨道向靠近 z 轴方向弯曲,在电子透镜后半区背离 z 轴方向,向反方向弯曲. 由于在电子透镜区域内电子受 $\boldsymbol{F}_{//}$ 的作用而加速,越走越快,因此电子在电子透镜前半区停留的时间比后半区停留的时间长,径向力的总效果将使电子的运动轨迹向靠近 z 轴方向弯曲,因此电子透镜对进入的电子束起会聚作用.

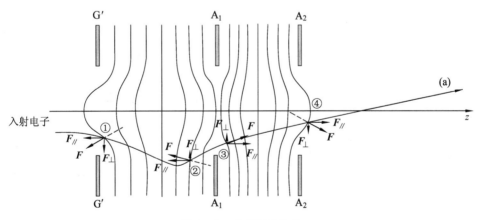

图 4-48 电子运动轨迹

电子束通过电子透镜能否聚焦在荧光屏上,与第一阳极电压 U_{A1} 和第二阳极电压 U_{A2} 的单值无关,仅取决于其差值与比值,改变 A_1、A_2 之间的电位差,相当于改变电子透镜的焦距,选择合适的 U_{A1} 与 U_{A2} 的比值,就可以使电子束的会聚点正好在示波管的荧光屏上,这就实现了聚焦.

在实际的示波管内,第二阳极对电子直接起加速作用,称之为加速极. 第一阳极主要用来改变 U_{A1} 与 U_{A2} 的比值使电子束便于聚焦,故称聚焦极. 当然改变 U_{A2} 也能改变 U_{A1}、U_{A2} 比

值的大小，所以第二阳极又能起辅助聚焦作用.

用几何光学中的高斯成像公式 $\dfrac{1}{f}=\dfrac{1}{u_{物距}}+\dfrac{1}{v_{像距}}$，也可以求出上述电子透镜的焦距 f. 图 4-49 为示波管的 f-U_{A1}/U_{A2} 曲线. 从图中可见，当 $U_{A1}=U_{A2}$ 时，由于在 G'、A_1、A_2 中间不存在电场，因此不存在聚焦作用，焦距 f 为无穷大.

欲详细了解电子相对折射率，验证电子透镜方程及相关细节，可参阅电子光学相关书籍.

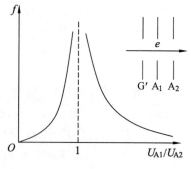

图 4-49　示波管的 f-U_{A1}/U_{A2} 曲线

（三）磁偏转：电子束＋横向磁场

1. 研究横向磁场对电子束的偏转，测量磁偏转灵敏度并验证它和加束电压平方根成反比的规律.

运动的电子在磁场中要受到洛仑兹力的作用，所受力为

$$\boldsymbol{F}=-e\boldsymbol{v}\times\boldsymbol{B} \tag{4-73}$$

可见洛仑兹力的方向始终与电子运动的方向垂直，所以洛仑兹力对运动的电子不做功，但它要改变电子的运动方向. 本实验将要观察和研究电子束在与之垂直的磁场作用下的偏转情况. 为简单起见，设磁场是均匀的，磁感应强度为 $\boldsymbol{B}$，在均匀磁场中电子的速度 $\boldsymbol{v}$ 与磁场 $\boldsymbol{B}$ 垂直，电子在洛仑兹力的作用下做圆周运动. 洛仑兹力就是电子做圆周运动的向心力：

$$evB=\dfrac{mv^2}{R}$$

电子离开磁场区域后，因为磁场为零，电子不再受任何力的作用，应做直线运动.

由图 4-50 可知：

$$\sin\theta=\dfrac{l}{R}=\dfrac{leB}{mv} \tag{4-74}$$

因为偏转角 θ 很小，可近似认为 $\sin\theta=\tan\theta$，所以偏转量 s 为

$$s=L\tan\theta=\dfrac{leB}{mv}L \tag{4-75}$$

设电子进入磁场前加速电压为 U_{A2}，则加速电场对电子做的功全部转变成电子的动能，有

$$\dfrac{1}{2}mv^2=eU_{A2} \tag{4-76}$$

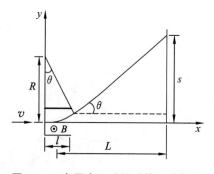

图 4-50　电子离开磁场后的运动轨迹

$$s=lBL\sqrt{\dfrac{e}{2mU_{A2}}} \tag{4-77}$$

如果磁场是由螺线管产生的，因为螺线管内 $B=\mu_0 nI$，其中 n 是单位长度线圈的圈数，I 是通过线圈的电流，所以

$$s=\mu_0 nIlL\sqrt{\dfrac{e}{2mU_{A2}}}$$

磁偏转灵敏度

$$\delta_{\text{磁}} = \frac{s}{I} = \mu_0 nlL\sqrt{\frac{e}{2mU_{A2}}} \qquad (4\text{-}78)$$

可见位移 s 与磁场电流 I 成正比,而与加速电压的平方根成反比,这与静电场的情况不同. 磁偏转灵敏度为位移与磁场电流之比,与加速电压的平方根成反比.

2. 利用电子束在地磁场中的偏转测量地球磁场(即地磁水平分量的测量).

在做"电子束的加速和电偏转"实验中,在偏转电压 U_d 为零的情况下将光点调整到坐标原点,改变加速电压 U_{A2} 时,虽然没有外加偏转电压,但光点的位置已经偏离了原点. 研究发现,光点的偏移位置与实验仪摆放的位置有关,是否是地磁场的存在导致了这种现象呢? 借助罗盘与指南针,找到示波管与地磁场水平分量相平行的方位,再次改变加速电压,发现光点保持在原点位置不变,看来地磁场是造成光点位置改变的重要原因之一. 下面介绍用电子束实验仪来测地磁场的水平分量.

电子从电子枪发射出来时,其速度 v 由式(4-76)关系式决定:$\frac{1}{2}mv^2 = eU_{A2}$;由于电子束所受重力远远小于洛伦兹力,忽略重力因素,电子在磁场力影响下做圆弧运动,圆弧的半径由向心力求出:$R = \frac{mv}{eB}$.

电子在磁场中沿弧线打到荧光屏上一点,这一点相对于没有偏转的电子束的位置移动了距离 D:

$$D = R - R\cos\theta = R(1 - \cos\theta) = \frac{mv}{eB}(1 - \cos\theta) \qquad (4\text{-}79)$$

因为偏转角 θ 很小,近似可写为

$$\sin\theta = \theta, \quad \cos\theta = 1 - \frac{\theta^2}{2} \qquad (4\text{-}80)$$

代入式(4-79),得

$$D = \frac{mv}{eB} \cdot \frac{\theta^2}{2} = \frac{mv}{eB} \cdot \frac{\sin^2\theta}{2} \qquad (4\text{-}81)$$

将式(4-74)代入,得

$$D = \frac{l^2 eB}{2\sqrt{2meU_{A2}}} \qquad (4\text{-}82)$$

由于示波管中的电极都是由镍制成的,是铁磁体,对电子束有磁屏蔽作用,电子束在离开加速极前没有明显的偏转,所以 l 是由加速极到屏的全长.

调节加速电压 U_{A2} 和聚焦电压,在屏上得到一清晰光点,将 X、Y 偏转电压调为零,将光点调到水平轴上,保持 U_{A2} 不变,原地转动实验仪,当地磁场的水平分量与电子束垂直时,光点的偏转量最大,记录光点偏转最高和最低的两个偏转量 D_1、D_2(可以借助罗盘或指南针来确定方位),取 $D = \frac{D_1 + D_2}{2}$ 作为加速电压为 U_{A2} 时的偏转量,代入式(4-82)求得 B(地磁场的水平分量).

(四) **磁聚焦,螺旋运动:电子束+纵向磁场**

研究电子束在纵向磁场作用的螺旋运动,测量电子荷质比. 观察磁聚焦现象,验证电子螺旋运动的极坐标方程.

1. 研究电子束在纵向磁场作用的螺旋运动,测量电子荷质比.

本实验采用的是磁聚焦法(也称螺旋聚焦法)测量电子荷质比.

具有速度 v 的电子进入磁场中要受到磁场力的作用,此力为

$$F = -e\boldsymbol{v} \times \boldsymbol{B}$$

若速度 v 与磁感应强度 B 的夹角不是 $\pi/2$,则可把电子的速度分为两部分考虑.设与 B 平行的分速度为 $v_{/\!/}$,与 B 垂直的分速度为 $v_\perp$,则受磁场作用力的大小取决于 $v_\perp$. 此时力的数值为 $f_R = ev_\perp B$,力的方向既垂直于 $v_\perp$,也垂直于 B. 在此力的作用下,电子在垂直于 B 的面上的运动投影为一圆周运动,根据牛顿运动定律,有

$$ev_\perp B = m \frac{v_\perp^2}{R}$$

电子绕一圈的周期为

$$T = \frac{2\pi R}{v_\perp} = 2\pi \frac{m}{eB}$$

由上式可知,只要 B 一定,则电子绕行的周期一定,而与 $v_\perp$ 和 R 无关. 绕行角速度为

$$\omega = \frac{v_\perp}{R} = \frac{eB}{m}$$

另外,电子与 B 平行的分速度 $v_{/\!/}$ 则不受磁场的影响. 在一周期内粒子应沿磁场 B 的方向(或其反向)做匀速直线运动. 当两个分量同时存在时,粒子的运动轨迹将成为一条螺旋线,如图 4-51 所示,其螺距 d(即电子每回转一周时前进的距离)为: $d = v_{/\!/} T = \dfrac{2\pi m v_{/\!/}}{eB}$,螺距 d 与垂直速度 $v_\perp$ 无关.

从螺距公式得到:

$$\frac{e}{m} = \frac{2\pi v_{/\!/}}{Bd}$$

只要测得 $v_{/\!/}$、d 和 B,就可计算出 $\dfrac{e}{m}$ 的值.

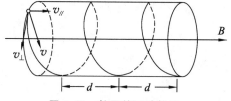

图 4-51 粒子的运动轨迹

(1) 平行速度 $v_{/\!/}$ 的确定.

如果我们采用图 4-45 所示的静电型电子射线示波管,则可由电子枪得到水平方向的电子束射线,电子射线的水平速度可由式 $\dfrac{1}{2} m v_{/\!/}^2 = e(U_{A2} - U_G) = eU_{A2}$ 求得:

$$v_{/\!/} = \sqrt{\frac{2e(U_{A2} - U_G)}{m}} = \sqrt{\frac{2eU_{A2}}{m}}$$

(2) 螺距 d 的确定.

如果我们使 X 偏转板 X_1、X_2 和 Y 偏转板 Y_1、Y_2 的电位都与 A_2 相同,则电子射线通过 A_2 后将不受电场力作用而做匀速直线运动,直射于荧光屏中心一点. 此时即使加上沿示波管轴线方向的磁场(将示波管放于载流螺线管中即可),由于磁场和电子速度平行,射线也不受磁场力,故仍射于屏中心一点.

当在 Y_1、Y_2 板上加一个偏转电压时,由于 Y_1、Y_2 两板有了电位差,则必产生垂直于电子射线方向的电场,此电场将使电子射线得到附加的分速度 $v_\perp$(原有电子枪射出的电子的 $v_{/\!/}$ 不变). 此分速度将使电子做傍切于中心轴线的螺旋线运动.

当 B 一定时电子绕行角速度恒定,而分速度愈大者绕行螺旋半径愈大,但绕行一个螺距

的时间(即周期 T)是相同的. 如果在偏转板 Y_1、Y_2 上加交变电压,则在正半周期内(Y_1 正、Y_2 负)先后通过此两极间的电子,将分别得到大小不同的向上的分速度,如图 4-52(b)右半部所示,分别在轴线右侧做傍切于轴的不同半径的螺旋运动.

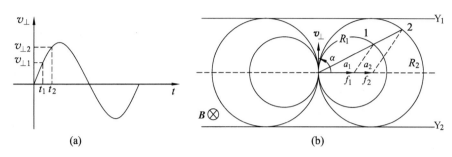

图 4-52 电子得到分速度 $v_\perp$ 后做傍切于中心轴线的螺旋线运动

荧光屏上出现的是一条直线. 理由如图 4-52(a)所示,假设正半周 Y_1 为正、Y_2 为负,在 t_0 时刻,$v_\perp=0$,电子不受洛仑兹力作用;t_1 时刻,$v_\perp=v_{\perp 1}$,电子受的洛仑兹力为 f_1,在轴线右侧做半径为 R_1 的螺旋运动,$R_1=\dfrac{mv_{\perp 1}}{eB}$;在 t_2 时刻,$v_\perp=v_{\perp 2}$,电子受的洛仑兹力为 f_2,在轴线右侧做半径为 R_2 的螺旋运动,$R_2=\dfrac{mv_{\perp 2}}{eB}$. 所以整个正半周期不同时刻发出的电子将在轴线右侧做不同半径的螺旋运动,而在负半周电子将在轴线左侧做不同半径的螺旋运动. 但由于 $\omega=\dfrac{v_\perp}{R}=\dfrac{eB}{m}$,角速度 ω 与 $v_\perp$ 无关,只要保持 B 不变,不同时刻从"O"点发出的电子做螺旋运动的角速度均相同.

设从 Y 偏转板(记为 O 点)到荧光屏的距离为 L',由于 $v_\parallel$ 不变,所以不同时刻从 O 发出的电子到达荧光屏所用的时间均为 $T_0=\dfrac{L'}{v_\parallel}$. 故不同时刻从 O 点发出的电子,从射出到打在荧光屏上,从螺旋运动的分运动来说,绕过的圆心角均相同,即图 4-52(b)中的 $a_1=a_2=\omega T_0$,所以在图 4-52(b)中,亮点"1"与亮点"2"都在过轴心的同一直线上,只是亮点"1"比亮点"2"早到(t_2-t_1)这一段时间. 由于余辉效应,在"2"点到来之前,"1"点并未消失. 同理,其他时刻从 O 点发出的电子,打到荧光屏上的亮点也都与"1"、"2"点打在同一直线上. 这样,在一个交变电压周期时间内,使电子打在荧光屏上的轨迹成为一条亮线,下一个周期重复,仍为一条亮线……各周期形成的亮线重叠成为一条不灭的亮线.

增加 B 时,由 $R=\dfrac{mv_\perp}{eB}$,$\omega=\dfrac{v_\perp}{R}=\dfrac{eB}{m}$,在交变电压振幅不变的情况下,螺旋运动的半径减小,所以亮线缩短,同时由于 ω 增加,在从 O 点发出的电子到达荧光屏这段时间内,绕过的圆周角增大,所以亮线在缩短的同时还旋转,如图 4-53 所示. 我们总可以改变 B 的大小,即改变 ω,使得在 T_0 这段时间内,绕过的圆周角刚好为 2π,即圆周运动刚好绕一周. 这样,电子从 O 发出,做了一周的螺旋运动,又回到轴线上,只是向前了一个螺距 d. 这时荧光屏上将

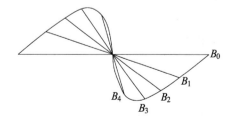

图 4-53 电子打在荧光屏上的轨迹

显示一个亮点,这就是所谓的一次聚焦.一次聚焦时,螺距 d 在数值上等于示波管内偏转电极到荧光屏的距离 L',这就是螺距 d 的测量方法.

如果继续增大磁场,可以获得第二次聚焦、第三次聚焦等,这时螺距 $d=L'/2, L'/3, \cdots$.

(3) 磁感应强度 **B** 的确定.

螺线管内轴线上某点磁感应强度 B 的计算公式为:$B=\dfrac{\mu_0}{2}nI(\cos\beta_2-\cos\beta_1)$,式中,$\mu_0$ 为真空中磁导率;n 为螺线管单位长度的匝数;I 为励磁电流;β_1,β_2 是从该点到线圈两端的连线与轴的夹角.

若螺线管的长为 L,直径为 D,则距轴线中点 O 为 x 的某点(图 4-54)的 B 可表示为

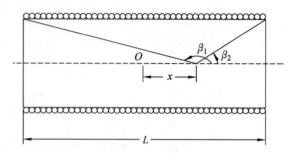

图 4-54 螺线管内轴线上某点的 B

$$B=\frac{\mu_0}{2}nI\left[\frac{\dfrac{L}{2}-x}{\sqrt{\left(\dfrac{D}{2}\right)^2+\left(\dfrac{L}{2}-x\right)^2}}+\frac{\dfrac{L}{2}+x}{\sqrt{\left(\dfrac{D}{2}\right)^2+\left(\dfrac{L}{2}+x\right)^2}}\right]$$

显见 B 是 x 的非线性函数,若 L 足够大,且使用中间一端时,则可近似认为均匀磁场,于是 $B=\mu_0 nI$;若 L 不是足够大,且实验中仅使用中间一段,则可以引入一修正系数 K:

$$K=\frac{1}{2x_0}\left[\sqrt{\left(\frac{D}{2}\right)^2+\left(\frac{L}{2}+x_0\right)^2}-\sqrt{\left(\frac{D}{2}\right)^2+\left(\frac{L}{2}-x_0\right)^2}\right]$$

$$\overline{B}=K\mu_0 nI$$

式中,x_0 为所用中间段的端点距螺线管中点 O 的距离.

2. 验证电子螺旋运动的极坐标方程.

当电子沿轴方向运动了距离 L,那么它旋转的总角度 φ 为

$$\varphi=\frac{\omega L}{v_{\parallel}}=\frac{eBL}{mv_{\parallel}}$$

在 d 与 φ 之间存在简单的关系:$\varphi=\dfrac{2\pi L}{d}$,这一关系可直接从几何关系得到.

在本实验中,φ 和 L 都是可以直接测量的,所以上面的关系式就可以用来计算 d,而 d 在实验中是不能直接测量的,因为管中的电子束是看不见的.

图 4-55 画出了在荧光屏上向电子枪方向看去的情况,A 点是打在荧光屏上的光斑位置,原点 O 是当 $v_{\perp}=0$ 时光斑的位置,以 R 为半径的圆周表示螺线的正视图.假如 $\boldsymbol{v}_{\perp}$ 固定不变,改变 **B** 的大小,光斑怎样运动呢?为了确定荧光屏上 A 点位置,选取像图 4-55 那样的极坐标 r 和 θ 是较为方便的,我们特地把螺线的起点取作 $\theta=0, \varphi=0$,当光斑在 A 点的位置,对应的坐标为

$$r=2R\sin\frac{\varphi}{2}, \quad \theta=\frac{\varphi}{2}$$

注意,图中 φ 角,当电子回旋不止一圈时还要加上 2π 的整数倍(取决于螺线转过的周数).

R 和 φ 都与 B 有关,则 r 和 θ 也都是 B 的函数.为了得到当 B 改变时光点运动的轨迹,就要找出 r 与 θ 满足的方程式,联立消去 B,就可得到轨迹方程 $r=f(\theta)$ 了.

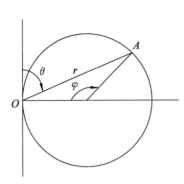

图 4-55 在荧光屏上向电子枪方向看去的正视图

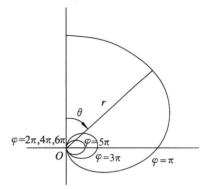

图 4-56 B 改变时光点运动的轨迹

先由上述公式得

$$r=2R\sin\theta$$

$$\varphi R=\frac{v_\perp L}{v_\parallel},$$

得

$$R=\frac{v_\perp L}{2\theta v_\parallel}$$

则有

$$r=\frac{v_\perp L\sin\theta}{v_\parallel \theta}$$

这是一个涡线方程,图 4-56 是相应的曲线,图中标明了几点的 φ 值.

注意到每当 θ 取 π 的整数倍时,相应的 φ 取 2π 的整数倍,即螺线绕了整数圈,r 则变为零,电子束回到未偏转的位置,光斑位置与 O 点重合.当 B 增加时,φ 相应增加,电子束偏离这一位置的幅度也越来越小,当 φ 为 π 的奇数倍时,光斑位置都在 x 轴上.

实验内容

一、仪器介绍

LB-EB3 型电子束实验仪控制面板如图 4-57 所示.面板被分成了四栏,最上面第一栏用于调节电子使获得一个初速度 $\boldsymbol{v}_0$,并同时获得好的聚焦效果;第二栏是外加磁感线圈的磁场调节;第三栏是 X、Y 偏转电压的调节.

示波管电压显示窗可以实时观察记录 U_{A2} 的电压值.通过三个电压调节旋钮 U_{A1}、U_{A2}、U_G 随时调节相应的电压值,栅极电压 U_G 调节的是打到荧光屏上电子的数目的多少,相当于辉度的调节;U_{A2} 调节的是打到荧光屏上电子的速度的大小,相当于亮度的调节,但电压不可过高,以免烧坏荧光屏.联合调节 U_{A1}、U_{A2} 可以获得良好的聚焦效果.

电流输出挡用于给纵向螺线管(大线圈)供电,其连接极性为:红—红,黑—黑.电流调节旋钮调节的是对应于接入电路的线圈的励磁电流,通过励磁电流显示窗显示出来.注意:纵向螺线管和横向螺线管(小线圈,两只)不可同时接在电源上,以免烧坏线圈.

交直流选择开关有三挡,用于 X、Y 偏转板上交流和直流电压的切换,放在中间位置时无电压输出,放在交流位置时 Y 偏转板上输出交流电压. X、Y 换向开关用于直流电压时换挡显示 X、Y 偏转电压. 当 X、Y 偏转电压为零时,调节 $X_{调零}$、$Y_{调零}$ 旋钮使电子打在荧光屏中心的原点位置.

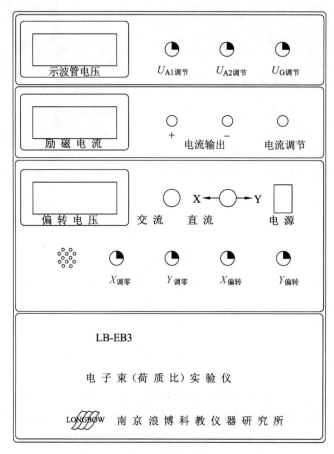

图 4-57　LB-EB3 型电子束实验仪控制面板

二、电子束＋横向电场,测量电偏转系统的偏转灵敏度

掌握示波管的内部构造以及电子束在不同电场作用下加速和偏转的工作原理.

1. 安装好示波管和刻度板,安装示波管时,看清插针,对准管座,接通电源. 已安装纵向磁感线圈的不必取下,不接励磁电源即可.

2. 调节 $U_{G调节}$、$U_{A1调节}$、$U_{A2调节}$ 旋钮,使光点聚成一亮点,辉度适中,光点不要太亮以免烧坏荧光物质.

3. 交直流选择开关置于直流挡,通过 X、Y 换向开关显示偏转电压,调节 $X_{偏转}$、$Y_{偏转}$ 调节旋钮使得偏转电压分别指示为 0.

4. 调节 $X_{调零}$、$Y_{调零}$ 旋钮使得光点处在荧光屏的中心原点上.

5. 调节 $X_{偏转}$、$Y_{偏转}$ 调节旋钮,测量电子束在横向电场作用下 X、Y 方向的偏转量随偏转电压之间的变化关系,根据实验中的测量值分别绘制出偏转量 D_X、D_Y 与偏转电压 U_X、U_Y 之间的关系曲线. 从横向偏转关系图上可以得出电子束的偏转量与横向电场大小呈线性关系,直线的斜率表示电偏转灵敏度的大小,根据实验值计算出电偏转灵敏度 $\delta_{电}$,电偏转灵敏度随加速电压的大小而变,说明电偏转灵敏度与电子的速度有关.

三、电子束+纵向电场,观察电聚焦现象,测量电子透镜的焦距(选做实验)

1. 观察电聚焦现象.调节 $U_{G调节}$ 旋钮,观察栅极 G 相对于阴极 K 的电压变化对光点亮度的影响,并说明原因.调节聚焦旋钮,就是调节第一阳极 A_1 的电压 U_{A1},改变电子透镜的焦距;调节辅助聚焦 A_2,就是同时改变加速电极 G′ 和第二阳极 A_2 的电压 U_{A2},达到聚焦的目的.实验中必须注意,光点切勿过亮,以免烧坏荧光屏.

2. 测量电子透镜的焦距.调节聚焦与辅助聚焦旋钮,使屏上亮点聚焦达到最佳状态.用几何光学中高斯公式求焦距 f.用高斯公式求 f 时,像距、物距可参照图 4-58 所示 8SJ31J 型示波管的内部结构图中的数据来确定(本实验中第一聚焦点 G、G′ 的 1/2 处到荧光屏的距离为 198 mm).

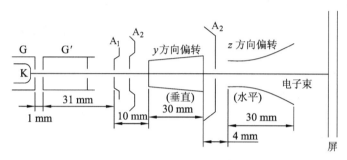

图 4-58　8SJ31J 型示波管的内部结构示意图

四、地磁水平分量测量

1. 安装好示波管和刻度盘,安装示波管时,看清插针,对准管座.不加任何磁感线圈.已安装纵向磁感线圈的不必取下,不接励磁电源即可.

2. 借助指南针使示波管为南北方向平行放置,开启电源,交直流选择开关置于直流挡.调节 $X_{偏转}$、$Y_{偏转}$ 调节旋钮使得偏转电压分别指示为 0,调节 $X_{调零}$、$Y_{调零}$ 旋钮使得光点处在荧光屏的中心原点上.

3. 转动仪器,当仪器转动 90°时(即示波管与东西方向平行)读出偏转量 D_1,仪器转动 270°时读出偏转量 D_2,计算出 $D=\dfrac{D_1+D_2}{2}$(本实验中使用的刻度盘每格为 2 mm 长,测偏转量时最好应使用精度更好的直尺).

4. 再根据 $D=\dfrac{l^2 eB}{2\sqrt{2meU_{A2}}}$(其中 U_{A2} 为加速电压;l 为加速极至荧光屏的距离,本实验中 $l=0.15$ m;m 为电子质量),求出 B.

五、电子束+横向磁场,测量磁偏转灵敏度

1. 参照实验内容三,借助指南针将仪器调整为示波管南北方向放置.

2. 先断开电源,安装好横向磁感线圈(两只小线圈,不接大线圈).

3. 打开电源,交直流选择开关置于直流挡,调节 $X_{偏转}$、$Y_{偏转}$ 调节旋钮使得偏转电压分别指示为 0,调节 $X_{调零}$、$Y_{调零}$ 旋钮使得光点处在荧光屏的中心原点上.或直接将交直流选择开关置于中间位置挡,调节 $X_{调零}$ 旋钮使光点落在中间竖直线上.

4. 对一定的加速电压 U_2,调节电流调节旋钮,改变磁感线圈中磁感电流 I 的大小,测量

电子束的偏转量 s 与磁场电流 I，并绘 s-I 图，实验发现偏转量 s 与磁场电流 I 呈线性关系，根据实验数据计算出磁偏转灵敏度 $\delta_{磁}$（直线斜率），磁偏转灵敏度也与电子的速度有关。

六、电子束＋纵向磁场，利用磁聚焦法测量电子荷质比

为了能观察到电子在磁场中的回旋现象，可以采用下述实验方法：首先通过静电聚焦（调节示波管的第一阳极和第二阳极的电位值 U_{A1}、U_{A2}，可达到这一目的）作用，使从阴极 K 发射出的电子束聚焦在示波管屏上；然后在 Y（垂直）偏转板上加一适当的交变电压，使电子束在示波管屏幕的 y 方向上扫描成一段线光迹，最后加上轴向磁场，使电子在示波管所在空间内做螺线运动。因此，当轴向外磁场从零逐渐增强时，荧光屏上的直线光迹将一边旋转一边缩短，直到使得电子的螺旋形运动轨迹的螺距正好等于垂直偏转板中心至荧光屏的距离 L' 时，电子束将被轴向磁场聚焦成一光点。这样，根据这时的 U_{A2}、B 和 L' 值，求得 $\dfrac{e}{m}$ 值。

1. 先断开电源，安装纵向磁感线圈时，纵向磁感线圈（大线圈）从正直位置转过 $45°$ 呈歪斜姿势后套入主机上的示波管，再往回转动 $45°$ 放平。接线柱向里、朝上放置，注意接线极性（此时不接小线圈）。

2. 打开电源，交直流选择开关置于中间零位置挡，调节 $X_{调零}$ 旋钮使光点落在中间竖直线上，调节 $U_{G调节}$、$U_{A1调节}$、$U_{A2调节}$ 旋钮，使光点亮度适中（调节电位器 U_G、U_{A2} 时电压都会变化，因为电压表所测量的电压值是 U_G、U_{A2} 两者间的相对电压）。

3. 将交直流选择开关拨向交流挡，调整 $Y_{偏转}$（或 $Y_{调零}$）旋钮，使荧光屏中心出现一条亮线，且长度、亮度适中。

4. 调节电流调节旋钮，使得线圈励磁电流由零逐渐增大，观察荧光屏亮线的变化（屏上的直线段将边旋转边缩短，直到收缩成一实的亮点）。当聚成点时，记录励磁电流 I_1；继续增大电流，当第二次聚成一亮点时，记录励磁电流 I_2；当第三次聚成一亮点时，记录励磁电流 I_3 及加速电压 U_{A2}。当第二次、第三次聚焦时，有可能不是一完美的圆点，而是一短的亮线，以荧光屏上显示最亮、最实为准。求相当于一次聚焦时的励磁电流 $I = \dfrac{I_1+I_2+I_3}{1+2+3}$。

5. 根据原理部分的推导求 B，导出计算 $\dfrac{e}{m}$ 的公式，并计算其值（$L' = 0.15$ m，$K = 0.84$，$N = 1\,160$，L 参照线圈标贴），

$$B = K\mu_0 nI \,(n = N/L), \quad \dfrac{e}{m} = \dfrac{8\pi^2 U_{A2}}{B^2 d^2}(d = L')$$

6. 为消除地磁场的影响，可将螺线管东西方向放置，或改变励磁电流方向测两次取平均值。

7. 为消除某些随机因素的影响，也可改变 U_{A2} 重复测量几次，取平均值。

注意：实验内容四和五中，不要将磁感线圈长时间停留在大电流工作，且大、小线圈不可同时接入电路中，以免烧坏线圈。切勿擅自打开机箱，机箱内有高压，防止触电。

实验数据记录及处理

一、电子束＋横向电场，测量电偏转系统的偏转灵敏度

按实验内容所述：调节 $U_{G调节}$、$U_{A1调节}$、$U_{A2调节}$ 旋钮，使光点聚成一亮点，辉度适中，将交直流选择开关置于直流挡，通过 X、Y 换向开关显示偏转电压，调节 $X_{偏转}$、$Y_{偏转}$ 调节旋钮使得偏

转电压分别指示为 0;调节 $X_{调零}$、$Y_{调零}$ 旋钮使得光点处在荧光屏的中心原点上;调节 $X_{偏转}$、$Y_{偏转}$ 调节旋钮,记录 X、Y 方向的偏转量 D_X、D_Y 及与其对应的偏转电压 U_X、U_Y,并记录下偏转电压 U_{A2},实验数据记录如下表:

加速电压 $U_{A2}=$ V				
D_X、D_Y/mm	U_X/V	U_Y/V	D_X、D_Y/mm	U_X/V	U_Y/V
−20					
−16					
−12					
−8					
−4					
0					

分别作出 D_X-U_X、D_Y-U_Y 关系图.

由作出的图可知电子束的偏转位移与偏转电压成正比关系,图线为一直线,直线斜率为电偏转灵敏度,可以求出 X、Y 方向的电偏转灵敏度分别为

$$\delta_{电X}=\frac{D_X}{U_X}=k_{X1}=\quad \text{mm/V}, \quad \delta_{电Y}=\frac{D_Y}{U_Y}=k_{Y1}=\quad \text{mm/V}$$

二、电子束+横向磁场,测量地磁分量及磁偏转系统的偏转灵敏度

1. 地磁水平分量测量.

实验数据记录如下表(物理常数参见附录二):

D 的测量单位为 mm.

	1	2	3
D_1			
D_2			
$D=\dfrac{D_1+D_2}{2}$			
$\overline{D}=$			

$U_{A2}=1\,140$ V, $l=0.15$ m, $m=9.11\times 10^{-31}$ kg, $e=1.60\times 10^{-19}$ C, 由 $D=\dfrac{l^2 eB}{2\sqrt{2meU_2}}$, 得

$B=\dfrac{2D\sqrt{2meU_2}}{el^2}=$ _____ G.

2. 磁偏转灵敏度的测量.

插上横向磁感线圈(两只小线圈,不接大线圈),接通电源;交直流选择开关置于直流挡,调节 $X_{偏转}$、$Y_{偏转}$ 调节旋钮使得偏转电压分别指示为 0,调节 $X_{调零}$、$Y_{调零}$ 旋钮使得光点处在荧光屏的中心原点上;对一定的加速电压 U_2,调节电流调节旋钮改变磁感线圈中的磁感电流 I 的大小,测量电子束的偏转量 s 与磁场电流 I,实验数据记录如下:

加速电压 $U_2=837$ V.

s/mm	0	4	8	12	16	20	24	28	32
I/A									

绘制 s-I 图.

由作出的图可知偏转量 s 与磁场电流 I 呈线性关系,根据实验数据计算出磁偏转灵敏度:

$$\delta_磁=\dfrac{s}{I}= _____ \text{mm/A}$$

三、电子束＋纵向磁场,观察磁聚焦现象,测量电子荷质比

安装好纵向磁感线圈(大线圈,此时不接小线圈),线圈中心轴线与示波管中心轴线平行;打开电源,交直流选择开关置于中间零位置挡,调节 $X_{调零}$ 旋钮使光点落在中间竖直线上,调节 $U_{G调节}$、$U_{A1调节}$、$U_{A2调节}$ 旋钮,使光点亮度适中;将交直流选择开关拨向交流档,调整 $Y_{偏转}$(或 $Y_{调零}$)旋钮,使荧光屏中心出现一条亮线,且长度、亮度适中;调节电流调节旋钮,观察磁聚焦现象(即螺线由线变成点,再变为线,再变为点……),当第二次、第三次聚焦时有可能不是一完美的点,而是一短的亮线,以荧光屏上显示最亮、最实为准.记录在不同加速电压 U_{A2} 下,对应聚焦成点时的励磁电流 I_1、I_2、I_3,求出相当于一次聚焦时的励磁电流:$\bar{I}=\dfrac{I_1+I_2+I_3}{1+2+3}$,推导出求 B 的公式,并导出计算电子荷质比 $\dfrac{e}{m}$ 的公式:$B=K\mu_0 nI(n=N/L)$,$\dfrac{e}{m}=\dfrac{8\pi^2 U_{A2}}{B^2 d^2}(d=L')$,其中 $L'=0.15$ m,$K=0.84$,$N=1\,160$,L 参照线圈标贴,此次实验中

$L = 0.205$ m.

实验数据记录如下：

	1	2	3
I_1/A			
I_2/A			
I_3/A			
$\bar{I}/\text{A}$			
U_{A2}/V			
$B/10^{-3}\,\text{T}$			
$\dfrac{e}{m}/(10^{11}\,\text{C/kg})$			
平均值：$\dfrac{e}{m}=$ C/kg			
相对不确定度：$E=$			

知识拓展

密 立 根

密立根(1868—1953)，美国实验物理学家，1868年3月22日生于伊利诺伊州的莫里森．1887年进入奥柏森大学后，从二年级起被聘在初等物理班担任教员，他很喜爱这个工作，这使他更深入地钻研物理学，甚至在1891年大学毕业后，仍继续在初等物理班讲课，并写出了广泛流传的教材．1893年，密立根取得硕士学位，同年得到哥伦比亚大学物理系攻读博士学位的奖金，成为该校建校以来的第一位物理学博士；1895年获得博士学位后留学欧洲；1896年回国任教于芝加哥大学，由于教学成绩优异，第二年就升任副教授．

密立根以其实验的精确著名．从1907年开始，他便致力于改进威耳逊云室中对α粒子电荷的测量，并甚有成效，得到卢瑟福的肯定．卢瑟福建议他努力防止水滴蒸发．1909年，当他准备好条件使带电云雾在重力与电场力平衡下把电压加到10 000 V时，他发现云层消散后"有几颗水滴留在其中"，从而创造出测量电子电荷量的平衡水珠法、平衡油滴法，但有人攻击他得到的只是平均值而不是元电荷．1910年，他第三次做了改进，使油滴可以在电场力与重力平衡时上上下下地运动，而且还可看到因电荷量改变而致的油滴突然变化，从而求出电荷量改变的差值；1913年，他得到电子电荷量的数值：$e = (4.774 \pm 0.009) \times 10^{-10}$ esu，这样就从实验上确证了电荷的存在．他测量的精确值最终结束了关于对电子离散性的争论，并使许多物理常数的计算获得较高的精度．他的求实、严谨细致、富有创造性的实验作风也成为物理界的楷模．与此同时，他还致力于光电效应的研究．经过细心认真的观测，1916年，他的实验结果验证了爱因斯坦光电效应方程，并且他测出的普朗克常量h的值在当时最为精确．由于上述工作，密立根赢得了1923年度诺贝尔物理学奖．他还对电子在强电场作用下逸出金属表面进行了实验研究，并从事元素火花光谱学的研究工作，测量了紫外线与X射线之间的光谱区，发现了近1 000条谱线，波长达到13.66 nm，使紫外光谱远远超出了当时已知的范围．在密立根对X射线谱的分析工作的基础上，乌伦贝克(1900—1974)等人在1925年提出电子自旋理论.

密立根在宇宙射线方面也做过大量的研究.他提出了"宇宙射线"这个名称,研究了宇宙粒子的轨道及其曲率,发现了宇宙射线中的α粒子、高速电子、质子、中子、正电子和V量子,改变了过去"宇宙射线是光子"的观念.尤其是他用强磁场中的云室对宇宙射线进行实验研究,在此基础上他的学生安德森在1932年发现正电子.

密立根教授在从事教学科研的一生中,发表过许多科学论文,主要有:1902年发表的《力学、分子物理学与热学》,1917年发表的《电子》,1935年发表的《电子(＋、－)、质子、光子、中子与宇宙射线》,1939年发表的《关于宇宙射线的三篇报告》等.此外,他还与他人合著过各种科学方面的教科书和有关哲学方面的专著.

1921年起,密立根任教于加利福尼亚理工学院,他的努力对使该校成为世界上最著名的科学中心之一有所帮助.1953年12月19日他在加利福尼亚的帕萨迪纳逝世.

实验25 磁悬浮动力学基础及碰撞(Z、N)设计性实验

实验25-1 磁悬浮动力学基础

随着科技的发展,磁悬浮技术的应用成为热点,如磁悬浮列车.永磁悬浮技术作为一种低耗能的磁悬浮技术,也受到了广泛关注.本实验使用的永磁悬浮技术,是在磁悬浮导轨与滑块两组带状磁场的相互斥力之下,使磁悬浮滑块浮起来,从而减少了运动的阻力.通过实验,学生可以接触到磁悬浮的物理思想和技术,拓宽知识面,加深牛顿运动定律等动力学方面的感性知识.

本实验仪可构成不同倾斜角的斜面,通过滑块的运动可研究匀变速直线运动的规律、加速度测量的误差消除、物体所受外力与加速度的关系等.

实验目的

1. 学习导轨的水平调整操作技术,熟悉磁悬浮导轨和智能速度加速度测试仪的调整和使用方法.
2. 学习矢量分解方法.
3. 学习用作图法处理实验数据,掌握匀变速直线运动的规律.
4. 测量重力加速度 g,并学习消减系统误差的方法.
5. 探索牛顿第二运动定律,加深理解物体运动时所受外力与加速度的关系.
6. 探索动摩擦力与速度的关系.

实验仪器

DHSY-1型磁悬浮动力学实验仪.

实验原理

1. 瞬时速度.

一个做直线运动的物体,在 Δt 时间内,物体经过的位移为 Δs,则该物体在 Δt 时间内的平均速度为

$$v = \frac{\Delta s}{\Delta t}$$

为了精确地描述物体在某点的实际速度,应该把时间 Δt 取得越小越好,Δt 越小,所求得的平均速度越接近实际速度. 当 $\Delta t \to 0$ 时,平均速度趋近于一个极限,即

$$v = \lim_{\Delta t \to 0} \frac{\Delta s}{\Delta t} = \lim_{\Delta t \to 0} \bar{v} \tag{4-83}$$

这就是物体在该点的瞬时速度.

但在实验时,直接用上式来测量某点的瞬时速度是极其困难的,因此,一般在一定误差范围内,且适当修正时间间隔(图 4-59、图 4-60),可以用历时极短的 t 内的平均速度近似地代替瞬时速度.

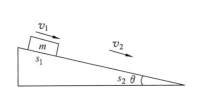

图 4-59 物体在斜面上运动

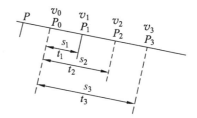

图 4-60 物体在斜面上运动的物理量表示

2. 匀变速直线运动.

如图 4-59 所示,沿光滑斜面下滑的物体,在忽略空气阻力的情况下,可视作做匀变速直线运动. 匀变速直线运动的速度公式、位移公式、速度和位移的关系分别为

$$v_t = v_0 + at \tag{4-84}$$

$$s = v_0 t + \frac{1}{2} a t^2 \tag{4-85}$$

$$v^2 = v_0^2 + 2as \tag{4-86}$$

如图 4-60 所示,在斜面上物体从同一位置 P 处(置第一光电门)由静止开始下滑,在不同位置 $P_0, P_1, P_2 \cdots$ 处(置第二光电门),用智能速度加速度测试仪测量 $t_0, t_1, t_2 \cdots$ 和速度 $v_0, v_1, v_2 \cdots$. 以 t 为横坐标,v 为纵坐标,作 v-t 图,如果图线是一条直线,则证明该物体所做的是匀变速直线运动,其图线的斜率即为加速度 a,截距为 v_0.

同样取 $s_i = P_i - P_{i-1}$,作 $\frac{s}{t}$-t 图和 v^2-s 图,若为直线,也证明物体所做的是匀变速直线运动,两图线斜率分别为 $\frac{1}{2} a$ 和 $2a$,截距分别为 v_0 和 v_0^2.

物体在磁悬浮导轨中运动时,摩擦力和磁场的不均匀性对小车可产生作用力,对运动物体有阻力作用,用 F_f 来表示,即 $F_f = m a_f$,a_f 作为加速度的修正值. 在实验时,把磁悬浮导轨

设置成水平状态,将滑块放到导轨中,用手轻推一下滑块,让其以一定的初速度从左(在斜面状态时的高端)到右运动,依次通过光电门Ⅰ和Ⅱ,测出加速度值 a_f. 重复多次,用不同力度推动一下滑块,测出其加速度值 a_f,比较每次测量的结果,查看有何规律. 对测量结果 a_f 取平均值,得到滑块的阻力加速度 $\overline{a_f}$.

3. 系统质量保持不变,改变系统所受外力,考察动摩擦力的大小及其与外力 F 的关系.

考虑到滑块在磁悬浮导轨中运动时,将其所受阻力用 F_f 来表示. 对滑块进行受力分析,有

$$ma = mg\sin\theta - F_f$$

则有

$$F_f = mg\sin\theta - ma \quad (4\text{-}87)$$

用已知重力加速度 $g = 9.80 \text{ m/s}^2$ 及小车质量,通过测量不同轨道角度 θ 时的滑块加速度值 a,可以求得相应的动摩擦力的大小.

将 F_f 与 F 的值作图,可以考察 F_f 与 F 的关系.

4. 重力加速度的测定及消减导轨中系统误差的方法.

令 $F_f = ma_f$,则有

$$a = g\sin\theta - a_f \quad (4\text{-}88)$$

式中 a_f 作为与动摩擦力有关的加速度修正值.

对应不同的倾角,计算加速度的公式如下:

$$a_1 = g\sin\theta_1 - a_{f1} \quad (4\text{-}89)$$

$$a_2 = g\sin\theta_2 - a_{f2} \quad (4\text{-}90)$$

$$a_3 = g\sin\theta_3 - a_{f3} \quad (4\text{-}91)$$

……

根据前面得到的动摩擦力 F_f 与 F 的关系可知,在一定的小角度范围内,滑块所受到动摩擦力 F_f 近似相等,且 $F_f \ll mg\sin\theta$,即

$$a_{f1} \approx a_{f2} \approx a_{f3} \cdots = \overline{a}_f \ll g\sin\theta$$

由式(4-89)、式(4-90)、式(4-91)可得到

$$g = \frac{a_2 - a_1}{\sin\theta_2 - \sin\theta_1} = \frac{a_3 - a_2}{\sin\theta_3 - \sin\theta_2} \cdots \quad (4\text{-}92)$$

5. 系统质量保持不变,改变系统所受外力,考察加速度 a 和外力 F 的关系.

根据牛顿第二运动定律 $F = ma$,$a = \frac{1}{m}F$,斜面上 $F = G\sin\theta$,故

$$a = kF, \quad k = \frac{1}{m}$$

设置不同角度 $\theta_1, \theta_2, \theta_3, \cdots$ 的斜面,测出物体运动的加速度 $a_1, a_2, a_3, \cdots$,作 a-F 拟合直线图,求出斜率 k,即可求得 $m = \frac{1}{k}$.

实验仪器介绍

1. 磁悬浮实验装置.

磁悬浮实验装置如图 4-61 所示,磁悬浮导轨实际上是一个槽轨,长约 1.2 m,在槽轨底

部中心轴线嵌入钕铁硼 NdFeB 磁钢,在其上方的滑块底部也嵌入磁钢,形成两组带状磁场.由于磁场极性相反,上下之间产生斥力,滑块处于非平衡状态.为使滑块悬浮在导轨上运行,采用了槽轨.在导轨的基板上安装了带有角度刻度的标尺.根据实验要求,可把导轨设置成不同角度的斜面.图 4-62 为磁悬浮导轨截面图.

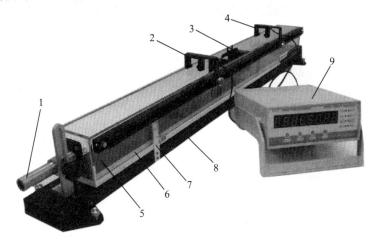

1—手柄;2—光电门Ⅰ;3—磁悬浮滑块;4—光电门Ⅱ;5—导轨;
6—标尺;7—角度尺;8—基板;9—测试仪

图 4-61 磁悬浮实验装置

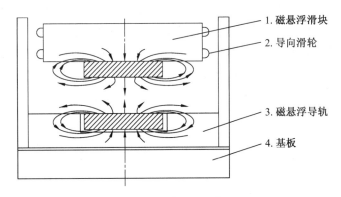

图 4-62 磁悬浮导轨截面图

2. 仪器使用.

计时器按模式功能进行操作.

测试仪外观如图 4-63 所示.

约定:加速度测量时将首先经过的光电门定为光电门Ⅰ;碰撞测量时 A 小车位于 B 小车左侧,将导轨左侧光电门定为光电门Ⅰ.

(1) 加速度测量.

① 按"功能"按钮,选择"加速度"模式,即使"加速度"指示灯亮(我们的信号源是从"加速度"到"碰撞"依次扫描显示).

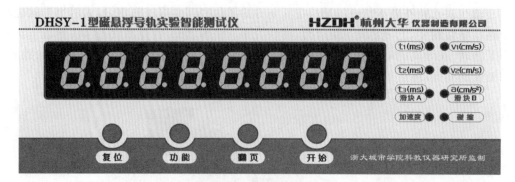

图 4-63 测试仪外观

② 按"翻页"按钮,可选择需存储的组号或查看各组数据.最高位数码管显示"0"~"9",表示存储的组号.

③ 按"开始"按钮,即开始一次加速度测量过程,测量结束后数据会自动保存在当前组中.

④ 测量数据依次显示顺序:$t_1 \to v_1 \to t_2 \to v_2 \to t_3 \to a$,对应的指示灯会依次亮,每个数据显示时间为 2 s.

⑤ 清除所有数据,按"复位"按钮.

(2) 碰撞测量(下面设计性实验用).

① 按"功能"按钮,选择"碰撞"模式,即使"碰撞"指示灯亮.最高位数码管显示"1"~"C",对应 12 种碰撞模式(信号源从加速度到碰撞依次扫描显示).

② 按"开始"按钮,即开始一次碰撞测量过程,测量结束后数据会自动保存在当前组中.

③ 测量数据依次显示顺序:$At_1 \to Av_1 \to At_2 \to Av_2 \to Bt_1 \to Bv_1 \to Bt_2 \to Bv_2$,对应的指示灯会依次亮,每个数据显示时间为 2 s.

④ 碰撞模式说明如下:

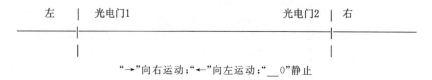

"→"向右运动;"←"向左运动;"__0"静止

碰状模式见表 4-5.

表 4-5 实验设置模式及操作方法

模式	初始状态		结束状态
1	A 位于光电门Ⅰ左侧向右运动,B 静止于两光电门之间	A→ B__0	A→ B→	A 过光电门Ⅰ、光电门Ⅱ后向右运动 B 过光电门Ⅱ后向右运动
2		A→ B__0	A← B→	A 过光电门Ⅰ后折返向左运动 B 过光电门Ⅱ后向右运动
3		A→ B__0	A__0 B→	A 过光电门Ⅰ后静止在两光电门中间 B 过光电门Ⅱ后向右运动

续表

模式	初始状态		结束状态
4	A位于光电门Ⅰ左侧向右运动，B位于光电门Ⅱ右侧向左运动	A→　B←　　A→　B→	A过光电门Ⅰ、光电门Ⅱ后向右运动 B过光电门Ⅱ后折返向右运动
5		A→　B←　　A←　B←	A过光电门Ⅰ后折返向左运动 B过光电门Ⅱ、光电门Ⅰ后向左运动
6		A→　B←　　A→　B→	A过光电门Ⅰ后折返向左运动 B过光电门Ⅱ后折返向右运动
7		A→　B←　　A__0　B→	A过光电门Ⅰ后静止在两光电门中间 B过光电门Ⅱ后折返向右运动
8		A→　B←　　A←　B__0	A过光电门Ⅰ后折返向左运动 B过光电门Ⅱ后静止在两光电门中间
9		A→　B←　　A__0　B__0	A过光电门Ⅰ后静止在两光电门中间 B过光电门Ⅱ后静止在两光电门中间
10	A和B都位于光电门Ⅰ左侧，A撞击B后同时向右侧运动	A→　B→　　A→　B→	A过光电门Ⅰ、光电门Ⅱ后向右运动 B过光电门Ⅰ、光电门Ⅱ后向右运动
11		A→　B→　　A←　B→	A过光电门Ⅰ后折返向左运动 B过光电门Ⅰ、光电门Ⅱ后向右运动
12		A→　B→　　A__0　B→	A过光电门Ⅰ后静止在两光电门中间 B过光电门Ⅰ、光电门Ⅱ后向右运动

注：A、B分别表示导轨中的滑块.

(3) 挡光片宽度设置.

① 按"功能"按钮选择工作模式，使测试仪显示为"00"，等待数秒钟，"加速度"和"碰撞"指示灯都灭后开始设置.

② 按"翻页"按钮设置十位数字，按"开始"按钮设置各位数字. 设定范围 0～99 mm，默认值 30 mm.

③ 低二位数码管显示当前设定的宽度值.

滑块上有两条挡光片或挡光框(图 4-64)，滑块在护垫上运动时，挡光片对光电门进行挡光，每挡光一次光电转换电路便产生一个电脉冲信号，去控制计时器的开和关.

磁悬浮导轨上有两个光电门，本光电测试仪测定并存储了运动滑块上的两条挡光片通过光电门Ⅰ时的第一次挡光与第二次挡光的时间间隔 Δt_1 和通过光电门Ⅱ时的第一次挡光与第二次挡光的时间间隔 Δt_2，运动滑块从光电门Ⅰ到光电门Ⅱ所经历的时间间隔 $\Delta t'$ (图 4-65). 根据两挡光片之间的距离参数即可计算出滑块上两挡光片通过光电门Ⅰ时的平均速度 $v_1 = \frac{\Delta x}{\Delta t_1}$ 和通过光电门Ⅱ时的平均速度 $v_2 = \frac{\Delta x}{\Delta t_2}$. 由于 Δt_1 和 Δt_2 都很小，可近似地认为在该时间内物体做匀加速运动，因此得出，把时间 Δt_1 内的平均速度当作 $\frac{1}{2}\Delta t_1$ 该时刻的瞬时速度 v_1，把 Δt_2 时间内的平均速度当作 $\frac{1}{2}\Delta t_2$ 该时刻的瞬时速度 v_2.

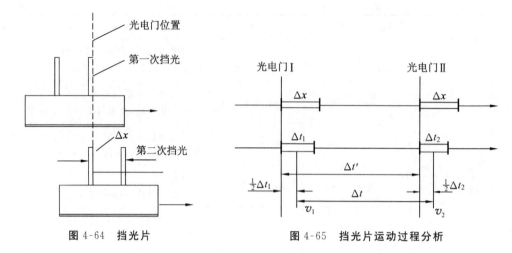

图 4-64 挡光片　　　　　图 4-65 挡光片运动过程分析

在本实验测试仪中,已将从 v_1 增加到 v_2 所需时间修正为 $\Delta t = \Delta t' - \frac{1}{2}\Delta t_1 + \frac{1}{2}\Delta t_2$,因此,所测数据为修正值。根据加速度定义,在 Δt 时间内的加速度为 $a = \dfrac{v_2 - v_1}{\Delta t}$。

根据测得的 Δt_1、Δt_2、Δt 和键入的挡光片间隔 Δx 值,经智能测试仪运算(已在屏上显示),得 v_1、v_2、a_0;测试仪中显示的 t_1、t_2、t_3 对应上述的 Δt_1、Δt_2、Δt。

每条导轨配有三个滑块,用来研究运动规律。每个滑块上有两条挡光片,滑块在槽轨中运动时,挡光片对光电门进行挡光,每挡光一次,光电转换电路便产生一个电脉冲信号,去控制计时门的开和关(即计时的开始和停止)。

调整导轨和基板使之成一夹角,则实验仪成一斜面,斜面倾斜角即为 θ,其正弦值 $\sin\theta$ 为块规高度 h 和导轨(标尺)读数 L 的比值,磁悬浮滑块从斜面上端开始下落,则其重力在斜面方向分量为 $G\sin\theta$。

实验内容

1. 检查磁悬浮导轨的水平度,检查测试仪的测试准备。

把磁悬浮导轨设置成水平状态。水平度调整有两种方法:① 把配置的水平仪放在磁悬浮导轨槽中,调整导轨一端的支撑脚,使导轨水平。② 把滑块放到导轨中,滑块以一定的初速度从左到右运动,测出加速度值,然后反方向运动,再次测出加速度值,若导轨水平,则左右运动减速情况相近,即测量的 a 相近。

检查导轨上的光电门Ⅰ和光电门Ⅱ有否与测试仪的光电门Ⅰ和光电门Ⅱ相连,开启电源,并检查"功能"是否置于"加速度"。

2. 匀变速运动规律的研究。

调整导轨成如图 4-60 所示的斜面,倾斜角为 θ(不小于 2°为宜)。将斜面上的滑块每次从同一位置 P 处由静止开始下滑,将光电门Ⅰ置于 P_0 处,光电门Ⅱ分别置于 P_1,P_2,…处,用智能速度加速度仪测量 t_0,t_1,t_2,… 和速度 v_0,v_1,v_2,…;依次记录 P_0,P_1,…的位置和速度 v_0,v_1,v_2,… 及由 P_0 到 P_i 的时间 t_i,列表记录所有数据。

3. 重力加速度 g 的测量.

两光电门之间距离固定为 s. 改变斜面倾斜角 θ, 滑块每次由同一位置滑下, 依次经过两个光电门, 记录其加速度 a_i, 由式(4-88)或式(4-92)计算加速度 g, 跟当地重力加速度 $g_{标}$ 相比较, 并求其百分误差.

4. 系统质量保持不变, 改变系统所受外力, 考察加速度 a 和外力 F 的关系.

称量滑块质量标准值 $m_{标}$, 利用上一内容的实验数据, 计算不同倾斜角时系统所受外力 $F = m_{标} g \sin\theta$, 作 a-F 拟合直线图, 求出斜率 k, 即可求得 $m = \dfrac{1}{k}$. 比较 m 和 $m_{标}$, 并求其百分误差.

实验数据记录及处理

1. 匀变速直线运动的研究.

实验数据记录如下表:

$P_0 =$ _____ $\Delta x =$ _____ $\theta =$ _____

i	P_i	$s_i = P_i - P_0$	Δt_0	v_0	Δt_i	v_i	t_i
1							
2							
3							
4							
5							
6							

分别作直线 v-t 图线和 $\dfrac{s}{t}$-t 图线, 若所得均为直线, 则表明滑块做匀变速直线运动, 由直线斜率与截距求出 a 与 v_0, 将 v_0 与上列数据表中 $\overline{v_0}$ 比较, 并加以分析和讨论.

2. 重力加速度 g 的测量.

实验数据记录如下表:

$\Delta x =$ _____ $s = s_2 - s_1 =$ _____ $a_f =$ _____

i	θ_i	a_i	$\sin\theta_i$	g_i
1				
2				
3				
4				
5				

(1) 根据 $g_i = \dfrac{a_i - a_f}{\sin\theta}$, 分别算出每个倾斜角度下的重力加速度 g_i.

(2) 计算测得的重力加速度的平均值 $\bar{g}$，与本地区公认值 $g_{标}$ 相比较，求出

$$E_g = \frac{|\bar{g} - g_{标}|}{g_{标}} \times 100\%$$

3. 系统质量保持不变，改变系统所受外力，考察加速度 a 和外力 F 的关系.
利用上一内容的实验数据，实验数据记录如下表：

$\Delta x =$ _____ $s = s_2 - s_1 =$ _____ $m_{标} =$ _____

i	θ_i	$\sin\theta_i$	$F_i = m_{标} g \sin\theta_i$	a_i
1				
2				
3				
4				
5				

作 a-F 拟合直线图，求出斜率 k，再求出 $m = \dfrac{1}{k}$. 与 $m_{标}$ 相比较，求出

$$E_m = \frac{|m - m_{标}|}{m_{标}} \times 100\%$$

注意事项

1. 称量磁悬浮滑块质量时，须将非铁材料放于滑块下方，防止磁铁与电子天平相互作用，影响称量准确性.
2. 实验做完后，磁悬浮滑块不可长时间放在导轨中，防止滑轮被磁化.

实验 25-2　碰撞 (Z、N) 设计性实验

碰撞问题，在历史上曾是科学界共同关心的课题，惠更斯、牛顿等科学家先后曾做过系统的研究，总结了碰撞规律，牛顿正是在碰撞定律基础上提出作用反作用定律，碰撞定律同样适用于微观领域和现实生活.

实验目的

1. 观察系统中物体间的各种形式的碰撞，考察动量守恒定律.
2. 观察碰撞过程中系统动能的变化情况，分析实验中的碰撞是属于哪种类型的碰撞.

实验原理

设有两物，其质量分别为 m_1 和 m_2，碰撞前的速度分别为 v_{01} 和 v_{02}，碰撞后的速度分别为 v_{11} 和 v_{12}，而且在碰撞的瞬间，此二物体构成的系统，在所考察的速度方向上不受外力的作用或所受的外力远小于碰撞时物体间的相互作用力，则根据动量守恒定律，系统在碰撞前的总动量等于碰撞后的总动量，即

$$m_1\boldsymbol{v}_{01}+m_2\boldsymbol{v}_{02}=m_1\boldsymbol{v}_{11}+m_2\boldsymbol{v}_{12}$$

系统在碰撞前后的动能,却不一定守恒,根据动能的变化和运动状态,把碰撞分为三种类型:

1. 碰撞过程中没有机械能损失,系统的总动能保持不变,称为"弹性碰撞".
2. 碰撞过程中有机械能损失,系统碰撞后的动能小于碰撞前的动能,称为"非弹性碰撞".
3. 碰撞后两物体连接在一起运动,即两物体在碰撞后的速度相等,称为"完全非弹性碰撞".

碰撞形式可以多种多样,就是在导轨上也可以有相对碰撞和尾随碰撞,$\boldsymbol{v}_{01}$ 和 $\boldsymbol{v}_{02}$ 速度方向可以相反也可以相同,$\boldsymbol{v}_{11}$ 和 $\boldsymbol{v}_{12}$ 也是如此,$\boldsymbol{v}_{01}$ 还可以为零.

 实验装置及设计内容

本实验是在磁悬浮导轨上进行的,有关实验装置的结构、原理和使用方法请参照实验一中的有关部分.提供三辆滑块:一辆滑块的一头装有弹簧;一辆滑块装有黏性尼龙毛;一辆滑块装有黏性尼龙刺.

在磁悬浮导轨实验装置中,放置了质量基本相同的磁悬浮滑块两只(A、B),如图 4-66 所示.

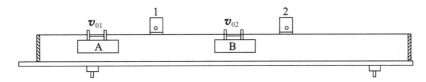

图 4-66　磁悬浮导轨实验装置

当两滑块在水平的导轨上沿着直线对心碰撞时,除了受到碰撞时彼此相互作用的内力外,滑块在运动过程中会受到阻力的影响,因此可在磁悬浮导轨实验装置上研究弹性碰撞、非弹性碰撞.

两磁悬浮滑块在碰撞前后的速度方向可有 12 种类型,见表 4-5.表中的内容与实验智能测试仪智能的操作、设置模式相同.

 设计实验步骤和内容

1. 深刻理解动能守恒定律.注意动量的矢量性和滑块在导轨上碰撞的标量表示式.
2. 设计出观察两等质量滑块间发生弹性碰撞的实验方案.
(1) 设计弹性碰撞的实验方案时,首先画出发生弹性碰撞实验的示意图.
(2) 注明两光电门的位置以及滑块放置的位置.
(3) 参照"表 4-5　实验设置模式及操作方法"设定两磁悬浮滑块发生弹性碰撞的各种可能的运动方向等,再设计数据记录和处理表格,表格中必须列入动量增量和动能增量及其相对变化值.
(4) 实验测试

按照设计的弹性碰撞的实验方案,进行实验测试,并将数据记录在表格中,观察动量增量和动能增量及其相对变化值.验证设计方案的正确性.

3. 设计出观察两等质量滑块间利用黏性尼龙毛、尼龙刺进行完全非弹性碰撞的实验方案.
(1) 采用粘有黏性尼龙毛的两个滑块发生完全非弹性碰撞.

（2）设计方法同步骤2.

4. 在磁悬浮导轨上运动的滑块所受的阻力虽然很小，但不等于"0"．阻力的大小也随实验条件的不同略有不同，平均阻力约为 10^{-3} N 数量级．试根据力学定律，用简单的实验方法，估算出平均阻力的大小，并用求得的平均阻力进一步考虑是否应该修正实验测得的数据．

5. 写出实验预习报告，然后在实验室里对照仪器，再进行修改，做完实验后再写出完整的实验报告．实验报告的内容包括：实验目的，实验原理，碰撞的示意图，简单的实验步骤，数据记录、处理和结果分析．

测出一组数据后，最好先算出来看一看动量是否守恒，是否在我们的实验误差范围内（碰撞前后的动量相差不大于碰撞前系统总动量的2%），否则必须找出产生误差的原因，重新进行实验，再看一看动量变化的情况．

知识拓展

超导和超导磁悬浮

超导现象

1911年荷兰科学家卡末林·昂内斯（Heike Kamerlingh Onnes）在测量低温下水银电阻率的时候发现，当温度降到 4.2 K 附近，水银的电阻竟然消失了！实验曲线如图4-67所示．

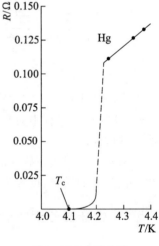

图 4-67 实验曲线

电阻的消失被称为零电阻性．所谓"电阻消失"，只是说电阻小于仪表的最小可测电阻．当时有人就提出疑问：如果仪表的灵敏度进一步提高，会不会测出电阻呢？用"持久电流"实验可以解释这个问题．

由正常导体组成的回路是有电阻的，而电阻意味着电能的损耗，即电能转化为热．这样，如果没有电源不断地向回路补充能量，回路中的电能在极短时间（以微秒计）里全部消耗完，电流衰减到零．如果回路没有电阻，自然就没有电能的损耗．一旦在回路中激励起电流，不需要任何电源向回路补充能量，电流可以持续地存在下去，这就是"持久电流"实验．

超导态的两个基本性质

有人曾在用超导材料做成的环中把电流维持两年半之久而毫无衰减．由此可以推导出电阻率的上限为 10^{-23} Ω·cm，还不到最纯的铜的剩余电阻率的百万亿分之一．**零电阻效应**是超导态的两个基本性质之一．

超导态的另一个基本性质是抗磁性，如图4-67所示，又称**迈斯纳效应**（Meissner effect）．即在磁场中一个超导体只要处于超导态，则它内部产生的磁化强度与外磁场完全抵消，从而内部的磁感应强度为零．也就是说，磁感线完全被排斥在超导体外面，如图4-68所示．

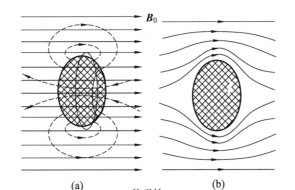

(a) 抗磁性 (b)

图 4-68　超导态的抗磁性

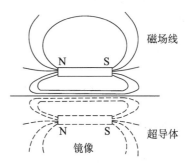

图 4-69　超导体的磁悬浮

超导磁悬浮

利用超导体的抗磁性可以实现磁悬浮.

图 4-69 是超导磁悬浮的示意图. 把一块磁铁放在超导盘上, 由于超导盘把磁感线排斥出去, 超导盘跟磁铁之间有排斥力, 结果磁铁悬浮在超导盘的上方. 这种超导磁悬浮在工程技术中有广泛应用, 超导磁悬浮列车就是一例. 让列车悬浮起来, 与轨道脱离接触, 这样列车在运行时的阻力降低很多, 沿轨道"飞行"的速度可达 500 km/h. 高温超导体发现以后, 超导态可以在液氮温区 (77.3 K 以上) 出现, 超导悬浮的装置更为简单, 成本也大为降低. 我国西南交通大学于 1994 年成功地研制了高温超导磁悬浮实验车.

图 4-70 中列出了超导技术的主要应用领域.

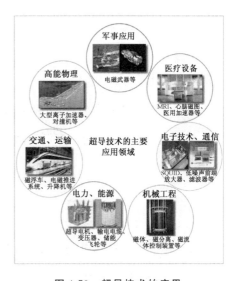

图 4-70　超导技术的应用

实验 26　多普勒效应的研究与应用

对于机械波、声波、光波和电磁波而言, 当波源和观察者 (或接收器) 之间发生相对运动, 或者波源、观察者不动而传播介质运动时, 或者波源、观察者、传播介质都在运动时, 观察者接收到的波的频率和发出的波的频率不相同的现象, 称为多普勒效应.

多普勒效应在核物理、天文学、工程技术、交通管理、医疗诊断等方面有十分广泛的应用, 如用于卫星测速、光谱仪、多普勒雷达、多普勒彩色超声诊断仪等.

实验目的

1. 测量超声接收换能器的运动速度与接收频率的关系, 验证多普勒效应.
2. 用不同方法求出空气中的声速.
3. 将超声换能器作为速度传感器, 用于研究匀速直线运动、匀加 (减) 速直线运动、简谐运动等.

4. 设计性实验：用多普勒效应测量运动物体的未知速度,利用超声波测量物体的位置及移动距离.

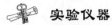 **实验仪器**

DH-DPL1 型多普勒效应及声速综合实验仪.

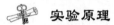 **实验原理**

一、声波的多普勒效应

设声源在原点,声源振动频率为 f,接收点在 x,运动和传播都在 x 方向.对于三维情况,处理稍复杂一点,其结果相似.声源、接收器和传播介质不动时,在 x 方向传播的声波的数学表达式为

$$p = p_0 \cos\left(\omega t - \frac{\omega}{c_0} x\right) \tag{4-93}$$

这里 p 为声压,p_0 为声压峰值,c_0 为声速.

(1) 声源运动速度为 v_S,介质和接收点不动.

设声速为 c_0,在时刻 t,声源移动的距离为 $v_S\left(t - \frac{x}{c_0}\right)$,因而声源实际的距离为

$$x = x_0 - v_S\left(t - \frac{x}{c_0}\right)$$

故

$$x = \frac{x_0 - v_S t}{1 - M_S} \tag{4-94}$$

其中 $M_S = \frac{v_S}{c_0}$ 为声源运动的马赫数,声源向接收点运动时 v_S(或 M_S)为正,反之为负,将式(4-94)代入式(4-93),有

$$p = p_0 \cos\left\{\frac{\omega}{1 - M_S}\left(t - \frac{x_0}{c_0}\right)\right\}$$

可见接收器接收到的频率变为原来的 $\frac{1}{1 - M_S}$,即

$$f_S = \frac{f}{1 - M_S} \tag{4-95}$$

(2) 声源、介质不动,接收器运动速度为 v_r,同理可得接收器接收到的频率为

$$f_r = (1 + M_r)f = \left(1 + \frac{v_r}{c_0}\right)f \tag{4-96}$$

其中 $M_r = \frac{v_r}{c_0}$ 为接收器运动的马赫数,接收点向着声源运动时 v_r(或 M_r)为正,反之为负.

(3) 介质不动,声源运动速度为 v_S,接收器运动速度为 v_r,可得接收器接收到的频率为

$$f_{rs} = \frac{1 + M_r}{1 - M_S} f \tag{4-97}$$

(4) 介质运动,设介质运动速度为 v_m,得

$$x = x_0 - v_m t$$

根据式(4-93),可得

$$p = p_0 \cos\left\{(1+M_m)\omega t - \frac{\omega}{c_0}x_0\right\} \tag{4-98}$$

其中 $M_m = \dfrac{v_m}{c_0}$ 为介质运动的马赫数. 介质向着接收点运动时 v_m(或 M_m)为正,反之为负.

可见若声源和接收器不动,则接收器接收到的频率为

$$f_m = (1+M_m)f \tag{4-99}$$

还可看出,若声源和介质一起运动,则频率不变.

为了简单起见,本实验只研究第(2)种情况:声源、介质不动,接收器运动速度为 v_r. 根据式(4-96)可知,改变 v_r 就可得到不同的 f_r 以及不同的 $\Delta f = f_r - f$,从而验证了多普勒效应. 另外,若已知 v_r、f,并测出 f_r,则可算出声速 c_0,可将用多普勒频移测得的声速值与用时差法测得的声速做比较. 若将仪器的超声换能器用作速度传感器,就可用多普勒效应来研究物体的运动状态.

二、声速的几种测量原理

1. 超声波与压电陶瓷换能器.

频率为 20 Hz~20 kHz 的机械振动在弹性介质中传播形成声波,高于 20 kHz 的称为超声波,超声波的传播速度就是声波的传播速度,而超声波具有波长短、易于定向发射等优点. 声速实验所采用的声波频率一般都在 20~60 kHz 之间,在此频率范围内,采用压电陶瓷换能器作为声波的发射器、接收器效果最佳.

压电陶瓷换能器根据它的工作方式,分为纵向(振动)换能器、径向(振动)换能器及弯曲振动换能器. 声速教学实验中所用的大多数是纵向换能器. 图 4-71 为纵向换能器的结构简图.

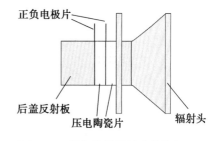

图 4-71 纵向换能器的结构简图

2. 共振干涉法(驻波法)测量声速.

假设在无限声场中仅有一个点声源换能器 1(发射换能器)和一个接收平面(接收换能器 2). 当点声源发出声波后,在此声场中只有一个反射面(即接收换能器平面),并且只产生一次反射.

在上述假设条件下,发射波 $\xi_1 = A_1\cos\left(\omega t + \dfrac{2\pi x}{\lambda}\right)$. 在 $S2$ 处产生反射,反射波 $\xi_2 = A_2\cos\left(\omega t - \dfrac{2\pi x}{\lambda}\right)$,信号相位与 ξ_1 相反,幅度 $A_2 < A_1$. ξ_1 与 ξ_2 在反射平面相交叠加,合成波束 ξ_3:

$$\begin{aligned}\xi_3 &= \xi_1 + \xi_2 = A_1\cos\left(\omega t + \frac{2\pi x}{\lambda}\right) + A_2\cos\left(\omega t - \frac{2\pi x}{\lambda}\right) \\ &= A_1\cos\left(\omega t + \frac{2\pi x}{\lambda}\right) + A_1\cos\left(\omega t - \frac{2\pi x}{\lambda}\right) + (A_2 - A_1)\cos\left(\omega t - \frac{2\pi x}{\lambda}\right) \\ &= 2A_1\cos\left(\frac{2\pi x}{\lambda}\right)\cos\omega t + (A_2 - A_1)\cos\left(\omega t - \frac{2\pi x}{\lambda}\right)\end{aligned}$$

由此可见,合成后的波束 ξ_3 在幅度上具有随 $\cos\left(\dfrac{2\pi x}{\lambda}\right)$ 呈周期变化的特性,在相位上具

有随 $\left(\dfrac{2\pi x}{\lambda}\right)$ 呈周期变化的特性. 另外, 由于反射波幅度小于发射波, 合成波的幅度即使在波节处也不为 0, 而是按 $(A_2-A_1)\cos\left(\omega t-\dfrac{2\pi x}{\lambda}\right)$ 变化. 图 4-72 所示波形显示了叠加后的声波幅度, 随距离按 $\cos\left(\dfrac{2\pi x}{\lambda}\right)$ 变化的特征.

实验装置如图 4-76 所示, 图中 1 和 2 为压电陶瓷换能器. 换能器 1 作为声波发射器, 它由信号源供给频率为数十千赫的交流电信号, 由逆压电效应发出一平面超声波; 而 2 则作为声波的接收器, 压电效应将接收到的声压转换成电信号, 将它输入示波器, 我们就可看到一组由声压信号产生的正弦波形. 由于换能器 2 在接收声波的同时还能反射一部分超声波, 接收的声波、发射的声波振幅虽有差异, 但二者周期相同且在同一线上沿相反方向传播, 二者在换能器 1 和 2 区域内产生了波的干涉, 形成驻波. 我们在示波器上观察到的实际上是这两个相干波合成后在声波接收器(换能器 2)处的振动情况. 移动换能器 2 位置(即改变换能器 1 和 2 之间的距离), 从示波器显示上会发现, 当换能器 2 在某位置时振幅有最大值. 根据波的干涉理论可以知道: 任何两相邻的振幅最大值的位置之间(或两相邻的振幅最小值的位置之间)的距离均为 $\dfrac{\lambda}{2}$.

为了测量声波的波长, 可以在一边观察示波器上声压振幅值的同时, 缓慢地改变换能器 1 和 2 之间的距离, 示波器上就可以看到声振动幅值不断地由最大变到最小再变到最大, 两相邻的振幅最大之间的距离为 $\dfrac{\lambda}{2}$ (图 4-72); 换能器 2 移动过的距离也为 $\lambda/2$. 超声换能器 2 至 1 之间的距离的改变可通过转动滚花帽来实现, 而超声波的频率又可由测试仪直接读出.

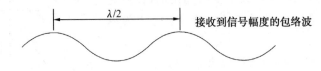

图 4-72　换能器间距与合成幅度

在连续多次测量相隔半波长的位置变化及声波频率 f 以后, 我们可运用测量数据计算出声速, 用逐差法处理所测得的数据.

3. 相位法测量原理.

由前述可知, 入射波 ξ_1 与反射波 ξ_2 叠加, 形成波束 $\xi_3 = 2A_1\cos\left(\dfrac{2\pi x}{\lambda}\right)\cos\omega t + (A_2-A_1)\cos\left(\omega t-\dfrac{2\pi x}{\lambda}\right)$. 相对于发射波束 $\xi_1 = A\cos\left(\omega t+\dfrac{2\pi x}{\lambda}\right)$ 来说, 在经过 Δx 距离后, 接收到的余弦波与原来位置处的相位差(相移)为 $\theta = \dfrac{2\pi\Delta x}{\lambda}$, 如图 4-73 所示. 因此能通过示波器, 用李萨如图法观察测出声波的波长.

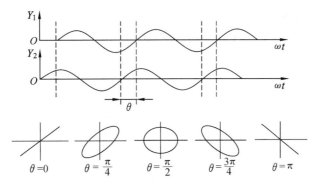

图 4-73　用李萨如图观察相位变化

4. 时差法测量原理.

如图 4-74 所示，连续波经脉冲调制后由发射换能器发射至被测介质中，声波在介质中传播，经过 t 时间后，到达 L 距离处的接收换能器. 由运动定律可知，声波在介质中传播的速度可由以下公式求出：

$$\text{速度 } v = \frac{\text{距离 } L}{\text{时间 } t}$$

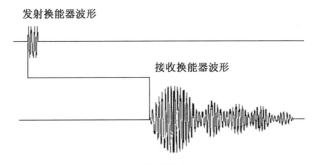

图 4-74　发射波与接收波

通过测量两换能器发射、接收平面之间的距离 L 和时间 t，就可以计算出当前介质下的声波传播速度.

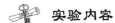 **实验内容**

本实验包含以下内容：

1. 测量超声接收换能器的运动速度与接收频率的关系，验证多普勒效应.
2. 用步进电机控制超声换能器的运动速度，通过测频求出空气中的声速.
3. 将超声换能器作为速度传感器，用于研究匀速直线运动、匀加（减）速直线运动、简谐运动等.
4. 在直射式和反射式两种情况下，用时差法测量空气中的声速.
5. 在直射式方式下，用相位法和驻波法测量空气中的声速.
6. 设计性实验：用多普勒效应测量运动物体的未知速度.
7. 设计性实验：利用超声波测量物体的位置及移动距离.

一、仪器介绍及使用方法

本仪器由实验仪、智能运动控制系统和测试架三个部分组成,如图 4-75 所示.

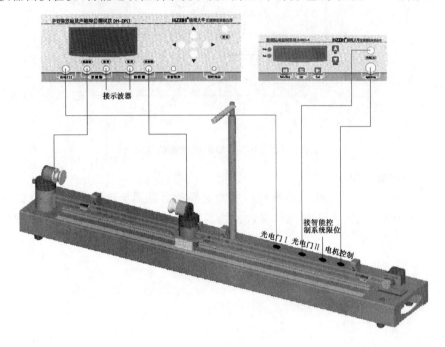

图 4-75 线路连接示意图

实验仪由信号发生器和接收器、功率放大器、微处理器、液晶显示器等组成.

智能运动控制系统由步进电机、电机控制模块、单片机系统组成,用于控制载有接收换能器的小车的速度,如图 4-76 所示.

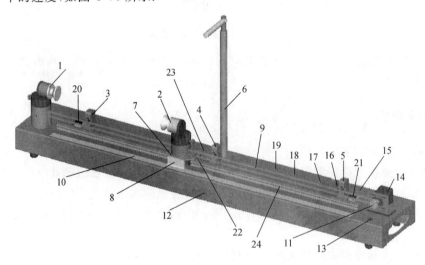

1—发射换能器;2—接收换能器;3、5—左右限位保护光电门;4—测速光电门;6—接收线支撑杆;7—小车;8—游标;9—同步带;10—标尺;11—滚花帽;12—底座;13—复位开关;14—步进电机;15—电机开关;16—电机控制;17—限位;18—光电门Ⅱ;19—光电门Ⅰ;20—左行程开关;21—右行程开关;22—行程撞块;23—挡光板;24—运动导轨

图 4-76 运动系统结构示意图

测试架由底座、超声发射换能器、导轨、载有超声接收器的小车、步进电机、传动系统、光电门等组成.

在验证多普勒效应和直射式测声速时,超声发射器和接收器面对面平行对准;在反射式测量时,超声发射器和接收器应转一定的角度,使入射角近似等于反射角.

主测试仪面板图如图 4-77 所示.

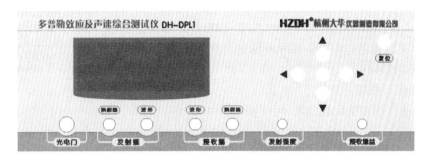

图 4-77　主测试仪面板图

1. 实验仪主画面.

开机或按"复位"键时显示"欢迎使用多普勒效应及声速综合实验仪".

按"确定"键(即中心键)后显示主菜单:"时差法测声速"、"多普勒效应实验"、"变速运动实验"、"数据查询".

按▲、▼键选择不同的任务,按"确定"键进入以下各任务:

(1) 时差法测声速.

- 时间差 t:xxxμs.
- 返回:按"确定"键返回主菜单.

(2) 多普勒效应实验.

- 设置源频率:按▶、◀键增减信号频率,一次变化 10 Hz.
- 瞬时测量:测过光电门时的平均频率及平均速度.
- 动态测量:不用光电门测得的动态频率(频率计).
- 返回:按"确定"键返回主菜单.

(3) 变速运动实验.

- "采样点数"160:按▲、▼键增减,一次变化 1.
- "采样步距"65ms:按▲、▼键增减,一次变化 1 ms.
- 开始测量:进入测量状态,测量完后显示结果"f-t"、"数据"、"存储"、"返回";按▶、◀键进入相关功能;若要对数据进行存储,先选择该功能,按下"确定"后,将显示"存储组别:x",用▲、▼增减改变组别 x,然后按下"确定"后将显示"已存储到组 x",并自动回到原操作界面.
- 返回:按"确定"键返回主菜单.

(4) 数据查询.

变速运动数据组别 x.

按▶、◀键改变要查询的组别 x,按下"确定"后显示相关信息"f-t"、"数据"、"存储"、"返回",按▶、◀键切换到相关功能.

说明：瞬时测量时，信号源测速可能会与智能运动控制系统给定的速度存在较大误差，其原因是由挡光板加工误差造成的.

软件设计采用标准数据：$S_1=4$ mm，$S_2=90$ mm，$S_3=4$ mm，$v_正=\dfrac{L_1}{t_1}$，$v_反=\dfrac{L_2}{t_2}$.

实际的 $L_1=S_1+S_2$，$L_2=S_2+S_3$ 并非标准（图4-78），t_1 和 t_2 为标准测量值，所以需要用游标卡尺测量 S_1、S_2、S_3，然后计算出实际的 $v_正$、$v_反$.

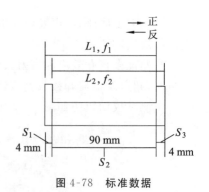

图 4-78　标准数据

2. 智能运动控制系统.

智能运动控制系统面板如图 4-79 所示.

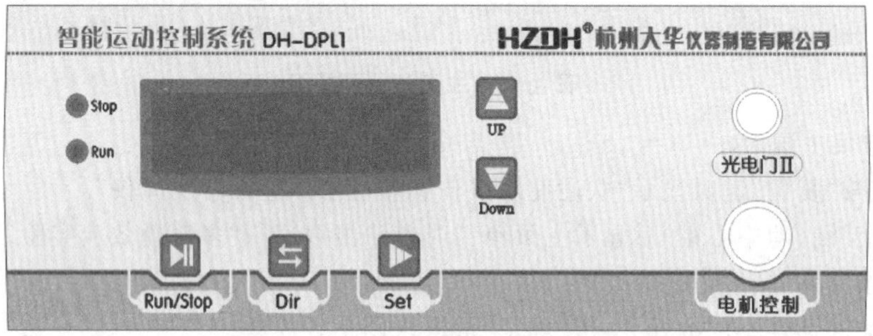

图 4-79　智能运动控制系统面板图

它主要用于控制小车的启、停及小车做匀速运动的速度. 此外，内建了七种变速运动模式：从零加速，后减速到零；再反向从零加速，后减速到零……不断循环.

为了防止小车运动时发生意外，设计有小车限位功能，该功能由光电门限位和行程开关控制组成. 当小车运动到导轨两侧的限位光电门处时，根据不同的运行方式，小车会自行停止运行或反向运行；当因误操作致使小车越限光电门后，会触发行程开关，使系统复位停车，此时小车被锁住，需要切断测试架上的电机开关按钮，移动小车到导轨中央位置后再接通电机开关按钮，接着按一下复位开关即可.

注意　为了保证电机运动状态的准确性，开启电源时必须确保小车起始位置在两限位光电门之间.

(1) 在匀速运动模式下，即显示速度 v 为 0.XXX m/s 或 −0.XXX m/s（"−"表示方向为负），单击▶键，进入速度设定模式，显示速度 v 为 0.XXX m/s 或 −0.XXX m/s，并且高位"0"处于闪烁状态；这时再按▲键（速度增加）或▼键（速度减小）来对速度的大小进行设定，设定好后再单击▶键进行确认即可.

速度显示误差为：±0.002 m/s. 此速度可以当成已经确定的物理量，也可以用外部测速装置来测量.

(2) 单击启动/停止控制键▶∥，将使电机加速启动到设定速度或从设定速度减速到停止运行（为了防止步进电机的失步和过冲现象，需加速启动和减速停止）. 此键在小车运行时才有效.

(3) 在电机停止时单击正/反转控制键 ⇄,速度显示方向改变,电机下次的运行方向将会改变.需要注意的是,当电机运行到导轨两侧的限定位置而停止时,只有按此键改变电机运行方向后才可反向运行.

(4) 在速度设定完毕,即显示速度 v 为 0.XXX m/s 或 −0.XXX m/s 时,单击上键 ▲,将显示上次电机运行的距离 D,显示为 XXX.XX mm,用于时差法测声速,再次单击此键将停止查看,恢复原来速度显示数.在查看的过程中,其他键盘将失效.

(5) 速度设定完毕,单击下键 ▼,将进入最小步进距离 L 设定,显示 L0.XXX mm,并且最低位开始闪烁;此时按加键 ▲(加 1)或减键 ▶(减 1)来对该位的大小进行设定;再次单击下键 ▼,向左移位闪烁,再按加键 ▲(加 1)或减键 ▶(减 1)来对该闪烁位的大小进行设定……依次对各位进行设定,继续单击下键 ▼,直到自动显示速度 v 为 0.XXX m/s 或 −0.XXX m/s 时,表示设定完毕.最大步进距离可设定到 0.300 mm,最小为 0.050 mm,初始设定值为 0.102 mm,具体设定方法见速度设定说明.

(6) 速度设定完毕,按下 ▶ 键不放,直到数码管显示 ACCX 或 −ACCX 时再释放,即可进入变速运动模式;再次按 ▶ 键不放直到显示速度 v 为 0.XXX m/s 或 −0.XXX m/s 时将返回原来匀速运动模式.

(7) 在变速运动模式下,当电机处于停止状态时,单击下键 ▼ 将改变速度曲线,总共有 7 条先加速再减速曲线[速度都是从 0.000 m/s 加速到系统速度所能设定的最大值(0.475 m/s)然后再减速停止],显示 ACCX 或 −ACCX,X 为 1~7.

(8) 速度曲线选择好后,单击启动/停止控制键 ▶,将启动变速运行曲线,运行的过程中将显示瞬时速度 0.XXX m/s 或 −0.XXX m/s,反映瞬时速度的大小和方向变化.运动过程中再次单击启动/停止控制键 ▶,将停止变速运行曲线,显示 ACCX 或 −ACCX,X 为 1~7.

(9) 在变速运动模式下,当电机不运行时,单击正/反转控制键 ⇄,变速运动速度显示方向改变,电机下次的运行方向将会改变.

(10) 当变速运动停止时显示 ACCX 或 −ACCX,单击 ▲ 键,将显示上次变速运行的距离 D,当 0 mm<D<1 000 mm 时显示 XXX.XX mm;当 1 000 mm<D<10 000 mm 时显示 XXXX.X mm;当 10 000 mm<D<100 000 mm 时显示 XXXXX mm.

3. 速度设定说明.

(1) 启动电机开始运行时,要先将固定接收换能器的小车置于导轨中间,即两个限位光电门之间的位置,然后按一下控制器后面的复位键或测试架上面的复位键即可开始实验,若运动模式切换,需再重复上面操作,确保初始运动状态正确.

在匀速运动模式下,限位停车后,要按 ⇄ 键改变电机运行方向后方可再按 ▶ 键启动运行;在变速运动模式下,到限位位置后,电机运行方向将自动改变且继续运行,按启动/停止键 ▶ 才可停止运行.

若小车越限触发行程开关后,小车将停车,此时小车被锁住,需要切断测试架上的电机开关按钮,移动小车到导轨中央位置后再接通电机开关按钮,接着按一下复位开关即可.

(2) 7 条加速曲线都是先从 0 加速到最大速度 v,然后再减速到 0;然后反向再从 0 加速

到最大速度 v,再减速到 0……变速运行的距离可以查看.

（3）通过外部测距来校对设定电机最小步进距离 L.先设定一个速度,使电机匀速运行,运行一段距离后停车,记下控制器中显示的运行距离 D 和小车实际运行的距离 S（从标尺上读出）.由于步进电机运行的步数一定,设原最小步进为 L,需设定的最小步进为 L_s,则有 $\frac{D}{L}=\frac{S}{L_s}$.把计算出的 L_s 值设入系统,那么下次运行距离显示值即为实际测量值.本系统已预置一个参考值 $L=0.102$ mm,可以通过多次实验设定该值.

二、实验内容

把测试架上收发换能器（固定的换能器为发射,运动的换能器为接受）及光电门Ⅰ连在实验仪上的相应插座上,实验仪上的"发射波形"及"接收波形"与普通双路示波器相接,将"发射强度"及"接收增益"调到最大;将测试架上的光电门Ⅱ、限位及电机控制接口与智能运动控制系统相应接口相连;将智能运动控制系统"电源输入"接实验仪的"电源输出".开机后可进行下面的实验.

1. 验证多普勒效应.

进入"多普勒效应实验"画面后,先进入"设置源频率",按 ▶、◀ 键增减信号频率,一次变化 10 Hz,同时观察示波器的波形,当接收波幅达最大时,源频率即已设好.

接着转入"瞬时测量",确保小车在两限位光电门之间后,开启智能运动控制系统电源,设置匀速运动的速度,使小车运动,测量完毕后,可得到过光电门时的信号频率、多普勒频移及小车运动速度.改变小车速度,反复多次测量,可作出 $\bar{f}\text{-}\bar{v}$ 或 $\Delta\bar{f}\text{-}\bar{v}$ 关系曲线.改变小车的运动方向,再改变小车速度,反复多次测量,作出 $\bar{f}\text{-}\bar{v}$ 或 $\Delta\bar{f}\text{-}\bar{v}$ 关系曲线.然后转入"动态测量",记下不同速度时换能器的接受频率变化值.注意:动态测量仅限于小车运动速度较低时.改变小车速度,反复多次测量,可作出 $\bar{f}\text{-}\bar{v}$ 或 $\Delta\bar{f}\text{-}\bar{v}$ 关系曲线.改变小车的运动方向,再改变小车速度,反复多次测量,作出 $\bar{f}\text{-}\bar{v}$ 或 $\Delta\bar{f}\text{-}\bar{v}$ 关系曲线.

利用动态法可更直观地验证多普勒效应.

2. 用多普勒效应测声速.

测量步骤和 1 相同,只是转入"动态测量"或"瞬时测量",小车运动速度由智能运动控制系统确定,频率由"动态测量"或"瞬时测量"确定,因而可由式（4-96）求出声速 c_0.进行多次测量后,求出声速的平均值,并与由时差法测出的声速进行比较.

3. 研究物体的运动状态.

将超声换能器用作速度传感器,可进行匀速直线运动、匀加（减）直线运动、简谐运动等实验.这时应进入"变速运动实验",设置好采样点数、采样步距后即开始测量,测量完后显示出结果.

进行运动实验时,除了用智能运动系统控制的小车外,还可换用手动小车,这时注意应该推动小车系统的底部使小车运动,并且不能用力过大、过猛.

4. 用时差法测空气中的声速.

可在直射式和反射式两种方式下进行,进入"时差法测声速"画面,这时超声发射换能器发出 75 μs 宽(填充 3 个脉冲)、周期为 30 ms 的脉冲波.在直射方式下,接收换能器接收直达波,在反射方式下接收由反射面来的反射波,这时显示一个 Δt 值 Δt_1;用步进电机或用手移动小车(注意:手动移动小车的时候,最好通过转动步进电机上的滚花帽使小车缓慢移动,以减小实验误差),或改变反射面的位置,再得到一个 Δt 值 Δt_2,从而算出声速值 c_0,$c_0 = \dfrac{\Delta x}{\Delta t_2 - \Delta t_1}$,其中 Δx 为小车移动的距离(可以直接从标尺上读出或参考控制器中显示的距离)或为反射法时前后两次经过反射面的声程差.

用反射法测量声速的时候,反射屏要远离两换能器,调整两换能器之间的距离、两换能器和反射屏之间的夹角 θ 以及垂直距离 L,如图 4-80 所示,使数字示波器(双踪,由脉冲波触发)接收到稳定波形;利用数字示波器观察波形,通过调节示波器使接收波形的某一波头 b_n 的波峰处在一个容易辨识的时间轴位置上,然后向前或向后水平调节反射屏的位置,使之移动 ΔL,记下此时示波器中先前那个波头 b_n 在时间轴上移动的时间 Δt,如图 4-81 所示,从而得出声速值 $c_0 = \dfrac{\Delta x}{\Delta t} = \dfrac{2\Delta L}{\Delta t \cdot \sin\theta}$.

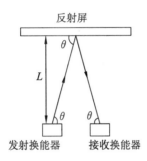

图 4-80　反射法测声速

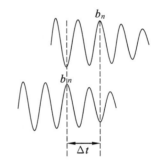

图 4-81　接收波形

用数字示波器测量时间同样适用于直射式测量,而且可以使测量范围增大.

重复上述实验,得到多个声速值,最后求出声速的平均值,再与用多普勒效应得到的声速值及如下的理论值相比较:

$$c_0 = 331.45\sqrt{1 + \dfrac{t}{273.16}} \text{ m/s}$$

其中 t 为室温,单位为℃.

5. 用驻波法和相位法测定空气中的声速.

这时应进入"多普勒效应实验"画面,设置源频率,同时用示波器观察波形,应使接收波幅达到最大值.通过转动步进电机上的滚花帽,使小车缓慢移动,以改变换能器的位置.

用驻波法测量时,逐渐移动小车的距离,同时观察接收波的幅值,找出相邻两个振幅最大值(或最小值)之间的距离差,此距离差为 $\dfrac{\lambda}{2}$,λ 为声波的波长.通过 λ 和声波的频率 f 即可计算出声速 $c_0 = \lambda f$.

用相位法测量时,在示波器的 $X-Y$ 方式下观察反射波和接收波的李萨如图形,调节小车位置,观察到一斜线,再慢慢向一个方向移动小车,观察到同一方向的斜线时,记下距离差,此距离差即声波波长 λ,已知声波频率 f,即可计算出声速 $c_0 = \lambda f$.

6. 设计性实验:用多普勒效应测量运动物体的未知速度.

请实验者根据实验内容 1 中结果,结合智能运动系统,设计一个用多普勒效应测量运动物体的未知速度的实验方案,包括实验原理、实验步骤和实验结果等.

*7. 设计性实验:利用超声波测量物体的位置及移动距离.

请实验者根据实验内容 4 中关于时差法测声速的原理,结合智能运动控制系统及导轨标尺,设计一个用超声波测量物体的位置及移动距离的实验方案,包括实验原理、实验步骤、系统误差的处理和结果等.

注意事项

1. 使用时,应避免信号源的功率输出端短路.
2. 注意仪器部件的正确安装、线路正确连接.
3. 仪器的运动部分是由步进电机驱动的精密系统,严禁运行过程中人为阻碍小车的运动.
4. 注意避免传动系统的同步带受外力拉伸或人为损坏.
5. 小车不允许在导轨两侧的限位位置外侧运行,意外触发行程开关后要先切断测试架上的电机开关,接着把小车移动到导轨中央位置后再接通电机开关并且按一下复位开关即可.

知识拓展

多普勒效应是为纪念奥地利物理学家及数学家克里斯琴·约翰·多普勒(Christian Johann Doppler)而命名的,他于 1843 年首先提出了这一理论.主要内容为:物体辐射的波长会因波源和观测者的相对运动而发生变化.

在运动的波源前面,波被压缩,波长变得较短,频率变得较高(蓝移,blue shift);当运动在波源后面时,会产生相反的效应,波长变得较长,频率变得较低(红移,red shift).波源的速度越高,所产生的效应越大.根据波红(蓝)移的程度,可以计算出波源循着观测方向运动的速度,如图 4-82 所示.

恒星光谱线的位移显示恒星循着观测方向运动的速度.除非波源的速度非常接近光速,否则多普勒位移的程度一般都很小.所有波动现象都存在多普勒效应.

多普勒效应指出,波在波源移向观察者时接收频率变高,而在波源远离观察者时接收频率变低.当观察者移动时也能得到同样的结论.但是由于缺少实验设备,多普勒当时没有用实验验证.几年后有人请一队小号手在平板车上演奏,再请训练有素的音乐家用耳朵来辨别音调的变化,以验证该效应.假设原有波源的波长为 λ,波速为 c,观察者移动的速度为 v.当观察者走近波源时观察到的波源频率为 $\dfrac{c+v}{\lambda}$;如果观察者远离波源,则观察到的波源频率

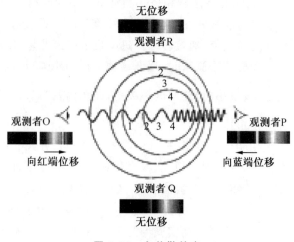

图 4-82 多普勒效应

为 $\frac{c-v}{\lambda}$.

一个常被使用的例子是火车的汽笛声,当火车接近观察者时,其汽鸣声会比平常更刺耳.你可以在火车经过时听出刺耳声的变化.同样的情况还有警车的警报声和赛车的发动机声.

如果把声波视为有规律间隔发射的脉冲,可以想象若你每走一步,便发射了一个脉冲,那么在你之前的每一个脉冲都比你站立不动时更接近你自己,而在你后面的声源则比原来不动时远了一步.或者说,在你之前的脉冲频率比平常变高,而在你之后的脉冲频率比平常变低了.原因为:声源完成一次全振动,向外发出一个波长的波,频率表示单位时间内完成的全振动的次数,因此波源的频率等于单位时间内波源发出的完全波的个数,而观察者听到的声音的音调,是由观察者接收到的频率,即单位时间内接收到的完全波的个数决定的.当波源和观察者有相对运动时,观察者接收到的频率会改变.在单位时间内,观察者接收到的完全波的个数增多,即接收到的频率增大.同样的道理,当观察者远离波源,观察者在单位时间内接收到的完全波的个数减少,即接收到的频率减小.

多普勒效应不仅仅适用于声波,它也适用于所有类型的波,包括电磁波.科学家爱德文·哈勃(Edwin Hubble)使用多普勒效应得出宇宙正在膨胀的结论.他发现远离银河系的天体发射的光线频率变低,即移向光谱的红端,称为红移,天体离开银河系的速度越快红移越大,这说明这些天体在远离银河系;反之,如果天体正移向银河系,则光线会发生蓝移.

在移动通信中,当移动台移向基站时,频率变高;当移动台远离基站时,频率变低,所以我们在移动通信中要充分考虑多普勒效应.当然,由于日常生活中我们移动速度的局限,不可能会带来十分大的频率偏移,但是这不可否认地会给移动通信带来影响,为了避免这种影响造成通信问题,我们不得不在技术上加以考虑,也加大了移动通信的复杂性.

在单色的情况下,我们的眼睛感知的颜色可以解释为光波振动的频率,或者解释为,在1秒内电磁场所交替变化的次数.在可见区域,这种频率越低,就越趋向于红色;频率越高,就趋向于蓝色或紫色.比如,由氦-氖激光所产生的鲜红色对应的频率为 4.74×10^{14} Hz,而汞灯的紫色对应的频率则在 7×10^{14} Hz 以上.这个原则同样适用于声波:声音的高低的感觉对应于声音对耳朵的鼓膜施加压力的振动频率(高频声音尖利,低频声音低沉).

如果波源是固定不动的,不动的接收者所接收的波的振动与波源发射的波的节奏相同:发射频率等于接收频率.如果波源相对于接收者来说是移动的,比如相互远离,那么情况就不一样了.相对于接收者来说,波源产生的两个波峰之间的距离拉长了,因此两个波峰到达接收者所用的时间也变长了.那么到达接收者时频率降低,所感知的颜色向红色移动(如果波源向接收者靠近,情况则相反).例如,在上面提到的氦-氖激光的红色谱线,当波源的速度相当于光速的一半时,接收到的频率由 4.74×10^{14} Hz 下降到 2.37×10^{14} Hz,这个数值大幅度地降移到红外线的频段.

实验 27 转动惯量与切变模量的测量

转动惯量是刚体转动惯性的量度,它与刚体的质量分布和转轴的位置有关.对于形状简单的均匀刚体,测出其外形尺寸和质量,就可以计算其转动惯量.对于形状复杂、质量分布不均匀的刚体,通常利用转动实验来测定其转动惯量.三线摆法和扭摆法是其中的两种方法.为了便于与理论计算值比较,实验中的被测刚体均采用形状规则的刚体.

实验目的

1. 加深对转动惯量概念和平行轴定理等的理解.
2. 了解用三线摆和扭摆测转动惯量的原理和方法.
3. 了解用扭摆测定悬线的切变模量的原理和方法.

实验仪器

三线摆及扭摆实验仪、水准仪、卷尺、游标卡尺(自备)、物理天平(自备)及待测物体等.

实验原理

一、三线摆

三线摆如图 4-83 所示,它由两个大小不同的圆盘用三条等长的悬线对称连接而成.上圆盘固定不动,下圆盘可绕中心轴 OO' 扭转,扭转摆动的周期与其绕中心轴转动惯量的大小有关.三线摆法就是通过测量摆动周期来测定转动惯量的.

设下圆盘质量为 M,r 和 R 分别为上、下圆盘悬点到中心轴的距离,H 为两圆盘间的距离,T_0 为下圆盘的摆动周期,则下圆盘绕中心轴 OO' 的转动惯量 J_0 可用下式计算(推导见知识拓展):

$$J_0 = \frac{MgRr}{4\pi^2 H} T_0^2 \qquad (4\text{-}100)$$

式(4-100)适用的条件是:摆角很小($<5°$),摆线很长,圆盘水平,转轴为圆盘中心轴.

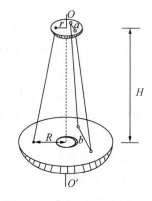

图 4-83 三线摆

若要测量质量为 m_1 的物体绕特定轴的转动惯量 J_1,可将该物体放在下圆盘上,使其转轴与中心轴重合,测量圆盘与待测物共同转动的周期 T,则由

$$J = \frac{(M+m_1)gRr}{4\pi^2 H} T^2 = J_0 + J_1 \qquad (4\text{-}101)$$

可得该物体绕定轴的转动惯量

$$J_1 = J - J_0 \qquad (4\text{-}102)$$

本实验用该方法测量圆环绕中心轴的转动惯量,其理论计算公式为

$$J_{环理} = \frac{1}{2} m_1 (R_1^2 + R_2^2) \qquad (4\text{-}103)$$

式中 R_1 和 R_2 分别为圆环的内外半径,m_1 为圆环的质量.可用实验值与理论值进行比较,以估算实验值的误差.

利用三线摆可以验证平行轴定理.

把两个质量均为 m_2、半径为 r_d、形状相同的圆柱体对称地放在悬盘上,组成又一个摆动系统,设圆柱体距离圆盘中心为 d,此系统绕中心轴的摆动周期为 T_d,则此系统总的转动惯

量为

$$J_2 = 2J_{柱} + J_0 = \frac{(M+2m_2)gRr}{4\pi^2 H}T_d^2$$

由此,可得一个圆柱体绕圆盘中心轴的转动惯量为

$$J_{柱} = \frac{1}{2}\left(\frac{(M+2m_2)gRr}{4\pi^2 H}T_d^2 - J_0\right)$$

根据转动惯量的平行轴定理,可以计算圆柱体转动惯量的理论值:

$$J_{柱理} = m_2 d^2 + \frac{1}{2}m_2 r_d^2$$

两者相比较,可验证平行轴定理.

二、扭摆

将一金属丝上端固定,下端悬挂一刚体就构成扭摆. 图 4-84 表示扭摆的悬挂物为圆盘. 在圆盘上施加一外力矩,使之扭转一角度 θ. 由于悬线上端是固定的,悬线因扭转而产生弹性恢复力矩. 外力矩撤去后,在弹性恢复力矩 M 作用下圆盘做往复扭动. 忽略空气阻尼力矩的作用,根据刚体转动定理,有

$$M = J_0 \ddot{\theta} \tag{4-104}$$

式中,J_0 为刚体对悬线轴的转动惯量,$\ddot{\theta}$ 为角加速度. 弹性恢复力矩 M 与转角 θ 的关系为

$$M = -K\theta \tag{4-105}$$

式中,K 称为扭摆模量. 它与悬线长度 L、悬线直径 d 及悬线材料的切变模量 G 有如下关系:

图 4-84　扭摆

$$K = \frac{\pi G d^4}{32L} \tag{4-106}$$

扭摆的运动微分方程为

$$\ddot{\theta} = -\frac{K}{J_0}\theta \tag{4-107}$$

可见,圆盘做简谐运动. 其周期 T_0 为

$$T_0 = 2\pi\sqrt{\frac{J_0}{K}} \tag{4-108}$$

若悬线的扭摆模量 K 已知,则测出圆盘的摆动周期 T_0 后,由式(4-108)就可计算出圆盘的转动惯量. 若 K 未知,可利用一个对其质心轴的转动惯量 J_1 已知的物体将它附加到圆盘上,并使其质心位于扭摆悬线上,组成复合体. 此复合体对以悬线为轴的转动惯量为 $J_0 + J_1$. 复合体的摆动周期 T 为

$$T = 2\pi\sqrt{\frac{J_0 + J_1}{K}} \tag{4-109}$$

由式(4-108)和式(4-109)可得

$$J_0 = \frac{T_0^2}{T^2 - T_0^2}J_1 \tag{4-110}$$

$$K = \frac{4\pi^2}{T^2 - T_0^2} J_1 \tag{4-111}$$

测出 T_0 和 T 后就可以计算圆盘的转动惯量 J_0 和悬线的切变模量 G。

圆环对悬线轴的转动惯量 J_1 由以下公式计算：

$$J_1 = \frac{1}{8} m_1 (D_1^2 + D_2^2) \tag{4-112}$$

式中，m_1 为圆环的质量；D_1 和 D_2 分别为圆环的内直径和外直径。

实验内容

一、仪器介绍

DHTC-3 多功能计时器面板如图 4-85 所示。

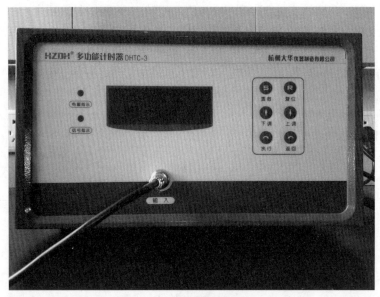

图 4-85 多功能计时器面板

1. 接好仪器的电源，打开后面板上的电源开关，仪器接通电源。

2. 计时器的程序预置周期为 $T=30$（默认值），即：小球来回经过光电门的次数为 $T=2n+1$ 次。根据具体要求，若要设置 50 次，先按"置数"键开锁，再按"上调"（或"下调"键）改变周期 T，当达到 $T=50$ 时，再按"置数"键锁定。

3. 此时按"执行"键开始计时，信号灯不停闪烁，即为计时状态，这时数显表显示计周期的个数。当小球经过光电门的周期次数达到设定值，数显表头将显示具体时间，单位为"秒"。需要再执行"50"周期时，无须重新设置，只要按"返回"键，即可回到上次刚执行的周期数"50"，再按"执行"键，便可以第二次计时。当按"复位"键或断电再开机时，程序从头预置 30 次周期，须重复上述步骤。

二、用三线摆测定下圆盘和下圆盘加圆环后的转动惯量

1. 调整三线摆。

调节圆盘上的卷线螺丝，使三条悬线长度相等。调节支架底脚螺丝，使下圆盘水平（用水平仪）。

2. 测量下圆盘的转动惯量 J_0.

(1) 用米尺分别测量上圆盘悬点之间的距离 a 和下圆盘悬点之间的距离 b,算出悬点到中心轴的距离 r 和 R(r 和 R 分别为以 a 和 b 为边长的等边三角形外接圆的半径,$r=\dfrac{a}{\sqrt{3}}$,$R=\dfrac{b}{\sqrt{3}}$).

(2) 用米尺测量上、下圆盘间的垂直距离 H.

(3) 下圆盘质量 M 在盘上有标注.

(4) 将测量周期数置为 10,轻轻旋转上圆盘,使下圆盘做扭转摆动(摆角小于 5°),测量下圆盘摆动周期 T_0.

3. 测量下圆盘加圆环后的转动惯量 J.

(1) 圆环的质量 m_1 在圆环上有标注.

(2) 用米尺测量圆环的内直径和外直径 D_1 和 D_2.

(3) 测量下圆盘加圆环后的摆动周期 T.

4. 验证平行轴定理.

(1) 圆柱体质量 m_2 在圆柱体上有标注.

(2) 用米尺测量圆柱体的半径 r_d.

(3) 将两个质量均为 m_2 的圆柱体按照下悬盘上的刻线对称地放置在悬盘上,用米尺测量它们的间距 $2d$.

(4) 测量摆动周期 T_d.

二、用扭摆测定圆盘的转动惯量 J_0 和悬线的切变模量 G

1. 测量扭摆悬线长度 L 和悬线直径 d.

2. 测量圆盘的摆动周期 T_0.

3. 将环状刚体放置在扭摆的圆盘上,使与圆盘同心同轴;测量圆环的内直径 D_1 和外直径 D_2 以及其质量 m_1,根据理论值计算其转动惯量 J_1.

4. 测量加环后扭摆的摆动周期 T.

实验数据记录及处理

一、用三线摆测定下圆盘和下圆盘加圆环后的转动惯量

(一) 测量下圆盘的转动惯量 J_0.

1. 数据记录如下表.

a/cm	b/cm	H/cm	M/g

	10 个摆动周期总时间/s	平均时间 t/s	平均周期 T_0/s
1/次			
2/次			
3/次			
4/次			
5/次			

2. 数据处理.

$$J_0 = \frac{MgRr}{4\pi^2 H} T_0^2 = \qquad \text{kg} \cdot \text{m}^2$$

(二) 测量下圆盘加圆环后的转动惯量 J

1. 数据记录如下表.

	m_1/g		D_1/cm	D_2/cm
10 个摆动周期总时间/s			平均时间 t/s	平均周期 T/s
1/次				
2/次				
3/次				
4/次				
5/次				

2. 数据处理.

$$R_1 = \frac{1}{2} D_1 = \qquad \text{cm}, \qquad R_2 = \frac{1}{2} D_2 = \qquad \text{cm}$$

$$J = \frac{(M+m_1)gRr}{4\pi^2 H} T^2 = \qquad \text{kg} \cdot \text{m}^2$$

(三) 测圆环的转动惯量 $J_环$

1. 圆环的转动惯量：

$$J_环 = J - J_0 = \qquad \text{kg} \cdot \text{m}^2$$

2. 圆环转动惯量理论值：

$$J_{环理} = \frac{1}{2} m_1 (R_1^2 + R_2^2) = \qquad \text{kg} \cdot \text{m}^2$$

3. 相对不确定度：

$$E_环 = \frac{|J_环 - J_{环理}|}{J_{环理}} \times 100\% =$$

(四) 验证平行轴定理

1. 数据记录如下表.

	m_2/g		r_d/cm	d/cm
10 个摆动周期总时间/s			平均时间 t/s	平均周期 T_d/s
1/次				
2/次				
3/次				
4/次				
5/次				

2. 数据处理.

(1) 下圆盘加对称圆柱体后总转动惯量：

$$J_2 = 2J_{柱} + J_0 = \frac{(M+2m_2)gRr}{4\pi^2 H}T_d^2 = \qquad \text{kg} \cdot \text{m}^2$$

(2) 一个圆柱体的转动惯量：

$$J_{柱} = \frac{1}{2}(J_2 - J_0) = \qquad \text{kg} \cdot \text{m}^2$$

(3) 圆柱体转动惯量理论值：

$$J_{柱理} = m_2 d^2 + \frac{1}{2}m_2 r_d^2 = \qquad \text{kg} \cdot \text{m}^2$$

(4) 相对不确定度：

$$E_{柱} = \frac{|J_{柱} - J_{柱理}|}{J_{柱理}} \times 100\% =$$

二、用扭摆测定圆盘的转动惯量 J_0 和悬线的切变模量 G

1. 数据记录如下表.

L/cm	d/cm	D_1/cm	D_2/cm	m_1/g

10 个摆动周期总时间/s	平均时间 t_0/s	平均周期 T_0/s		
1/次				
2/次			不加圆环时，扭摆周期测量	
3/次				
4/次				
5/次				
10 个摆动周期总时间/s	平均时间 t_1/s	平均周期 T/s		
1/次				
2/次			加圆环时，扭摆周期测量	
3/次				
4/次				
5/次				

2. 数据处理.

(1) 扭摆上所加圆环转动惯量理论值：

$$J_1 = \frac{1}{8}m_1(D_1^2 + D_2^2) = \qquad \text{kg} \cdot \text{m}^2$$

(2) 圆盘转动惯量：

$$J_0 = \frac{T_0^2}{T^2 - T_0^2}J_1 = \qquad \text{kg} \cdot \text{m}^2$$

(3) 悬线的扭摆模量：

$$K = \frac{4\pi^2}{T^2 - T_0^2}J_1 = \qquad \text{N} \cdot \text{m}$$

(4) 悬线的切变模量：

$$G=\frac{32KL}{\pi d^4}= \qquad \text{N} \cdot \text{m}^{-3}$$

知识拓展

三线摆转动惯量公式的推导

设下圆盘质量为 M，上、下圆盘的悬点到中心轴 OO' 的距离分别为 r 和 R，悬线长为 l。当下圆盘离开平衡位置转过一个很小的角度 θ 时，圆盘上升高度为 h。因为圆盘既有转动，又有升降运动，因此任一时刻其动能为

$$E_k = \frac{1}{2}J_0\omega^2 + \frac{1}{2}Mv^2$$

式中 $\omega = \dfrac{d\theta}{dt}$，$v = \dfrac{dh}{dt}$。圆盘的势能为

$$E_p = Mgh$$

由于 $\dfrac{dh}{dt}$ 很小，故 $\dfrac{1}{2}Mv^2$ 可忽略不计，由机械能守恒定律，得

$$\frac{1}{2}J_0\left(\frac{d\theta}{dt}\right)^2 + Mgh = \text{恒量} \qquad (4\text{-}113)$$

由图 4-86 可找出 θ 和 H 的几何关系。圆盘由平衡位置转过 θ 角时，悬点 C 在下圆盘上的垂足由 B 变到 B'，则圆盘上升高度为

$$h = \overline{BB'} = \overline{CB} - \overline{CB'} = \frac{\overline{CB}^2 - \overline{CB'}^2}{\overline{CB} + \overline{CB'}}$$

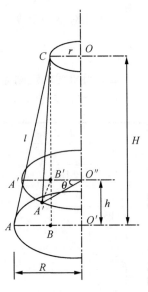

图 4-86 三线摆几何关系图

其中

$$\begin{cases} \overline{CB}^2 = \overline{CA}^2 - \overline{AB}^2 = l^2 - (R-r)^2 \\ \overline{CB'}^2 = \overline{CA'}^2 - \overline{A'B'}^2 = l^2 - (R^2 + r^2 - 2Rr\cos\theta) \end{cases}$$

又

$$\overline{CB} + \overline{CB'} = 2H$$

所以

$$h = \frac{2Rr(1-\cos\theta)}{2H} = \frac{2Rr}{H}\sin^2\frac{\theta}{2}$$

θ 很小时，$\sin\dfrac{\theta}{2} \approx \dfrac{\theta}{2}$，故

$$h = \frac{Rr}{2H}\theta^2 \qquad (4\text{-}114)$$

将式 (4-114) 代入式 (4-113)，并对时间 t 求微分，得

$$\frac{d^2\theta}{dt^2} + \frac{MgRr}{HJ_0}\theta = 0 \qquad (4\text{-}115)$$

式 (4-115) 即为简谐运动的微分方程，故摆动周期为

$$T_0 = \frac{2\pi}{\omega} = 2\pi\sqrt{\frac{HJ_0}{MgRr}}$$

由此得转动惯量

$$J_0 = \frac{MgRr}{4\pi^2 H}T_0^2$$

第 5 章

科研训练实验

实验 28 磁性相变功能材料研究

相变是自然界的常见现象,它是大量微观粒子的集体行为,是整个粒子系统中所有粒子间的各种相互作用的平均效应.当温度、压力、磁场等外界条件连续改变到某一特定值下,物相发生突变,同时一些宏观物理量也发生变化,就产生了相变.突变可以体现为:① 从一种结构变化为另一种结构,例如气相凝结成液相或固相,液相凝固为固相,或在固相中不同晶体结构之间的转变;② 化学成分的不连续变化,如固溶体的脱溶分解或溶液的脱溶沉淀;③ 某种物理性质的跃变,如顺磁体—铁磁体转变、顺电体—铁电体转变、正常导体—超导体转变、金属—绝缘体转变、液态—玻璃态转变等.

许多磁性材料在相变过程中,晶格对称性在发生自发破缺的同时,磁化强度也发生不连续的跃变,并伴随着电学、热学、力学等多种物理量的变化.这些变化和系统的温度、磁场、应力等多种外界因素紧密耦合,表现出磁热、磁电阻和磁致应变等多种物理效应.因此,无论是从相变机理方面,还是面向实际应用,这类材料都具有潜在的研究价值.

围绕上述方向可开设相关的拓展性和提高性实验:利用 X 射线衍射仪测量材料的晶体结构;利用差示扫描量热仪来分析样品的相变温度、相变潜热等性质;利用振动样品磁强计测量材料的磁化强度、矫顽力等磁学性质,并观察它们随温度的变化关系,计算它们的磁热效应;分别利用四探针法和应变电阻法,测量材料的电阻率和宏观应变随磁场的变化关系,观察它们的磁电阻和磁致应变效应.

参考阅读材料

一、与磁性相变有关的几种常见物理效应

(一) 磁制冷和磁热效应

我们知道,磁性物质由自旋体系、晶格体系及传导电子体系组成.达到热平衡状态时,各体系的温度都相等,等于磁性物质的温度 T.磁性物质的熵是磁场强度和绝对温度的函数,它是磁熵、晶格熵和电子熵的总和.处在等温状态下的磁性固体在外磁场作用下被磁化,系统的磁有序度增加(磁熵减小),向外界放出热量;当去除外界磁场,系统的磁有序度减小(磁熵增加),要从外界吸收热量.这种磁性物质在磁场的施加和去除过程中所出现的热现象称为磁热效应.利用磁性工质的磁热效应,人们发展了磁制冷技术.和传统的气体压缩制冷相比,磁制冷具有高效节能、环境友好、运行可靠、尺寸小、重量轻等优点,因此被认为是下一代制冷技术,受到广泛关注.

在磁制冷循环状态变化中,仅有磁熵可以通过改变外磁场而改变,对磁制冷做出贡献.电子熵和晶格熵仅是绝对温度 T 的函数,是系统的热负载,在室温附近内不可忽略.铁磁性相变材料通常具有较高的磁化强度.在其相变温度附近,外磁场可以使它们的磁熵发生较大的变化,产生较明显的磁热效应,因此被认为是理想的磁制冷工质.

(二)磁电阻效应

所谓磁电阻,是指电阻率在外加磁场作用下产生的变化.由磁电阻材料构成的磁电子学新器件在信息存储、磁传感器、自旋开关等方面有着广泛的应用前景.

近年来人们发现,一些磁性合金在特定温度区间内,表现出明显的、温度相关的磁电阻效应.在这类材料中,磁场能诱导出剧烈的磁化强度的跃变.这一方面可能来源于晶格结构的改变,导致能态密度和价电子浓度的改变;另一方面,也可能来源于磁有序状态的改变,比如从某一弱磁相(反铁磁、顺磁、弱铁磁)到另一强铁磁相跃变,导致自旋电子散射率的改变.这两种机制都会带来电阻率的巨大变化.另外,由于温度也能对相变产生明显影响,因此这类材料表现出非常丰富的磁场调控的输运特性.对此类材料的研究近年来已经成为物理学和材料化学的一个新兴的前沿领域.

(三)磁致应变效应

某些磁性相变材料在高温和低温下具有不同的磁性状态和晶体结构.在特定的温度范围内,外磁场可以驱动它们从一种结构变化到另一种结构,伴随着晶胞体积或晶格参数的跃变,表现出巨大的宏观尺寸或体积的变化.这类材料的部分典型代表被称为铁磁形状记忆合金.和压电材料相比,这类材料具有机械能-电能转换率高、能量密度大、响应速度快、可靠性高、驱动方式简单等优点,引发了传统电子信息系统、传感系统、振动系统等的革命性变化.在军用声呐、电声换能器、海洋探测、微位移驱动、减振与防振、减噪与防噪系统、智能机翼、机器人、自动化控制、燃油喷射、阀门、泵、波动采油等高科技领域有着广泛的应用前景.

二、几种相关的实验设备介绍

(一)振动样品磁强计

振动样品磁强计(Vibrating Sample Magnetometer,VSM)是最常用的直流磁性测量的工具,它能给出一些重要的磁性参数,如矫顽力 H_C、饱和磁化强度 M_S 和剩磁 M_r 等.VSM 通常由水冷电磁铁、程序控制的大功率直流电源、励磁振动器、感应线圈和检测系统组成,如图 5-1 所示.结合不同温度区间的控温组件(如液氮杜瓦或高温炉)可研究材料的磁学参数随温度的变化关系.

VSM 是基于电磁感应原理制成的.如图 5-2 所示,将一个小尺度的样品固定在振动杆的末端,并使其在磁极中央也即感应线圈中心连线附近做等幅振动.如果样品尺寸可以忽略,被磁化的样品在振动中就等效成磁偶极子.利用电子放大系统,将处于上述偶极场中的检测线圈中的感生电压进行放大检测,再根据已知的放大后的电压和磁矩关系求出被测磁矩.

根据法拉第电磁感应定律,通过线圈的总磁通为

$$\Phi = AH + BM\sin\omega t$$

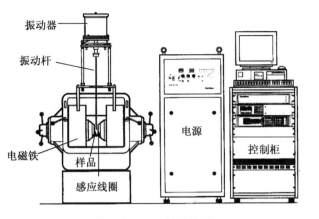

图 5-1　VSM 的结构图 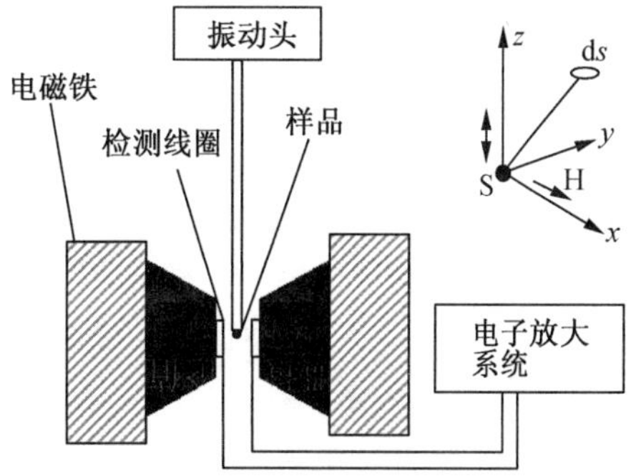　　　　　　图 5-2　VSM 原理示意图

此处 A 和 B 是与感应线圈相关的几何因子，M 是样品的磁化强度，ω 是振动频率．线圈中产生的感应电动势为

$$E(t)=\frac{\mathrm{d}\Phi}{\mathrm{d}t}=KM\cos\omega t$$

式中 K 为常数，一般用已知磁化强度的标准样品（如 Ni）定出．从上式即可得到待测样品的磁化强度 M．如果把高斯计的输出信号和感生电压分别输入到 $X-Y$ 记录仪两个输入端，就可得到样品的磁滞回线．如果固定外场的大小，将热电偶的输出信号和感生电压输入到记录仪，则可以得到样品的热磁曲线，从而可以确定样品的居里温度等．

（二）静态电阻应变仪

在许多科学研究或工程应用场合，人们需要研究材料在温度、电场、磁场和应力等外界条件作用下的微小长度变化．标准电阻应变法具有操作简单、成本低廉、灵敏度较高（～1ppm）、测量范围广、频率响应迅速、机械滞后小和结果准确的优点，适用于多种形状和尺寸的样品，因此被广泛用于测量微小的长度变化．该方法的核心是粘贴在样品表面上的高敏感的电阻应变片，它利用电阻丝的电阻率随金属丝的形变而变化的关系，把应变转换成与之成比例的电学参量，其应变与电阻的关系如下：

$$\lambda=\frac{\Delta l}{l}=\frac{\Delta R}{kR}$$

上式中 λ 定义为样品的伸缩系数，Δl 为样品的伸长量，R 为应变片的电阻值，k 是应变片的灵敏系数，ΔR 为应变片电阻的变化值．在实际测量中，使用两个应变电阻片，其中一个贴在硅晶片上作为参照，另一片贴在表面经过磨光的样品上，组成一个如图 5-3 所示的电桥电路．当应变引起电阻 R_1 变化，通过测量电桥可使这一微小的变化转换成电压的变化．样品的应变值与数字电压表 V 的示数存在简单的线性关系．

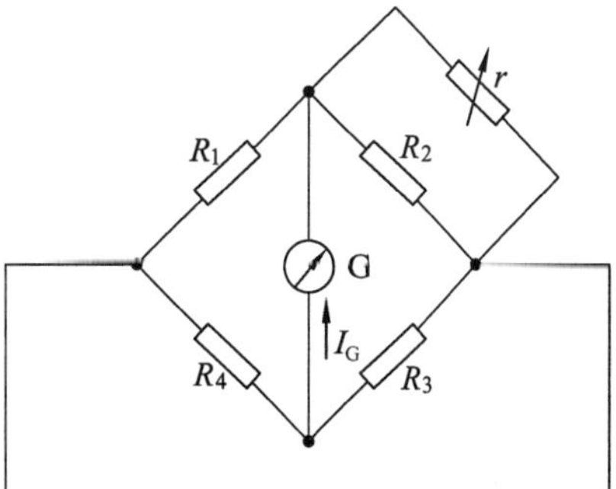

图 5-3　应变测量示意图

（三）四探针式电阻测试仪

用来测量电阻率的样品被切割成长方形块体，样品表面被磨平并清洗干净．为了消除接触电势的影响，如图 5-4 所示，采用标准的直流四端法测量，用导电银胶将四个电极粘在

样品表面.外侧两个电极接恒流源.内侧两个电极接电压表测量所得的电压,通过 $R=\dfrac{U}{I}$ 计算测得样品的电阻.利用公式 $\rho=\dfrac{RS}{L}$ 即可求得样品的电阻率 ρ,其中 $S=Wt$ 为截面积.在变化的外磁场作用下,即可测得电阻率随外磁场的变化关系.将样品放在可控变温的环境中,即可测得电阻率随温度的变化关系.

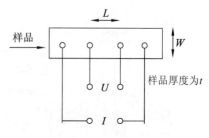

图 5-4　四端法测电阻示意图

(四) 差热分析仪

差热分析是最常用的测量样品的各类相转变温度的手段.在程序控制温度下,将试样和参比物分别放入坩埚,置于炉中以一定速率进行程序升温或降温.设试样和参比物(包括容器、温差热偶等)的热容量不随温度而变,若以试样和参比物间的温差对温度作图,即得差热分析曲线.随着温度的变化,试样发生任何物理和化学变化时释放出来的热量使试样温度暂时升高并超过参比物的温度,从而在曲线上产生一个放热峰.相反地,一个吸热的过程将使试样温度下降,低于参比物的温度,因此在曲线上产生一个吸热峰.差热曲线上峰的数目表示物质发生物理化学变化的次数;峰的位置表示物质发生变化的转化温度;峰的方向表明体系发生热效应的正负性;峰面积说明热效应的大小,相同条件下,峰面积大的表示热效应也大.在相同的测定条件下,理论上讲,可通过峰面积的测量对物质进行定量分析.

实验 29　半导体光催化研究及实验

自从产业革命以来,人类在享受着工业变革和科技进步带来的物质上极大的改善的同时,也逐渐体会到了盲目发展和急功近利的对大自然进行猎取所引起的人类生存环境逐渐恶化和资源趋于枯竭的苦果.尤其,进入 21 世纪后,能源危机与环境恶化已经成为人类可持续发展所面临的两个重大难题.科技以人为本,为了实现人类的可持续发展,科技工作者一直努力地寻找解决人类能源危机和环境污染的方法.其中半导体光催化材料技术由于具有光催化分解水制备清洁氢能源和降解有机污染物的能力,作为一种潜在的解决能源和环境问题的手段,成为目前科学和技术领域研究的热点之一.半导体光催化受到了各国研究者的关注,其中半导体光催化技术的核心是获取高活性的可见光响应的半导体光催化材料.可见光响应是充分利用太阳能的前提,高催化活性是半导体光催化技术应用于实际的基础.

多相光催化的研究源于 1972 年日本东京大学的 Fujishima 和 Honda 发现了在 n 型半导体 TiO_2 单晶光电极上分解水制得氢气的现象,这意味着人们可以直接利用太阳能和光催化材料来分解水制备清洁的氢能源[1].光催化分解水制氢过程从能量转化的角度看,是将可再生的太阳能转化为清洁的(氢能)化学能,实现太阳能的储存.氢作为清洁能源,其能量释放后最终的产物是水,此过程中没有污染物和温室气体 CO_2 产生,可见水在太阳能转化成氢能的过程中起到了载体的作用.因此,它也被认为是"人类的梦技术之一".此外,随着环境污染越来越受到人们的重视,特别是近年来室内空气污染越来越严重,研究者将光催化技术应用到环境净化领域上.其研究始于 20 世纪 70 年代后期,Bard 等利用 TiO_2 光催化材料,在紫外光照射下降解多氯联苯和氰化物等有机物获得了成功[2-3].与传统的处理方法相比,光催化氧化降解有机污染物技术具有能耗低、操作简便、反应条件温和及较少二次污染等优点.此外,该技术还具有强氧化性、污染物矿化完全、无选择性等优点.可见研制高效去除室内的环境污染物的光催化材料,从而改善人们的生存环境具有重要的现实意义.

光催化反应是以半导体粒子吸收光子产生电子和空穴引发的,在光和催化剂同时作用下所进行的化学反应.光催化作用包括下列三个基本过程:① 半导体吸收能量大于禁带宽度的光子激发产生电子-空穴对;② 激发的电子和空穴迁移到半导体催化剂的表面;③ 适合的光生电子和空穴与水或有机物发生氧化还原反应,从而产生光催化作用.半导体的能带结构由充满电子的低能价带和空的高能导带构成,价带和导带间为禁带.禁带的宽度称为带隙,带隙直接关系到半导体的光催化吸收波段.此外,半导体的能带位置及吸附物的氧化还原电位也决定了半导体光催化反应的能力.一般来说,半导体的价带顶位置代表半导体空穴的氧化电位的极限,当物质的氧化电位在半导体价带顶上方的物质,原则上都可被光生空穴氧化;而还原电位的半导体导带底下方的物质则可被光生电子还原.

无论是从开发清洁的可再生能源的角度,还是从环境净化的角度来看,光催化都是一个非常重要的课题.因此,近年来在学术界和产业界都引起了广泛的研究兴趣和关注.光催化分解水制备清洁的氢能源还是光催化降解有机污染物,其关键技术都是开发具有高量子转换效率的光催化材料.各国科学家始终热衷于寻找高效的光催化材料.迄今,研究最为广泛的 TiO_2 光催化材料只能吸收太阳能谱中不足 5% 的紫外光,导致太阳能利用率较低.因此,寻找具有可见光响应型高量子转换效率的光催化材料,成了目前光催化领域的研究热点和重点.

针对上述领域进行半导体催化剂改性研究:利用 X 射线衍射分析材料的成分以及内部原子或分子的结构或形态,利用 BET 比表面分析材料的表面吸附性,利用紫外-可见吸收光谱、扫描电子显微镜、X 射线能谱、透射电子显微镜等手段分析半导体光催化材料的物理性质和显微结构.

一、提高半导体光催化剂活性的主要途径

(一) 离子掺杂

离子掺杂是利用物理或化学方法,将离子引入半导体光催化剂的晶格结构内部,从而在其晶格中引入新电荷、形成缺陷或改变晶格类型,影响光生电子和空穴的运动状况,调整其分布状态或者改变半导体光催化剂的能带结构,引入杂质能级,减小禁带宽度,最终导致其光催化活性发生改变.

离子掺杂目前包括金属离子掺杂和非金属离子掺杂.其中半导体金属离子掺杂是提高半导体光催化活性的一个重要途径,金属离子是电子的有效接受体,可以捕获导带中的电子,由于金属离子对电子的争夺,减少了半导体表面光生电子 e^- 与光生空穴 h^+ 的复合,从而使半导体表面产生更多的 $\cdot OH$ 和 O^{2-},提高了催化剂的反应活性;而对于非金属离子掺杂,根据半导体能带理论,半导体的导带能级主要取决于半导体中金属离子的 d 轨道能级,而价带则主要是非金属离子的 p 轨道能级的贡献.与 O $2p$ 轨道能级相比,其他非金属(N、C、S、F 等)具有能量相对较高的 p 轨道能级,因此,用这些非金属元素部分取代 O 元素,能够在不影响导带电位的情况下提高光催化剂的价带电位,进而缩小禁带宽度,使光催化剂向可见光响应.

（二）担载助催化剂

担载其他组分，如 NiO_x、Pt、RuO_2 等能够降低光激发电子和空穴位于同一种催化剂表面复合的几率，也会降低氢、氧合成水逆反应的速率，是提高催化剂活性的有效手段之一。其中担载 Pt 等贵金属相当于在半导体的表面构成一个以半导体及惰性金属为电极的短路微电池，半导体电极中产生的 h^+ 将液相中的有机物氧化，而 e^- 则流向金属电极，将液相中的氧化态组分还原，因此降低了 h^+ 和 e^- 的复合率，提高了催化剂的反应活性。

（三）半导体复合型光催化剂

导体间由于具有不同的禁带宽度和载流子电势，在光照过程中，一种半导体内被激发的光生电子或空穴能迁移到另一种半导体的导带或价带上，使光生电子和空穴得到有效的分离。半导体复合的本质是通过改性离子的表面，从而增加其光生电子和空穴的稳定性，即降低复合几率，是提高光催化效率的有效手段。半导体复合型光催化剂有以下优点：① 通过改变粒子的大小，可以容易地调节半导体的带隙和光谱吸收范围；② 半导体微粒的光吸收呈带边型，有利于太阳光的有效采集；③ 通过粒子的表面改性可增加其光稳定性。

（四）电化学辅助光催化和表面复合及衍生作用

电化学辅助光催化也是一种减少电子和空穴复合的有效方法，对半导体系统内通过电化学加压使电荷分离，这种方法是将半导体薄膜覆盖在光化学电池的阳极上，在受光源照射的同时在电极上加压，由光照激发产生的电子很快转移到电极上，减少了电子和空穴的复合，提高了催化效率。

二、几种相关的实验设备的介绍

（一）X 射线衍射仪

X 射线衍射仪，是通过对材料进行 X 射线衍射，分析其衍射图谱，获得材料的成分、材料内部原子或分子的结构或形态等信息的研究手段。

X 射线衍射仪的形式多种多样，用途各异，但其基本构成很相似。图 5-5 为 X 射线衍射仪的基本构造衍射仪图原理图，主要部件包括 4 部分。

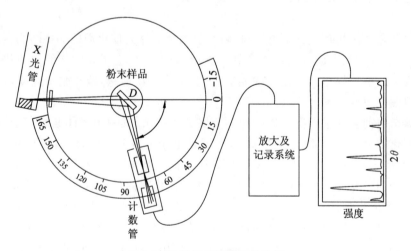

图 5-5　X 射线衍射仪的结构图

（1）高稳定度 X 射线源，提供测量所需的 X 射线，改变 X 射线管阳极靶材质可改变 X 射线的波长，调节阳极电压可控制 X 射线源的强度。

(2) 样品及样品位置取向的调整机构系统,样品须是单晶、粉末、多晶或微晶的固体块.

(3) 射线检测器,检测衍射强度或同时检测衍射方向,通过仪器测量记录系统或计算机处理系统可以得到多晶衍射图谱数据.

(4) 衍射图的处理分析系统,X射线衍射仪都附带安装有专用衍射图处理分析软件的计算机系统.

X射线是原子内层电子在高速运动电子的轰击下跃迁而产生的光辐射,主要有连续X射线和特征X射线两种.晶体可被用作X光的光栅,这些很大数目的粒子(原子、离子或分子)所产生的相干散射将会发生光的干涉作用,从而使得散射的X射线的强度增强或减弱.由于大量粒子散射波的叠加,互相干涉而产生最大强度的光束称为X射线的衍射线.

满足衍射条件,可应用布拉格公式:$2d\sin\theta = n\lambda$,d、θ如图5-6中所示.应用已知波长的X射线来测量θ角,从而计算出晶面间距d,用于X射线结构分析;另一个是应用已知d的晶体来测量θ角,从而计算出特征X射线的波长,进而可利用已有资料查出试样中所含的元素.

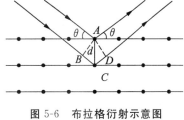

图5-6 布拉格衍射示意图

(二) 紫外分光光度计

紫外分光光度计(图5-7),就是根据物质的吸收光谱研究物质的成分、结构和物质间相互作用的有效手段.紫外分光光度计可以在紫外可见光区任意选择不同波长的光.物质的吸收光谱就是物质中的分子和原子吸收了入射光中的某些特定波长的光能量,相应地发生了分子振动能级跃迁和电子能级跃迁的结果.由于各种物质具有各自不同的分子、原子和不同的分子空间结构,其吸收光能量的情况也就不会相同,因此,每种物质就有其特有的、固定的吸收光谱曲线,可根据吸收光谱上的某些特征波长处的吸光度的高低判别或测定该物质的含量.

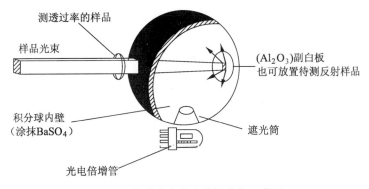

图5-7 紫外分光光度计的结构示意图

(三) 比表面积分析仪

气体吸附法是依据气体在固体表面的吸附特性,在一定压力下,被测样品(吸附剂)表面在超低温下对气体分子(吸附质)的可逆物理吸附作用,并对应一定压力存在确定的平衡吸附量.通过测定平衡吸附量,利用理论模型等效求出被测样品的比表面积.氮气因其易获得性和良好的可逆吸附特性,成为最常用的吸附质.通过这种方法测定的比表面积被称为"等效"比表面积.所谓"等效",是指样品的比表面积是通过其表面密排包覆(吸附)的氮气分子数量和分子最大横截面积来表征的.实际测定出氮气分子在样品表面平衡饱和吸附量,通过不同理论模型计算出单层饱和吸附量,进而得出分子个数,采用表面密排六方模型计算出氮气分子等效最大横截面积,即可求出被测样品的比表面积.

参考资料

[1] 刘守新,刘鸿.光催化及光电催化基础与应用[M].北京:化学工业出版社,2006.

[2] 藤岛昭.光催化创造未来:环境和能源的绿色革命[M].上海:上海交通大学出版社,2015.

[3] 张金龙,陈锋,田宝柱,等.光催化[M].上海:华东理工大学出版社,2012.

实验30 基于荧光光谱分析的食品安全检测

实验背景

近年来,苏丹红鸭蛋、三聚氰胺奶粉等食品安全事件时有发生,食品安全的分析检测工作引起人们的广泛关注.目前,食品安全主要存在三个方面的问题:食品添加剂的违规添加、食品掺杂、食品掺假.

荧光光谱分析法由于具有灵敏度高、选择性好、快速准确等优点而得到广泛应用.食品添加剂以及掺杂、掺假的物质多为有机物,是荧光物质,能够应用荧光光谱进行检测.本中心以陈国庆教授为核心组建了一支有较高水平的荧光光谱分析研究团队,在白酒、食品色素、农药、中药等领域均开展了荧光光谱分析的工作.

通过该实验的设计及实施,可以解决液态食品安全检测的需要,尤其对解决日益复杂的违规添加和掺杂、掺假问题有很大帮助,不仅可以减小实验的危险性,还可以降低实验成本.

具体实施

常规的荧光光谱分析主要是对二维荧光光谱的测定分析,包括激发谱、发射谱,应用的仪器为英国 Edinburgh Instruments Incorporation 生产的 FLS920 型稳态和时间分辨荧光光谱仪,除了原有的常规荧光分析法之外,还可以实现同步荧光光谱分析法、三维荧光光谱分析法、时间分辨荧光光谱分析法等,这些新的荧光分析法可以更多、更好地利用光谱参数.

目前,中心团队采用三维荧光光谱和同步荧光光谱相结合的实验方式,不仅能够使光谱简化,光谱谱带窄化,减小光谱重叠现象,还可以减小散射光的影响,能够进一步提高荧光光谱技术的灵敏度和选择性,在多组分复杂混合物的荧光光谱分析中有明显的优势,将提高对于像果汁饮料这类较复杂的多组分混合物的分析能力.

实验效果

通过简便的实验步骤,可以得到试样的基本荧光光谱信息,包括最佳激发波长、峰值波长、相对荧光强度等,将这些特征参数提取出来,经过数据处理,可以实现对复杂液态食品的质量检测.

下面以混合色素溶液为例.

如图 5-8 所示,为诱惑红、日落黄、亮蓝三种色素混合溶液的三维荧光光谱,左边的为等角三维投影图,右边的为等高图.从图上可以得到最佳激发波长、峰值波长和相对荧光强度等基本信息.

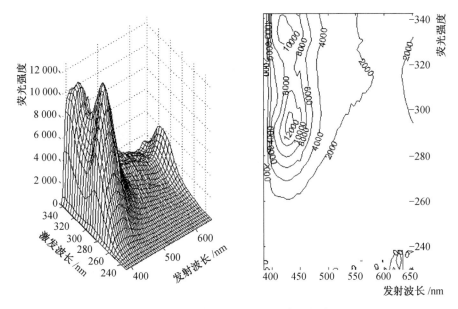

图 5-8　混合色素溶液的三维荧光光谱

将多组混合溶液的三维荧光光谱数据代入 PARAFAC 算法和 ATLD 算法,可以分别解析出三种色素的发射光谱,如图 5-9 所示.

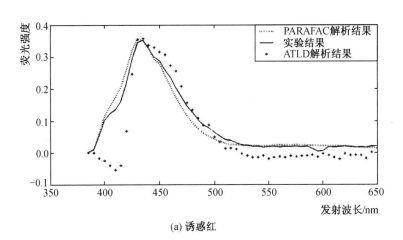

(a) 诱惑红

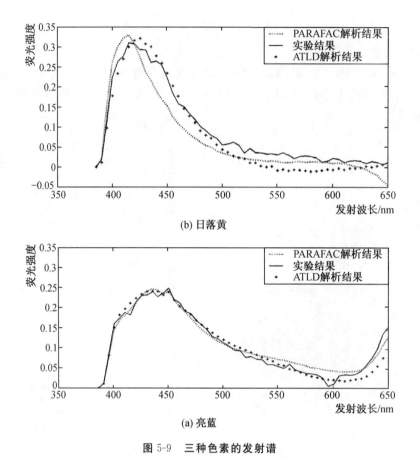

(b) 日落黄

(a) 亮蓝

图 5-9 三种色素的发射谱

进一步计算,还可以得到溶液中三种色素各自的浓度.至此,我们实现了对混合溶液各个组分的定性和定量的鉴别.

实验 31 低维纳米材料器件中的电子输运

 介观纳米系统

众所周知,矩形二维导体的电导与其宽度(W)成正比,而与其长度(L)成反比,即 $G = \sigma W/L$,这就是欧姆定律.其中电导率 σ 与样本材料的特性相关,而与尺寸大小无关.在不打破欧姆定律的情况下,我们能够把尺寸大小(W 和 L)做得多小呢?曾经在很长的一段时间内,科学家们对这个问题一直很感兴趣.20 世纪 80 年代,人们已经可以制造出尺度很小的导体,同时开始在实验上探索这个问题,从而在微观水平上来理解电阻的意义.这些尺度介于微观与宏观之间的体系被称为介观体系."介观(mesoscopic)"这个词汇由 Van Kampen 于 1981 年所创.介观物理学研究的体系尺度和纳米科技的研究尺度有很大的重合,因此这一领域的研究常被称为"介观物理和纳米科技".

随着微电子技术的迅速发展和计算机芯片集成度的日益增高,电子元器件的尺寸变得越来越小.当尺寸接近纳米尺度时,元器件中电子的运动往往表现出量子特性,即所谓的小尺寸效应.相对传统的微电子器件,小尺寸的纳米电子器件是否具备更加优越的性能,这取决于纳米电子器件中的量子特性如何被有效利用的问题.具体来说,在电子元器件中,如何理解、描述并有效地调控电子的输运行为是发展纳米电子器件的关键.在以硅为电子元器件主要原材料时期(硅时代),硅片上晶体管的数量每 18 个月就可以翻一倍(摩尔定律).但是随着时间的推移,这些晶体管不可能无限制地靠近,因为它们互相离得越近,电荷之间的排斥会越强,从而会严重影响到存储器的性能.硅材料晶体管所存在的技术瓶颈,严重限制了电子元器件的发展.而在后硅时代,传统的硅材料正逐步被新型材料(如碳纳米管、石墨烯、二硫化钼等)所替代.人们通过研究新型纳米材料中丰富的物理机制,并将之应用到纳米电子器件中来调控电子的输运行为,从而达到在高集成度条件下提升器件各方面性能的目的.

 单层二硫化钼纳米器件中的电子输运

自从单层石墨烯材料被发现以来,其独特的物理性质在凝聚态物理学和纳米科学领域引发巨大的关注.近年来,人们把更多的目光聚集到这类原子数量级厚度的两维层状材料上,以期构建全新一代的纳米电子器件并推广应用.在此背景下,层状的过渡族金属硫化物——二硫化钼(MoS_2)材料,由于具有与石墨烯相似的稳定结构和电子高迁移率等性质而得到越来越多的关注.相比于原生石墨烯的金属性质,单层二硫化钼是存在能隙的半导体材料,且能隙能量范围处于可见光对应的频谱带宽之内,这使单层二硫化钼材料在光电子晶体管器件应用方面具有得天独厚的优势(图 5-10 和图 5-11).

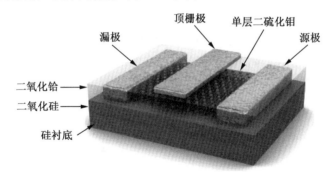

图 5-10 单层二硫化钼(MoS_2)晶体管器件

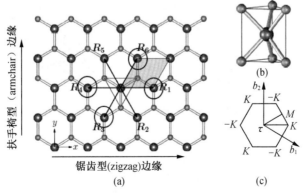

(a) 在 xOy 平面呈正六边形蜂窝状结构;(b) 三棱镜几何结构;(c) 第一布里渊区

图 5-11 单层二硫化钼(MoS_2)材料晶格结构[2]

本项目研究对象为单层二硫化钼纳米器件开放系统(图 5-10).将开放系统分为中心散射区域和左右两个端口电极区域,并分别进行处理.利用二硫化钼纳米材料中电子的物理特性,计算器件的电导和电流,从而对电子的输运过程进行调控.

参考文献

[1] Radisavljevic B, Radenovic A, Brivio J, et al. Single-layer MoS$_2$ transistors[J]. Nature nanotechnology, 2011,6(3):147−150.

[2] Liu G B, Shan W Y, Yoo Y, et al. Three-band tight-binding model for monolayers of gromp-VIB transition metal dichalcogenides[J]. Physical Review B,2013.88(8):085433.

实验 32　PIE 成像技术

传统的成像技术只能记录光场的强度信息,而相位信息都因探测器速度远远低于光的频率而丢失.为了测量光的相位信息,人们发展了多种间接方法,比如干涉仪和全息等,但由于参考光的使用,这些技术在装置上非常复杂且使用不便.2004 年出现的 PIE(Ptychographical Iterative Engine)成像技术,通过记录一组不同但重叠的照明区域的衍射图案,利用相位恢复算法重建样品振幅和相位信息.该方法不需要成像透镜,也不需要参考光,目前已经成功应用到 X 射线、电子束、可见光等研究领域,是国际成像领域的研究热点之一.

此技术的一个创新之处在于相邻照明区域之间有一定的重合范围,这种重合类似于全息中的参考光的作用,将不同照明区域的物体的相位之间的联系进行了锁定.PIE 再现过程收敛速度很快,同时还具有成像面积大和准确度高的优点.图 5-12 为 PIE 成像原理图,经过针孔后的光束照射到固定在二维载物台上的样品,经过样品后的透射光在传播一定距离后形成衍射光场,二维载物台每移动到新位置,CCD 记录该位置处被局部照明样品的远场衍射斑强度.

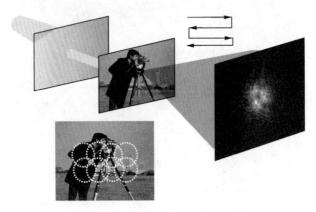

图 5-12　PIE 成像原理图

最初的 PIE 算法中,照明光始终为已知量,然而在实际的实验中,照明光却无法精确获知,如一束平面波经过小孔后发生衍射,传播的准确距离或者小孔的精确位置都影响着照明光的准确度,照明光的准确程度直接影响到 PIE 成像的可靠性.2009 年在 PIE 成像技术基础上出现了改进的 ePIE(Extend Ptychographic Iterative Engine),在每次迭代中增加对照明光的更新,迭代结束后不仅仅重建了样品的振幅和相位分布,而且恢复了照明光的振幅相位,使 Ptychography 成为非常适用于光束测量的技术. 图 5-13 为使用 ePIE 技术测量到的植物组织切片振幅和相位以及照明光的振幅和相位分布.

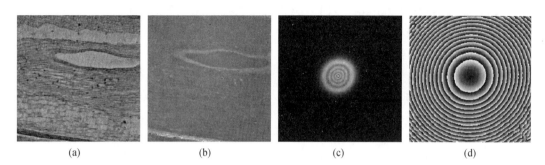

图 5-13 切片的振幅相位、照明光的振幅相位

PIE 的算法步骤如下:

① 给定物体任意猜测函数 $O_{g,n}(r)$.

② 将物函数乘以照明光函数 $P(r-R)$,求得透射波函数 $\varphi_{c,n}(r,R)=O_{g,n}(r) \cdot P(r-R)$,傅里叶变换后传播到衍射平面的场分布为 $U=\mathscr{F}\{\phi_{c,n}(r,R)\}$.

③ 用记录的强度信息平方根值替换 U 的振幅,得比较接近真实值的 $U'=\sqrt{I}\dfrac{U}{|U|}$.

④ 将 U' 逆向传回到物面,$\varphi_{g,n}(r,R)=\mathscr{F}^{-1}\{U'\}$.

⑤ 分别更新物体和照明光函数:

$$O_{g,n+1}(r)=O_{g,n}(r)+\frac{P(r-R)}{P_{\max}(r-R)}\frac{P^*(r-R)}{(|P(r-R)|^2+\alpha)}\times\beta(\varphi_{c,n}(r,R)-\varphi_{g,n}(r,R))$$

$$P_{j+1}=P_j+\frac{O_{g,n+1}(r)}{O_{\max g,n+1}(r)}\frac{O^*_{g,n+1}(r)}{(|O_{g,n+1}(r)|^2+\alpha)}\times\beta(\varphi_{c,n}(r,R)-\varphi_{g,n}(r,R))$$

α 与 β 的取值应合适,β 取值范围一般为 0.5~1,用来控制算法中物函数或照明光更新的速度.

⑥ 物体移动到下一位置,与上一位置有 75% 左右重叠面积. 重复步骤②~⑤,直到满足阈值条件.

实验 33　创新实验室与专利申请

创新是一个民族的灵魂,是一个国家兴旺发达的不竭动力. 如何培养创新能力是国内外各高校研究的热点,在这方面研究人员做了很多有益的探索,目前为大家所共识的是建立创新实验室.

创新物理实验室为培养学生的创新能力,配备有基本的加工工具、加工材料和检测仪器;开设创新实验项目;配置既贴近生活又令人眼前一亮的产品和作品. 学生既可在这里做创新实验,以开阔视野,拓展思路,培养创新能力;也可提出自己的创新思想. 一旦创意通过论证,就可充分利用实验室的人力、物力,把创意变成现实. 有了创意,还需弄懂原理,在他人创新思想的启发下形成思路,然后进行资料的查阅、方案的设计,并动手实施方案.在这些过程中,自然而然培养了学生的创新意识、创新思维、创新精神和探索创新能力.

专利授权是对创新的一种肯定,专利(patent)一词来源于拉丁语 Litterae patentes,意为公开的信件或公共文献,是中世纪的君主用来颁布某种特权的证明,后来指英国国王亲自签署的独占权利证书.英语"Patent"一词包括了"垄断"和"公开"两个方面的意思,与现代法律意义上的专利基本特征是吻合的.

一、我国专利的种类

(一)发明专利

我国《专利法实施细则》第二条第一款对发明的定义是:"发明是指对产品、方法或者其改进所提出的新的技术方案."

所谓产品是指工业上能够制造的各种新制品,包括有一定形状和结构的固体、液体、气体之类的物品.所谓方法是指对原料进行加工,制成各种产品的方法.发明的专利并不要求是经过实践证明可以直接应用于工业生产的技术成果,它可以是一项解决技术问题的方案或是一种构思,具有在工业上应用的可能性,但这也不能将这种技术方案或构思与单纯的提出课题、设想相混同,因单纯的课题、设想不具备工业上应用的可能性.

(二)实用新型专利

我国《专利法实施细则》第二条第二款对实用新型的定义是:"实用新型是指对产品的形状、构造或者其结合所提出的适于实用的新的技术方案."同发明一样,实用新型保护的也是一个技术方案.但实用新型专利保护的范围较窄,它只保护有一定形状或结构的新产品,不保护方法以及没有固定形状的物质.实用新型的技术方案更注重实用性,其技术水平较发明而言,要低一些,多数国家实用新型专利保护的都是比较简单的、改进性的技术发明,可以称为"小发明".无论是发明专栏或是实用新型专利,其文件都包括:说明书、说明书附图、权利要求书、说明书摘要、摘要附图五个文件,其制作顺序为:画说明书附图、写说明书,其他文件都是在这两个文件基础上编写的.

(三)外观设计专利

我国《专利法实施细则》第二条第三款对外观设计的定义是:"外观设计是指对产品的形状、图案或者其结合以及色彩与形状、图案所做出的富有美感并适于工业上应用的新设计."

外观设计与发明、实用新型有着明显的区别,外观设计注重的是设计人对一项产品的外观所做出的富于艺术性、具有美感的创造,但这种具有艺术性的创造,不是单纯的工艺品,它必须具有能够为产业上所应用的实用性.外观设计专利实质上是保护美术思想的,而发明专利和实用新型专利保护的是技术思想;虽然外观设计和实用新型与产品的形状有关,但两者的目的却不相同,前者的目的在于使产品形状产生美感,而后者的目的在于使具有形态的产品能够解决某一技术问题.例如,一把雨伞,若它的形状、图案、色彩相当美观,那么应申请外观设计专利;如果雨伞的伞柄、伞骨、伞头结构设计精简合理,可以节省材料又有耐用的功能,那么应申请实用新型专利.

二、专利的特点

专利属于知识产权的一部分,是一种无形的财产,具有与其他财产不同的特点.

(一)排他性

它是指同一发明在一定的区域范围内,其他任何人未经许可都不能对其进行制造、使用和销售等,否则属于侵权行为.专利实际上并不具有严格的独占性.

(二)区域性

区域性是指专利权是一种有区域范围限制的权利,它只有在法律管辖区域内有效.除了在有些情况下,依据保护知识产权的国际公约,以及个别国家承认另一国批准的专利权有效以外,技术发明在哪个国家申请专利,就由哪个国家授予专利权,而且只在专利授予国的范围内有效,而对其他国家则不具有法律的约束力,其他国家不承担任何保护义务.但是,同一发明可以同时在两个或两个以上的国家申请专利,获得批准后其发明便可以在所有申请国获得法律保护.

(三)时间性

时间性是指专利只有在法律规定的期限内才有效.专利权的有效保护期限结束以后,专利权人所享有的专利权便自动丧失,一般不能续展.发明便随着保护期限的结束而成为社会公有的财富,其他人便可以自由地使用该发明来创造产品.专利受法律保护的期限的长短由有关国家的专利法或有关国际公约规定.目前世界各国的专利法对专利的保护期限规定不一.知识产权协定第三十三条规定专利"保护的有效期应不少于自提交申请之日起的第二十年年终".

(四)实施性

除美国等少数几个国家外,绝大多数国家都要求专利权人必须在一定期限内,在给予保护的国家内实施其专利权,即利用专利技术制造产品或转让其专利.

专利实际上就是个人或企业与国家签订的一个特殊的合同,个人和企业的代价是公开技术,国家的代价是允许一定时间的垄断经营权利.

三、相关小知识

(一)"优先权"的含义

优先权原则源自1883年签订的保护工业产权巴黎公约,目的是为了便于缔约国国民在其本国提出专利或者商标申请后向其他缔约国提出申请.所谓"优先权"是指,申请人在一个缔约国第一次提出申请后,可以在一定期限内就同一主题向其他缔约国申请保护,其在后申请可在某些方面被视为是在第一次申请的申请日提出的.换句话说,在一定期限内,申请人提出的在后申请与其他人在其首次申请日之后就同一主题所提出的申请相比,享有优先的地位,这就是优先权一词的由来.

(二)申请日的重要性

根据《专利法》第二十八条的规定,国务院专利行政部门收到专利申请文件之日为申请日.如果申请文件是邮寄的,以寄出的邮戳日为申请日.申请日在法律上具有十分重要的意义:它确定了提交申请时间的先后,按照先申请原则,在有相同内容的多个申请时,申请的先后决定了专利权授予谁;它确定了对现有技术的检索时间界限,这在审查中对决定申请是否具有专利性关系重大;申请日是审查程序中一系列重要期限的起算日.

(三)授予专利权的实质条件

《专利法》第二十二条规定:授予专利权的发明和实用新型,应当具备新颖性、创造性和实用性.

新颖性,是指在申请日以前没有同样的发明或者实用新型在国内外出版物上公开发表过、在国内公开使用过或者以其他方式为公众所知,也没有同样的发明或者实用新型由他人向国务院专利行政部门提出过申请并且记载在申请日以后公布的专利申请文件中.

创造性,是指同申请日以前已有的技术相比,该发明有突出的实质性特点和显著的进步,该实用新型有实质性特点和进步.

实用性,是指该发明或者实用新型能够制造或者使用,并且能够产生积极效果.

所以具备新颖性、创造性和实用性是授予发明和实用新型专利权的实质性条件.

同时,《专利法》第二十三条规定:授予专利权的外观设计,应当同申请日以前在国内外出版物上公开发表过或者国内公开使用过的外观设计不相同和不相近似,并不得与他人在先取得的合法权利相冲突.这是授予外观设计专利权的实质性条件.

四、申请专利的费用

1. 申请专利委托代理时,申请人需要交纳代理费和官费.

2. 代理费数额依据申请所属技术领域的难易程度和工作量大小由申请人与代理机构协商后确定.

3. 官费是交给国家知识产权局的费用.首笔官费包括申请费和发明申请审查费,数额(人民币)为:发明专利申请费 950 元(含印刷费 50 元),实用新型专利申请费 500 元.

4. 外观设计专利申请费 500 元,发明申请审查费 2500 元.

5. 要获得并保持专利,申请人还需要在申请后的若干年内向专利局交纳专利年费等费用.

6. 专利局可以就某些费用(申请费、发明申请审查费、发明申请维持费、复审费和授权后三年的年费五项)对确有困难的申请人实行减缓.申请人为单位的,可减缓上述费用的 70%;申请人为个人的,可减缓上述费用的 85%.

第 6 章

实验拓展

实验拓展 1　物理实验常用的基本测量方法

物理学是一门实验科学,无论是物理规律的发现,还是物理理论的验证,都有赖于物理实验.物理实验离不开物理量的测量.物理实验的种类很多,相应的待测物理量也非常广泛,它包括力学量、热学量、电磁学量、光学量等.

不同物理量的测量方法各不相同,同一物理量通常也有多种不同的测量方法.实验测量方法的选取,与实验研究对象的属性、仪器设备的条件、测量精度的要求等密切相关.测量方法正确,可以事半功倍;而测量方法不当,则被测对象的本质无法全面揭示,甚至有可能导致错误的结果.因此,测量方法的正确选取与否,直接关系到物理实验的成败.

大学物理实验中常用的基本测量方法有很多.按被测量取得的方法来划分,可分为直接测量法和间接测量法;按测量过程是否随时间变化来划分,可分为静态测量法和动态测量法;按测量数据是否通过对基本量的测量而得到,可分为绝对测量和相对测量;按测量手段来分,又可分为比较法、放大法、平衡法、补偿法、模拟法、转换法、干涉衍射法等,这些基本测量方法为各类物理实验所普遍采用.

一、直接测量法与间接测量法

(一) 直接测量法

直接测量法是用已有的标准测量工具,直接对待测量进行测量,从测量工具的标度装置上读取待测物理量的方法. 直接测量法所使用的测量工具,通常是直读指示式仪表,所测量的物理量一般为基本量. 例如,用米尺、游标卡尺、螺旋测微计测长度,用秒表或数字毫秒计测时间,用电压表测电压,用电流表测电流等.

直接测量法是一种最简便的测量方法,各类物理实验最终都可归结为对某些物理量的直接测量,因而这种方法在每一个定量物理实验中都要用到.

(二) 间接测量法

物理实验中,还有许多物理量无直接的测量工具,或因条件限制无法用直接的测量工具进行测量(如测量地球到月球的距离),或用已有的直接测量工具无法达到要求的精度. 在这种情况下,可以采用间接测量法,利用物理量之间的函数关系,借助于一些中间量,或将被测量进行某种变换,来间接实现测量. 古代著名的曹冲称象,用的就是间接测量法.

二、比较法

比较法是将待测量与已知的标准量进行直接或间接的比较，从而测出待测量的一种测量方法．

俗话说:"有比较才有鉴别．"比较法是物理量测量中最普遍、最基本的一种测量方法．事实上，所有测量都是待测量与标准量进行比较的过程，只是比较的方式不同而已．例如，用米尺测量长度、用量杯测量液体体积、用天平称物体质量、用电桥法测电阻等，采用的都是比较法．

有些物理量难以直接进行比较测量，需要通过间接比较的方法求出其大小．例如，用李萨如图形测量电信号频率，就是将信号输入示波器转换为图形后，再由标准信号求出被测信号的频率．

三、放大法

物理实验中，常遇到一些微小物理量的测量，由于待测量过小，以至于难以被实验者或仪器直接感觉和反映，这时可设法将被测量放大，然后再进行测量．物理实验中常用的放大法有机械放大法、光学放大法、电学放大法和累积放大法四种．

(一) 机械放大法

这是一种利用机械部件之间的几何关系，使标准单位量在测量过程中得到放大的方法．游标卡尺与螺旋测微计都是利用机械放大法进行精密测量的．以螺旋测微计为例，套在螺杆上的微分筒被分成 50 格，微分筒每转动一圈，螺杆移动 0.5 mm；微分筒每转动一格，螺杆移动 0.01 mm．如果微分筒的周长为 50 mm（即微分筒外径约为 16 mm），微分筒上每一格的弧长相当于 1 mm，这相当于螺杆移动 0.01 mm 时，在微分筒上却变化了 1 mm，即放大了 100 倍．读数显微镜、迈克耳孙干涉仪等测量系统的机械部分，都是采用螺旋测微装置进行测量的．利用这种方法可大大提高测量精度．

机械放大法的另一个典型例子是机械天平．用等臂天平称量物体质量时，如果靠眼睛判断天平的横梁是否水平，很难发现天平横梁的微小倾斜．通过一个固定于横梁且与横梁垂直的长指针，就可将横梁微小的倾斜通过指针放大显示出来．

(二) 光学放大法

光学放大法分直接放大法和间接放大法两种．

直接放大法是利用放大镜、显微镜、望远镜等由透镜构成的光学装置，将待测物从视角上加以放大，以提高可观察度．如利用读数显微镜放大牛顿环实验中的等厚干涉条纹等．这种方法并没有改变物体的实际尺寸．

间接放大法是将待观测的物理现象通过某种物理关系，变换为另一个放大了的现象，通过测量放大了的物理量来获得微小物理量的方法．例如，拉伸法测金属杨氏模量的实验中，采用光杠杆法测量金属丝的微小伸长量，大大提高了实验的可观测性和测量精度．

(三) 电学放大法

物理实验中往往需要测量变化微弱的电信号或利用微弱的电信号去控制某些机械的动作，这时可利用电子放大电路将微弱的电信号放大后进行观察、控制和测量．电信号的放大是物理实验中最常用的技术之一，包括电压放大、电流放大、功率放大等．例如，物理实验中使用的数字式微电流测量仪，就是将微弱电流放大并经 A/D 转换后用数字显示测量值的．

（四）累积放大法

在物理实验中,对某些物理量进行单次测量,可能会产生较大的误差,如测量单摆的周期、等厚干涉相邻明条纹的间隔、一张纸的厚度等.此时可将这些物理量累积放大若干倍后再进行测量,以减小测量误差,提高测量精度.例如,用秒表测量单摆的周期,假设单摆的周期 $T=2.0$ s,而人操作秒表的平均反应时间 $\Delta T=0.2$ s,则单次测量周期的相对误差为 $\Delta T/T=10\%$.但是,如果连续测量 50 次单摆的周期,那么因人的反应时间而引入的相对误差会降低到 $\Delta T/(50T)=0.2\%$.

累积放大法的优点是在不改变测量性质的情况下,可以明显减小测量的相对误差,增加测量结果的有效位数.由于累积放大法通常是以增加测量时间来换取测量结果有效位数的增加,这就要求在测量过程中被测量(如单摆周期)不随时间变化,同时在累积测量中要避免引入新的误差因素.

四、平衡法

平衡原理是物理学的重要基本原理,由此而产生的平衡法是分析、解决物理问题的重要方法,它是利用物理学中平衡的概念,将处于比较的两个物理量之间的差异逐步减小到零的状态,通过判断测量系统是否达到平衡态,来实现物理量的测量.

在平衡法中,并不研究被测物理量本身,而是将它与一个已知物理量或参考量进行比较,当两物理量差值为零时,用已知量来描述待测物理量.平衡法是物理量测量时普遍应用的重要方法.利用平衡法,可将许多复杂的物理现象用简单的形式来描述,可以使一些复杂的物理关系简明化.

例如,天平、电子秤是根据力学平衡原理设计的,可用来测量质量、密度等物理量;根据电流、电压等电学量之间的平衡设计的桥式电路,可用来测量电阻、电感、电容等物理量,如用电桥法测电阻等.

五、补偿法

补偿法就是在测量时,利用一个标准的物理量,产生与待测物理量等量或相同的效应,用于补偿(或抵消)待测物理量的作用,使测量系统处于平衡状态,从而得到待测量与标准量之间的确定关系.补偿法通常与平衡法、比较法结合使用.

补偿法的特点是测量系统中包含有标准量具和平衡器(或示零器),在测量过程中,待测物理量与标准量直接比较,通过调整标准量,使之与待测量的差为零,故这种方法又称示零法.补偿法的测量过程就是调节平衡(或补偿)的过程,其优点是可以免去一些附加的系统误差,当系统具有高精度的标准量具和平衡指示器时,可获得较高的分辨率、灵敏度及测量的精确度.电位差计测电动势实验采用的就是补偿法.在迈克耳孙干涉仪中设计了一块补偿板,其作用是为了补偿光在分光板上引入的光程差.

六、模拟法

模拟法是以相似性原理为基础,从模拟实验出发,研究事物的物理属性及变化规律的实验方法.在探求物质的运动规律、解决工程技术或军事等问题时,常常会遇到一些特殊的、难以对研究对象进行直接观测研究的情况.例如,研究对象非常庞大或非常微小(航天飞机、宇宙飞船、物质的微观结构、原子和分子的运动)、非常危险(地震、火山爆发、原子弹发射),或物理过程变化过快或过慢,或仪器的介入会引起系统物理性质的变化,或实验耗资过大等.这时可依据相似性原理,人为地制造一个类似于被研究对象或者运动过程的模型来进行模拟研究,使实验观测变难为易.物理实验中常用的模拟法有物理模拟、数学模拟和计算机模拟三种.

（一）物理模拟

人为制造的模型与实际研究对象（原型）具有相同的物理本质,以此为基础的模拟方法称为物理模拟.物理模拟可分为几何相似模拟和动力学相似模拟.几何相似是指模型按原型的几何尺寸成比例地缩小或放大,在形状上与原型完全相似,如对河流、水坝、建筑群体的模拟.动力学相似是指模型与原型遵从同样的动力学规律.

几何相似并不一定等于动力学相似,有时在满足几何相似的情况下,反而不能够满足动力学相似的条件,此时要首先考虑动力学相似性.例如,在研制飞机时,为模拟风速对机翼的压力而构建的模型飞机,外表上往往与真正的飞机有很大的不同.模型飞机的风洞实验,创造了一个与实际飞机在空中飞行完全相似的物理过程,通过对模拟飞机受力情况的分析,可在较短的时空内,以较小的代价获得可靠的实验数据.这种方法对那些在理论上难以计算的问题,显得特别重要和有效.

（二）数学模拟

模型和原型虽然在物理本质上无共同之处,但都遵循同样的数学规律,这样的模拟称为数学模拟.例如,模拟静电场的描绘实验,就是根据电流场与静电场都遵守拉普拉斯方程,用稳恒电流场来模拟静电场,解决了直接描绘静电场的困难.

又如,质量为 m 的物体在弹性力 kx、阻尼力 $\alpha \dfrac{\mathrm{d}x}{\mathrm{d}t}$ 和驱动力 $F_0 \sin \omega t$ 的作用下,其振动方程为

$$\frac{m\mathrm{d}^2 x}{\mathrm{d}t^2} + \alpha \frac{\mathrm{d}x}{\mathrm{d}t} + kx = F_0 \sin \omega t$$

而对于电学中的 RCL 串联电路,在交流电压 $v_0 \sin \omega t$ 的作用下,电荷 q 的运动方程为

$$L \frac{\mathrm{d}^2 q}{\mathrm{d}t^2} + R \frac{\mathrm{d}q}{\mathrm{d}t} + \frac{1}{C} q = v_0 \sin \omega t$$

上面两个方程是形式上完全相同的二阶常系数微分方程,选择两方程中系数的对应关系,就可以用电学振动系统模拟力学振动系统.

（三）计算机模拟

计算机模拟的优点是迅速、方便、形象,可克服实验仪器等的条件限制,用模拟法预测可能的实验结果,通过各种参数的调整和变化,选择实验的最佳条件,设计最佳的实验方案,实现数据采集与处理的自动化.此外,利用计算机灵活的计算、图形、音响、色彩等功能,可十分形象地演示物理现象和物理过程,在课堂教学中使用方便.例如,用计算机模拟各种振动的合成等.随着计算机技术的广泛应用,计算机模拟实验的方法将被越来越广泛地采用.

在使用各种模拟法时,必须注意模拟实验方法的使用条件,不能随意地推广.通常情况下,用模拟法测量得到的结果是否正确,还需要通过实践的检验.

七、转换法

根据物理量之间力、热、声、光、电、磁等各种联系以及各种物理效应,把不可测的物理量转换成可测的物理量,把不易测的物理量转换为容易测的物理量,把测不准的物理量转换成可测准的物理量,这种方法称为转换法.转换法可分为参量转换法和能量转换法两种.

(一) 参量转换法

待测的物理量通常与其他物理量之间存在某种定量的物理联系,利用这种联系,可实现各参量间的转换,达到测量的目的.参量转换的方法贯穿于整个物理实验之中.

例如,用单摆测定重力加速度实验中,根据单摆周期随摆长变化的规律,将重力加速度的测量转换为摆长和周期的测量.三线摆测物体转动惯量的实验,也是通过测定物体转动的周期来实现的.用劈尖干涉法测细丝直径实验中,将细丝与光学平玻璃构成劈尖,利用细丝直径与劈尖干涉条纹间距的关系,来测出细丝的直径.

(二) 能量转换法

能量转换法是指通过能量转换器,将某种形式的物理量变成另一种形式物理量的测量方法.随着各种新型功能材料的不断涌现,如热敏、光敏、压敏、气敏、湿敏材料以及这些材料性能的不断提高,形形色色的敏感器件和传感器应运而生,为物理实验测量方法的改进提供了很好的条件.考虑到电学参量具有测量方便、快速的特点,电学仪表易于生产,而且常常具有通用性,所以许多能量转换法都是将待测物理量通过各种传感器和敏感器件转换成电学参量来进行测量的.最常见的有以下4类:

(1) 光电转换.利用光敏元件实现光—电转换,将光信号转换成电信号进行测量.例如,利用硒光电池测量光强等.物理实验中常用的光电元件还有光敏三极管、光电倍增管、光电管等.

(2) 磁电转换.利用霍尔元件、磁记录元件(如读、写磁头、磁带、磁盘)等,实现磁—电转换,将磁学参量转换成电压、电流或电阻的测量,如霍尔效应法测量磁场等.

(3) 热电转换.利用热电偶、热敏电阻等热敏元件,实现热—电转换,将温度的测量转换成电压或电阻的测量,如用热电偶测量温度等.

(4) 压电转换.利用压敏元件或压敏材料(如压电陶瓷、石英晶体等)的压电效应,将压力转换成电信号进行测量.反过来,也可以用某一特定频率的电信号去激励压敏材料使之产生共振,来进行其他物理量的测量,如声速测定实验中使用的压电陶瓷换能器等.

八、干涉衍射法

无论是声波、水波,还是光波,只要满足相干条件就能产生干涉现象,相邻干涉条纹的光程差等于相干波的波长.因此,通过计量干涉条纹的数目或条纹的改变量,可实现对某些相关物理量的精确测量.例如,利用光的等厚干涉现象可以精确测量微小长度或角度变化,测量微小的形变,也可以用来检验物体表面的平面度、球面度、光洁度及工件内应力的分布等.在牛顿环实验中,通过对牛顿环等厚干涉条纹的测量,可求出平凸透镜的曲率半径.在迈克耳孙干涉仪实验中,通过对干涉条纹的计量,可准确测定光波波长等物理量.

衍射法广泛用于对微小物体、晶体常数等的测量和光谱分析.例如,利用光栅衍射测量汞原子光谱的谱线波长等.衍射法在现代物理实验方法中具有重要地位.光谱技术与方法、X射线衍射技术与方法、电子显微技术与方法等,都与光的衍射原理与方法相关,它们已成为现代物理实验测量技术与方法的重要组成部分,在人类研究微观世界和宇宙空间中发挥着重要的作用.

上述物理实验的基本测量方法,在科学实验中具有普遍意义,既能帮助我们对物理实验进行合理的设计,从而实现对物理量的精确测量,也是学习和掌握其他科学实验方法的基础.

实验拓展 2 分光计的等距离调节法

调整分光计时应达到的一个要求,就是使分光计中心轴垂直于载物台平面和望远镜光轴,调节的方法通常是将一平面镜按图 6-1 所示放置在载物台上,在粗调的基础上,运用各半调节法,分别调节载物台倾斜度螺丝 B_1(或 B_2)及望远镜倾斜角螺丝,使从平面镜上两镜面反射进入望远镜的十字像,都与分划板上方校正用叉丝水平线重合. 这种调节方法,由于对十字像偏离叉丝的确切原因缺乏必要的分析,因而仍带有一定的盲目性,有时会造成调节失误,将已出现的像调到视场之外,因此有必要对分光计的调整做进一步的分析和讨论.

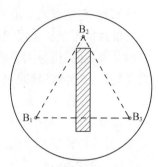

图 6-1 平面镜的放置示意图

一、分光计的调整规律

根据分光计的光路,用作图法可以看出,调整分光计时,从平面镜两镜面反射进入望远镜的两个十字像的移动,遵循以下规律:

(1) 单独调节望远镜倾斜角螺丝时,两像同向移动(同上或同下).

(2) 单独调节载物台倾斜度螺丝时,两像反向移动(一上一下).

掌握上述两条规律,便能快速将两十字像调至分划板上方校正叉丝附近.

二、等距离调节法

表 6-1 给出了调整分光计时出现的各种情况及原因分析. 由表 6-1 可知,只要运用分光计的调整规律,将两镜面反射的像与校正用叉丝间的距离由不等距调至等距,就可将望远镜或载物台调至所需状态.

表 6-1 调节分光计时出现的现象及原因分析

现象		原因
两像与校正叉丝的位置关系	两像与校正叉丝的距离关系	
均位于叉丝上方或下方	等距离	望远镜光轴不垂直于中心轴(倾斜);载物台 B_1、B_2 螺丝已调好
	不等距	望远镜与载物台均倾斜
两像一上一下	等距离	望远镜光轴垂直于中心轴;载物台倾斜
	不等距	望远镜与载物台均倾斜

下面以图 6-2 为例,说明等距离调节法的具体操作过程. 运用等距离调节法前,应使从平面镜两镜面反射进入望远镜的十字像均能在视场中观察到. 在图 6-2(a)中,两十字像均位于校正用叉丝下方且与叉丝不等距,这时可先调节望远镜倾斜角螺丝,使两像同时向上移动,来回转动载物台观察,直到两像与校正用叉丝等间距,如图 6-2(b)所示. 此时,望远镜光轴已同分光计中心轴垂直. 接着,只要再调节载物台倾斜度螺丝 B_1 或 B_2,就可使两像同时重合在叉丝上.

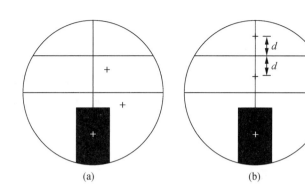
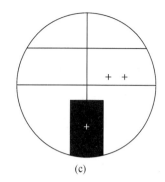

图 6-2 等距离调节法操作过程示意图

对于图 6-2(a)中的情形,也可先调节载物台倾斜度螺丝 B_1 或 B_2,使两像相互靠近,直至与十字叉丝间距相等,如图 6-2(c)所示,然后再调节望远镜倾斜角螺丝,使两像同向移至与叉丝重合.

为准确确定两十字像在视场中的位置,便于进行等距离的判断,可对望远镜进行改进,在望远镜分划板上刻上如图 6-3 所示的距离标尺.通过读取两像位置的数据,便可运用等距离调节法,更加方便地将分光计调整到待测量状态.

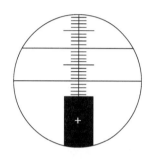

图 6-3 带距离标尺的分划板

分光计的等距离调节法,由于建立在原理分析的基础之上,并结合了两像移动的规律,因而避免了调节时的盲目操作.这种等距离调节法可与各半调节法相配合,进行分光计的快速调整.

实验拓展 3　关于牛顿环调整的误差考虑

在牛顿环实验装置中,平凸透镜与平玻璃的叠合程度,通常由金属框架上相隔 120° 的三只紧固螺丝来控制.实验前,应调节这三只螺丝,使环形干涉条纹的中心位于透镜的中部.如果螺丝旋得过紧,会使透镜受压产生形变,曲率半径增大.这时,如果仍用厂方给出的曲率半径值作为标准值去计算或评判实验结果,就会带来相应的误差.下面就这一问题做定量讨论.

一、曲率半径的测量

如图 6-4 所示,牛顿环的口径为 D,平凸透镜原曲率半径为 R_0,设由于螺丝旋紧的作用,使透镜边缘均匀下压 d,此时其曲率半径为 R,由图中几何关系得

$$R_0 - \sqrt{R_0^2 - \left(\frac{D}{2}\right)^2} = R - \sqrt{R^2 - \left(\frac{D}{2}\right)^2} + d \quad (6\text{-}1)$$

令

$$c = R_0 - \sqrt{R_0^2 - \left(\frac{D}{2}\right)^2}$$

由式(6-1)求得曲率半径

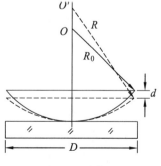

图 6-4 牛顿环

$$R = \frac{(c-d)^2 + \left(\frac{D}{2}\right)^2}{2(c-d)} \tag{6-2}$$

现以杭州光学仪器厂生产的一种牛顿环为例,该牛顿环的通光孔径 $D=35$ mm,凸透镜曲率半径 $R_0=855.1$ mm,表 6-2 列出了由式(6-2)算得的透镜实际半径 R 与下压距离 d 的对应数据. 表 6-2 中 $E = \frac{R-R_0}{R_0} \times 100\%$ 为仍将 R_0 作为标准值时因曲率半径增大而带来的"误差". 由表 6-2 可见,即使很小的下压距离,也会使透镜曲率半径产生较大的增加. 这种影响,往往不小于因未能准确测量干涉条纹直径而带来的误差.

表 6-2 形变与误差

d/mm	0.002	0.004	0.006	0.008	0.010	0.020	0.040	0.060
R/mm	864.7	874.6	884.7	895.0	905.6	962.5	1 100.9	1 286.7
E/%	1.2	2.3	3.5	4.7	6.0	12.6	28.8	50.4

如果牛顿环的三个紧固螺丝松紧程度不一致,则干涉条纹的中心会向旋得较紧的螺丝一方偏移,并使透镜发生不同程度的形变. 上述情况在实验中也应避免发生.

二、波长的测量

将凸透镜曲率半径 R_0 作为已知量,利用牛顿环可测量未知单色光波的波长. 设 r_k 为第 k 级暗环的半径,暗环公式为

$$r_k^2 = kR_0\lambda \tag{6-3}$$

设 λ_0 为波长的标准值,由于螺丝的压紧作用,透镜实际半径已经变为 R,则

$$r_k^2 = kR\lambda_0 \tag{6-4}$$

由式(6-3)、式(6-4)得

$$\lambda = \frac{R}{R_0}\lambda_0 \tag{6-5}$$

$$E' = \frac{\lambda - \lambda_0}{\lambda_0} \times 100\% = \frac{R - R_0}{R_0} \times 100\% = E \tag{6-6}$$

式(6-6)表明,透镜曲率半径增大后,会给波长的测量带来与表 6-2 中相同的误差.

上述讨论表明,牛顿环装置中紧固螺丝的调节,对实验结果的影响是不容忽略的. 因此,在做牛顿环实验时,螺丝要轻轻旋动,不能旋得过紧. 测量完毕后,要及时将三只螺丝松开,以免玻璃长期受压后产生不可回复的形变. 同时,在评判实验结果时,如果误差较大,应以事实为依据,根据实验原理和实验过程中可能出现的问题,对误差原因进行客观分析.

实验拓展 4 分光计的调节技巧

分光计是精确测量角度的仪器,通过测量角度可以计算三棱镜的顶角、光栅常数、光波长等物理参量. 要准确测量角度,就必须先调节好分光计. 由于多数教材叙述的分光计调节方法可操作性不强,致使学生在做实验时常常感到无从下手,总是不能按时完成实验. 本节总结的几条分光计调节技巧,具有很强的可操作性,能大大提高分光计的调节效率.

一台已调节好的分光计必须具备以下4个条件：① 望远镜聚焦无穷远；② 望远镜的光轴与分光计的中心轴垂直；③ 载物台与分光计的中心轴垂直；④ 平行光管发出的是平行光且平行光管的光轴与分光计的中心轴垂直．其中学生感到最难调的是①和②，本文以实验室最常用的分光计为例说明其调节技巧．

一、从目镜中看清叉丝的调节技巧

接通电源，从望远镜目镜中可以看到分划板上叉丝"十"和下面的绿窗，如图6-5所示．转动目镜调焦手轮（图2-112中⑪），看清绿窗中的"十"即看清了叉丝，因为叉丝和绿窗中的"十"都在分划板上．一般教科书都要求在未接通电源时转动目镜调焦手轮看清叉丝，这样做的弊端是：如果不对着光，目镜视场中一片黑暗，根本看不到叉丝；如果对着亮光，不用做任何调整都能看到叉丝．

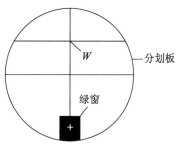

图6-5　从目镜中看到的图像

二、望远镜聚焦无穷远调节技巧

将平面镜镜面紧贴在望远镜镜筒靠近载物平台的一端，由于望远镜镜筒的前端面与望远镜的光轴大致垂直，平面镜镜面与望远镜的光轴大致垂直，此时从目镜中可直接看到绿窗中的"十"经平面镜反射回来的像，位置在竖直叉丝和短水平叉丝的交点W处附近（图6-5）．如果看到的绿"十"像是清晰的，说明望远镜已聚焦于无穷远；如果看到的是模糊的绿"十"像或绿团，只需松开目镜镜筒锁紧螺丝（图2-112中⑨），前后移动目镜镜筒，即可看到清晰的绿"十"像．一般教科书都把这一步的调节放到粗调后，其缺点是：粗调很难把望远镜和载物台都调大致水平．即使调大致水平了，经平面镜反射回来的绿"十"像往往不清晰，且在目镜的视场中位置不确定，学生往往"视而不见"．

三、望远镜光轴与分光计中心轴垂直的调节技巧

经过以上两步的调节，就可对分光计进行粗调了．所谓粗调就是调节望远镜光轴仰角调节螺丝（图2-112中⑫），使望远镜大致水平；调节载物台下的三个载物台调平螺丝（图2-112中⑥），使载物平台大致水平．将平面镜放到载物平台上，使镜面与载物台下的两个调平螺丝的连线垂直，如图6-6所示．松开游标盘止动螺丝（即图2-112中㉕），转动载物平台，当平面镜与望远镜光轴垂直时，边缓慢左右转动载物平台，边从目镜视场中观察是否有经平面镜反射回来的绿"十"像．

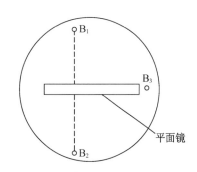

图6-6　平面镜在载物平台上的放置位置

如果在粗调的过程中，望远镜和载物平台都大致调水平了，让平面镜的正反两面正对望远镜筒时，都应通过目镜观察到反射回来的绿"十"像．这样的粗调是非常理想的，但对第一次做该实验的学生来讲，粗调的效果往往不理想．无论平面镜的正面或反面正对望远镜筒，通过目镜均看不到反射回来的绿"十"像．遇到这种情况，一般的教科书都要求学生重新粗调，但又没有可操作性的步骤，学生往往感到不知所措．这种情况的调节技巧是：转动载物平台，让平面镜与望远镜筒之间的夹角略大于90°．沿着望远镜筒的外侧，直接往平面镜里看．根据平面镜对称成像原理，在平面镜里一定可以观察到望远镜内绿窗中的"十"字所成的像，

该像位于望远镜筒在平面镜中所成的像内,如图 6-7 所示.即先在平面镜里找望远镜筒的像,在望远镜筒的像内可看到绿"+"像.利用各半调节法,分别调节望远镜光轴仰角调节螺丝(图 2-112 中⑫)和 B_1(调 B_2 也可,但只能始终选定一个调,另一个不能调.以下同),使平面镜中的绿"+"像与望远镜的光轴等高.转动载物平台,让平面镜正对望远镜筒,通过目镜可看到反射回来的绿"+"像.转动载物平台,让平面镜的另一面正对望远镜筒,利用上述方法调节,可从目镜中观察到反射回来的绿"+"像.一旦平面镜的正反两面分别正对望远镜筒时,都能通过目镜观察到反射回来的绿"+"像,后面的调节就比较容易了.同样利用各半调节法,同样调节望远镜光轴仰角调节螺丝(图 2-112 中⑫)和 B_1(调 B_2 也可,但只能始终选定一个调,另一个不能调),使平面镜的正反面分别正对望远镜筒时,都能通过目镜在竖直叉丝和短水平叉丝的交点 W 处观察到反射回来的绿"+"像.此时,望远镜光轴与分光计中心轴就垂直了.

以上技巧已在实践中反复使用,效果很好,读者不妨一试.

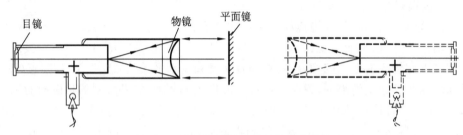

图 6-7 望远镜筒及在平面镜中成的像

▶ 实验拓展 5 光电效应实验对原创能力的培养

原始性创新可分为科学上的原始性创新和技术上的原始性创新.科学上的原始性创新是指在基础研究领域做出了过去从来没有人做出的新的科学发现,包括新现象的发现、新领域的开拓、新概念的提出和新理论体系的形成.技术上的原始性创新是指在新方法、新工艺、新产品等技术领域取得了前人所没有的重大发现或发明.原始性创新孕育着科学技术质的变化和发展,直接关系到国家在国际上的竞争能力,以及在国际产业分工中的地位,是当今世界科技竞争的制高点.

科学上的原始性创新成果,在国内的最高水平标志是国家自然科学奖,在国际上的最高水平标志是诺贝尔奖.遗憾的是,我国国家自然科学奖一等奖多次出现空缺,由于科学上的原始性创新是技术上的原始性创新的源头,我国在科学上的原始性创新能力有待提高,在技术上的原始性创新也有待加强.原始性创新能力的培养应该从学生抓起.通过对物理实验的深入挖掘,有利于培养学生的原始性创新能力.本节论述光电效应实验对原始性创新能力培养的作用.

一、光电效应的发现

1879 年,柏林科学院提出竞赛题目:用实验验证麦克斯韦理论.1883 年菲茨杰拉德教授根据麦克斯韦理论,推论莱顿瓶振荡放电时可产生电磁波.1888 年,赫兹发现了检测从莱顿瓶或线圈火花产生的电磁波的方法,用实验证实电磁波是客观存在的.在用实验验证电磁波存在的过程中,赫兹于1887年偶然发现了光电效应:"赫兹当时正用两套放电电极做实验,一套产生振荡,发出电磁波;另一套充当接收器.为了便于观察,赫兹偶然把接收器用暗箱罩上,结果发现接收电极间的火花变短了.赫兹用各种材料放在两套电极之间,证明这种作用既非电磁的屏蔽作用,也不是可见光的照射,而是紫外线的作用.当紫外线照射在负电极上时,效果最为明显,说明负电极更易于放电."赫兹把观察到的现象写成论文《紫外线对放电的影响》,发表后引起广泛关注.许多科学家做的光电效应实验证明,负电极在光特别是在紫外线照射下,会放出带负电的粒子,形成电流.直到1899年,J.J.汤姆生根据电压、磁场和极间距离,巧妙地计算出了光电粒子的荷质比,证实光电流就是高速运动的电子流.俄国的斯托列托夫和赫兹的学生勒纳德等人系统地研究了光电效应,发现其中的一些特点是用光的波动说无法解释的.如光的频率低于某一临界值时,不论光有多强,也不会产生光电流,可是根据光的波动说,应该没有频率限制;光照到金属表面,光电流立即就会产生,可是根据光的波动说,能量总要有一个积累过程;电子逸出金属表面的最大速度与光强无关,可根据光的波动说,光越强能量越大,电子的速度应越快.

二、光电效应的解释

面对这些矛盾,勒纳德于1902年提出触发假说,企图在不违反经典理论的前提下解释这些矛盾.他"假设在电子的发射过程中,光只起触发作用,电子原本就是以某一速度在原子内部运动,光照射到原子上,只要光的频率与电子本身的振动频率一致,就发生共振,所以光只起打开闸门的作用,闸门一旦打开,电子就以其自身的速度从原子内部逸走.原子里的电子振动频率是特定的,只有频率合适的光才能起触发作用."

受普朗克能量子假说的启示,1905年,爱因斯坦在他的著名论文《关于光的产生和转化的一个启发性观点》中提出光量子假说.在这篇论文中,爱因斯坦总结了光学发展中微粒说和波动说长期争论的历史,认为解决困难的关键是处理连续性与间断性的关系.他说:"在这个问题上,牛顿力学、气体力学同麦克斯韦的电磁场理论有着深刻的分歧,前者认为一切有限形状的物体都是由有限的原子组成的,气体的状态都可以看作由一个个分子的运动构成的,都有'一个一个'的间断性,而麦克斯韦的理论却把能量看作是'连续的空间函数'.用'连续的空间函数'来运算光的波动,描述纯粹的光学现象已被证明是十分卓越的,可是把这个理论用于光的产生与转化现象时,就同经验相矛盾了."他认为:"在我看来,如果假定光的能量在空间的分布是不连续的,就可以更好地理解黑体辐射、光致发光、紫外线产生阴极射线(即光电效应),以及其他有关光的产生和转化现象的各种观测结果.根据这一假设,从点光源发射出来的光束的能量在传播中将不是连续分布在越来越大的空间之中,而是由一个数目有限的局限于空间各点的能量子所组成.这些能量子在运动中不再分散,只能整个地被吸收或产生."即光所携带的能量是一个个不连续的能量"颗粒",称为光量子.

他利用光量子假说解释了光电效应:"能量子钻进物体的表面层……把它的全部能量给予了单个电子……一个在物体内部具有动能的电子当它到达物体表面时已经失去了它的一部分动能.此外还必须假设,每个电子在离开物体时还必须为它脱离物体做一定量的功(即逸出功).那些在表面上朝着垂直方向被激发的电子,将以最大的法向速度离开物体."爱因斯坦由此得出了著名的光电效应方程.

根据新的假说,每个光量子的能量同频率成正比,与光的强度无关.要产生光电流,光子的能量必须大于金属的逸出功,即存在频率限制;光量子与金属中电子的作用是瞬时的,不需要能量积累.光量子假说圆满地解释了光电效应.

三、光电效应的验证

勒纳德提出的触发假说不久就被自己的实验驳倒.而爱因斯坦的光量子假说也没有立即得到人们的认可,其原因一方面是由于经典理论的传统观念束缚了人们的思想;另一方面也是由于这个假说并未得到其他实验验证.要用实验验证这个假说,就必须验证光电效应方程.在光电效应方程中涉及的物理量主要有电位差、照射光的频率、逸出电子的动能(需通过测量光电流得到).在这几个物理量中,纯粹由光辐射引起的光电流,因其太微小而难以测量.

美国物理学家密立根从1904年起就开始做光电效应实验,1912年,他通过听普朗克关于黑体辐射问题的讲演,了解了爱因斯坦的光电效应理论并着手验证光电效应方程.在众多做验证光电效应方程的科学家中,密立根之所以取得成功是因为他为消除实验误差采取了许多有效的措施,他在论文中写道:"实验样品固定在小轮上,小轮可以用电磁铁控制,所有操作都是借助于装在(真空管)外面的可动电磁铁来完成的.随着操作的需要,真空管的结构越来越复杂,到后来可以说它简直成了一个真空的机械车间.所有的真空管都要进行这几步操作:① 在真空中排除全部表面的全部氧化膜;② 测量消除了氧化膜的表面上的光电流和光电位;③ 同时测量表面的接触电位差."

他让高压汞灯发出的光分别通过石英单色仪和滤光片,得到了较好的单色光,从而避免了短波长杂散光的干扰;选用逸出功较小的碱金属并排除全部表面的全部氧化膜,是为了增大光电流便于测量;而测量表面的接触电位差是为了消除由此带来的误差.1916年,经过十余年的奋斗,密立根发表的实验结果全面地证实了爱因斯坦光电方程.对此,爱因斯坦给予了高度的评价:"我感激密立根关于光电效应的研究,它第一次判决性地证明了在光的影响下电子从固体发射与光的振动周期有关,这一量子论的结果是辐射的粒子结构所特有的性质."

密立根的杰出工作使爱因斯坦的光量子理论开始得到人们的承认,爱因斯坦和密立根分别于1921年和1923年获得诺贝尔物理学奖.

四、光电效应的应用

物理效应最终是要应用到技术上为人类造福.利用光电效应原理发明的光电管,可以把光信号变成电信号.光电管经不断改进,于1930年开始进入实用阶段.为使光电管进入实用阶段,科学工作者主要解决了两大难题.一个难题是研究出合适的阴极材料,制造出适合不同光频段的光电管,阴极材料的作用是决定频率限制,接收入射光,向外发射电子.另一个难题是增大光电流,因仅由光辐射引起的光电流太微小.为增大光电流,科技人员一方面将光电管充入较易电离的气体,通过光电子与气体碰撞电离的雪崩过程来放大电流.另一方面设计出了光电倍增管.光电倍增管是在光电管原来的阴极和阳极之间安装上一系列次阴极,分别称为第一阴极、第二阴极等,各个电极之间保持上百伏的电压.阴极在光照射下发射光电子,通过电场加速轰击第一阴极,产生较多电子,这些电子经电场加速后轰击第二阴极,产生更多电子.这样继续下去,就可得到较大的电流.

光电管实现了光电转换,广泛地应用于光电自动控制、有声电影、传真电报、电视录像等设备中.应用光电效应理论,人们创造了无数的发明,取得了显著的经济效益和社会效益.

五、光电效应的启示

光电效应是大学低年级学生必做的一个实验,在做光电效应实验时,弄清该实验的来龙去脉,对培养学生的原始性创新能力是大有帮助的.

(一)重视意外情况

赫兹在其他人理论的指导下,做验证电磁波存在的实验.但他并不是只关注预期的结果,而是对意外情况也高度警惕、认真对待,偶然地发现了光电效应.意外情况往往透露了人们还未发现的大自然的信息,意味着获得科学的原始性创新成果的重大机遇.

(二)大胆假设

意外情况往往与现有理论相矛盾,为解决矛盾就要深入分析产生矛盾的原因,就要广泛收集其他科学家的理论与观点,提出假说,解决矛盾.面对同样的实验事实,勒纳德在不违反经典理论的前提下提出触发假说,不久就被自己的实验驳倒.而爱因斯坦总结了光学发展中微粒说和波动说长期争论的历史,抓住解决困难的关键是处理连续性与间断性的关系,在普朗克能量子假说的启示下,勇敢地提出了突破经典理论的光量子假说,在科学上取得了重大的原始性创新成果.爱因斯坦之所以能提出光量子假说,最主要的是他能摆脱经典理论的束缚,勇敢地迈出关键的一步.当然,爱因斯坦并不是凭空提出光量子假说的,他一方面通过总结经典理论的发展史,抓住了光电效应问题的关键;另一方面,他靠新思想激发灵感,敏锐地意识到当时备受冷落的能量子假说开创了物理学的新时代,该假说中能量是不连续的思想正是解决光电效应问题的金钥匙.科学理论的发展史是一部正确理论不断取代错误理论,新理论不断代替旧理论并把旧理论以极限的形式包含在新理论体系中的一个过程.当我们遇到旧理论不能解释新情况时,就要像爱因斯坦那样,综合各方面情况,勇敢地提出新的假说.当然,提出的新假说必须满足解释性和预见性两个条件.解释性是指该假说能说明和解释研究范围内已知的全部科学事实,预见性是指根据该假说必须能推出可用实验来验证的结论.

(三)小心求证

无论提出的假说看起来多么完美,都必须经过实验验证才能变成理论,才能被人们接受.这就决定了做验证假说实验的难度是比较大的,不仅需要实验者能根据假说设计出简单易行的验证实验,还需耐心细致,采取种种措施减小误差,提高实验精度.密立根在做验证光量子假说实验时,就不断改进实验仪器,千方百计减小误差,历经十余年才完全验证了根据光量子理论得出的光电效应方程.做这样的实验,总体目标是明确的,但在具体实验过程中往往会遇到许多意想不到的困难和挫折,这也正是体现一个人原始性创新能力的地方.一旦在实验上获得成功,就会在科学上取得重大的原始性创新成果.

(四)选准领域

在光电效应基础理论方面,只有爱因斯坦和密立根两个人分别因提出和验证光电效应方程而取得重大原始性创新成果.但把光电效应理论应用到实践中,却取得了众多技术上的原始性创新成果,很多人因此获得发明专利,不仅提高了人们的生活水平,还创造了巨大的经济效益.纵观世界科技发展历史,一旦在科学上取得原始性突破,成果往往比较显著,但因难度较大,只有极少数人才能取得成功.由于人们在实践中遇到的问题是无限的,把原理应用到实践中,得到的技术创新和发明也是无限多的.因而,能在技术上取得原始性创新成果的人数较多.由此可知,只有少数兴趣浓厚且有才华的人,才适合搞理论研究,而多数人应走能直接创造财富的技术创新之路,这样才能人尽其才,最大限度地为社会做贡献.

实验拓展6 磁感应强度的测定实验对原创能力的培养

一、电磁感应定律的建立

磁感应强度测量实验的理论基础是电磁感应定律,该定律的建立经历了漫长的过程.早在两千多年前,人类就发现了电与磁的自然现象,直到1600年英国自然科学家吉尔伯特出版《论磁》一书,才标志着对电磁现象开始系统研究.在接下来的两个世纪内,科学家们历经艰辛,在电与磁的研究中取得了一系列的重要成果.

1660年,德国工程师格里凯发明了第一台能产生大量电荷的摩擦起电机,有力地推动了静电实验研究;1745年,荷兰莱顿大学马森布洛克教授发明了莱顿瓶,找到了储存电的有效方法;1752年,美国物理学家富兰克林冒着生命危险,利用风筝实验证明了天上的电与莱顿瓶中的电荷是一致的,发明了避雷针.此前,他还利用莱顿瓶发现了正负电和电荷守恒定律;1785年,法国物理学家库仑,在前人工作的基础上,设计制作了一台精确的扭秤,直接测量出了两个静止点电荷的相互作用力,建立了著名的库仑定律;1799年,伏打受伽伐尼蛙腿实验的启示,把两种不同的金属插在一定的溶液中,制造了第一个能产生持续电流的化学电池——伏打电池,人们从此开始接触动电和磁现象.

虽然科学家们取得了一系列科学成就,但在19世纪以前,人们认为电和磁各不相关.丹麦物理学家奥斯特深受康德等人关于各种自然力相互转化的哲学思想的影响,坚信客观世界的各种力具有统一性,着手对电与磁的统一性进行研究.1820年4月,奥斯特在讲课时,偶然把导线与磁针平行放置,接通电源后发现小磁针转到与导线垂直的方向,看到了多年期盼的现象.小磁针转动说明电产生了磁,为进一步弄清楚电流对磁针的作用,他又花费3个多月时间做了60多个实验,于1820年7月发表了《关于磁针上电流碰撞的实验》的论文,向科学界宣布了电流的磁效应,揭开了电磁学的序幕.

一个月后,奥斯特的电流磁效应实验经阿拉果传到法国科学院,震动了法国科学界,因为他们长期认为电和磁是不可能发生相互作用的两种现象.安培第二天就重复了奥斯特的实验,在以后的4个多月时间里,安培连续发表5篇论文,分别得到如下结论:圆形电流产生磁性的可能性、安培环路定律、安培右手定则;两条平行载流直导线,电流方向相同时互相吸引,相反时互相排斥;各种曲线载流导线的相互作用;安培定律;分子电流的假设.毕奥-萨伐尔定律也由法国物理学家毕奥和萨伐尔在这期间通过实验建立起来.

法拉第深受德国古典哲学的影响,曾明确指出:"我早已持有一种见解,它几乎达到深信不疑的程度,而且我想这也是许多其他自然科学的追求者所持有的见解,即物质之力所表现出来的各种形式具有共同的起源,换言之,它们彼此是如此之互相依赖,以至于它们能够相互转化并具有力的当量."1821年,当他读到奥斯特关于电流磁效应的论文时,立即用逆向思维法提出如下疑问:既然电能转成磁,那么磁能否转成电?他提出这样的问题是源于:"我因为对当时产生电的方法感到不满意,因此急于想发现电磁及感应电流的关系,觉得电学在这一条路上一定可以有充分的发展."从此,转磁为电成了他新的奋斗目标.

当然,法拉第并不是唯一一个研究转磁为电的人.早在1821年,著名物理学家安培就开始探索转磁为电的途径,他因只在电流稳恒状态下实验而没有观察到感生电流.1823年,瑞士物理学家科拉顿试图通过移动螺线管内的磁铁而在导线中得到电流.为避免移动磁铁对电流计指针的影响,科拉顿把电流计放在一个房间里,通过长导线与放在另一房间的螺线管相连,构成一个闭合回路.科拉顿反复从螺线管中插入和拔出磁铁棒后,就跑到另一房间去观察电流计.毫无疑问,科拉顿每次都看到了零结果,因为产生的感生电流是暂时的.在探索转磁为电的途径上,法拉第虽做了无数次的实验,但始终没有发现感生电流.1831年,毫不气馁的法拉第不仅对实验的各个环节进行反思,而且还对实验仪器进行逐个检查.当检查到电流计时,他突然想到:每次做实验都是先合开关后看电流表,问题会不会就出在这里?他立即进行实验,终于看到了在合上开关的瞬时,电流表的指针摆动了一下.电磁感应现象就这样被发现了,法拉第为此奋斗了10年.1851年,法拉第在总结了各种实验情况后,给出了电磁感应定律的完整表述.

二、磁感应强度测量及科学难题

电磁感应现象的发现和电磁感应定律的建立具有划时代的意义,它不仅为人类提供了打开电能宝库的金钥匙,还使发电机、电动机、变压器及交流电等的利用成为可能.磁感应强度测量实验不仅能加深学生对电磁感应定律的理解,培养动手能力,在现实生活中也有广泛的应用.因为电磁的应用已渗透到我们生活的各个方面,为了有效地利用磁或消除磁产生的危害,人们就要对磁场进行测量.

另外,磁感应强度的测量也是我们探索自然、建立理论、解决科学难题的基础.宇宙中普遍存在引力、电磁力、强相互作用力和弱相互作用力,磁场是电磁力的核心.磁场在宇宙中普遍存在,研究宇宙中的磁场对认识宇宙具有普遍的意义.宇宙中的磁场具有巨大的尺度,但磁结构约束和变化却发生在小尺度上.小尺度磁场的研究对于磁场的演化,特别是磁场变化引起的爆发具有特别重要的意义.

20世纪初,海尔及其合作者首次测量出了太阳的磁场.地球上的磁场是连续分布和变化的,并不存在一根一根真实的磁感线.但到了太阳上,在具有对流的等离子体过程和状态上,磁场在小尺度上仍为连续分布;在大尺度(如太阳尺度)上,磁场被分割成一束一束的,彼此之间不连续.这个一束一束分开的磁场就是所指的磁元.磁元的问题存在两个方面:一是太阳上的真实磁元是怎么样的?二是为什么太阳对流大气中会存在这种分离的结构?是如何演化的?这成了21世纪的一个科学难题.

三、培养原创能力的方法

在科学史上,奥斯特、安培、法拉第的发现都属重大的原始性创新成果.通过他们的发现过程,我们可得到如下培养原创能力的方法.

（一）培养良好的哲学素养

哲学是反映自然界、人类社会和思维发展一般规律的科学,它以自然科学为基础,又对自然科学具有指导作用.哲学在为科研工作者提供世界观和方法论的指导过程中,驾驭着人的思想,而思想支配着人的行动、支配着人的感受.错误的哲学常使人深陷泥潭而不能自拔,至今仍令人痛心的例子就是牛顿.牛顿是经典力学的集大成者,后来却去研究神学,以致后半生在科学上再无任何建树.而正确的哲学使人能站得高、看得远,能撇开复杂的具体过程,直接预见到结果.不仅有利于选择正确的科研方向,也给人以战胜困难的信心和勇气.在处理具体问题时,正确的哲学能为人提供有效的思维方法,使人脑子活、眼睛亮、办法多.无论是奥斯特发现电流的磁效应,还是法拉第发现电磁感应现象,他们都得益于正确的哲学思想指导.

(二) 吸收新思想,进军新领域

萧伯纳曾讲:"倘若你有一个苹果,我也有一个苹果,而我们彼此交换这些苹果,那么,你和我仍然是各有一个苹果.但是,倘若你有一个思想,我也有一个思想,而我们彼此交流这些思想,我们每个人将各有两个思想."学术思想交流在科学技术发展中起着十分重要的作用,通过思想的互相"碰撞",交流者可汲取精华、受到启发、产生灵感.奥斯特的电流磁效应实验就像划破长空的闪电,使人们在团团迷雾中瞬间看到了一个崭新的电磁学领域.安培在及时进入奥斯特开辟的电磁学新领域后,在4个月内就连续发表了5篇论文,得出了至今仍是物理教科书中的定律和定则.由此可以看出,在新领域里更容易做出成果.不仅因为新领域未曾开垦,而且大家都处在同一起跑线上.

(三) 学会独立思考

科学研究的探索性、创造性、复杂性,决定了科研工作者必须学会独立思考,才能提出并解决问题.法拉第在科学上最重要的贡献是发现电磁感应现象,建立电磁感应定律.在转磁为电的实验探索中,法拉第与安培和科拉顿的思路是一致的.法拉第之所以取得成功,是因为他多思考、多尝试了一步,在合上开关时盯着电流表.在1831年发现电磁感应现象后,他并没有急于给出定律,而是继续做各种情况下的电磁感应实验.直到1851年,综合各种情况后,他才给出了磁感应定律的完整表述.

(四) 关注科学难题

原始性创新就是解决复杂的问题.如果连问题都不知道,谈何创新? 就物理学研究而言,物理学领域的许多难题是公开的,一旦解决就是划时代的原始性创新成果.本文中提到的磁元问题就是21世纪的一个科学难题.遗憾的是,我们许多人根本不知道当代物理学存在什么难题,只好跟在别人后面做一些添砖加瓦的小工作.

(五) 选准领域

科研领域的选择对一个科学工作者来说是极其重要的.选对了,事半功倍;选错了,不仅事倍功半,还有可能一开始就意味着失败.诺贝尔物理奖获得者杨振宁教授在谈到自己成功的秘诀时,多次强调:"我觉得自己最幸运的是,找到了自己喜欢、自己有能力、而又是一个正在发展的领域.与之一起成长,这样成功的可能性就非常大."在电磁学基础理论方面,法拉第因发现电磁感应现象、提出电磁感应定律而取得重大原始性创新成果.但把电磁感应定律应用到实践中,却取得了众多技术上的原始性创新成果,很多人因此获得发明专利,不仅提高了人们的生活水平,还创造了巨大的经济效益.由此可见,无论搞科学研究,还是搞技术创新,选准适合自己的研究领域十分重要.

磁感应强度测量是大学低年级理工科学生必做的一个实验,该实验的目的并不只是为验证物理理论.如果能结合物理学史,指导学生弄清该实验及理论的来龙去脉,并据此总结出培养原始性创新能力的方法,不仅能开阔学生的视野,也能为学生指明努力的方向,对培养学生的原始性创新能力肯定大有裨益.

实验拓展7 类比——创造性思维的起点

日本物理学家汤川秀树记述,类比的实质是创造性思维的一种形式.

德国哲学家康德说过:"每当理智缺乏可靠的论证的思路时,类比这个方法往往能指导我们前进."类比是依据两个或两类对象之间存在着某些相同或相似的属性,猜想它们还存在着其他相同或相似的属性的思维方法.实际上它是一种由特殊到特殊的推理方法,显然,这种推测是不完全可靠的,有时甚至是错误的,但是它能启发和开拓我们的思维,能给我们提供解决问题的线索,可以说,类比是创造性思维的起点.所以,当代大学生适当地了解一点类比思维方法,对于他们活跃创新思维、拓展研究思路等都是十分很有益的.

在物理学中,可用类比思想理解的知识几乎处处可见,如重力场与匀强电场的类比 $g \leftrightarrow E, m \leftrightarrow q$;万有引力场与点电荷电场的类比 $G\dfrac{M}{r^2} \leftrightarrow k\dfrac{Q}{r^2}(k=\dfrac{1}{4\pi\varepsilon_0})$;质点的动能与定轴刚体转动动能的类比 $\dfrac{1}{2}mv^2 \leftrightarrow \dfrac{1}{2}I\omega^2$ 等. 许多物理实验书上讲到的用稳恒电流场模拟静电场,正是因为这两种情况的数学解析形式相似.而类比具有相似的物理特征,从而利用较容易实现的后者去模拟较难实现的前者的物理情境.下面结合大学物理中《示波器的使用》这个具体实验,简单地体会一下类比思想方法对于我们理解示波器的原理中的指导作用(表6-3).

表6-3 类比思想

	机械简谐运动	交流电(电简谐运动)
类比基础	动力学方程 $\ddot{Y}(t)+\omega^2 Y(t)=0$	动力学方程 $\ddot{Y}(t)+\omega^2 Y(t)=0$
动力系统	$F=mg\theta=-kY(t)$	$F=qE=-kY(t)$
描绘图像的物质	漏斗中的沙粒	电子枪中水平发射的高速电子
轨迹的形式(1)	振动面内一条线段(不以恒速度 v_0 垂直于振动面拉木板)	振动面内(竖起方向)一条线段(?)①
轨迹的形式(2)	正余弦图像(以恒定速度 v_0 垂直于振动面拉木板)	正余弦图像(?)②

注:其中机械简谐运动是以高中物理教材中介绍的单摆振动图像的展现方法为例(用细绳将装满沙子的漏斗吊起来成一单摆,在地面上垂直于振动面的方向放置一长木板).上面的"?"是启发学生思考如何用电学仪器实现相应数学图像.

显然,表中①、②应该是与左边力学量对应的电学量(① 对应不加这一作用,② 对应施加这一作用),且这个电学量应作用在水平方向(与竖直方向的振动面垂直),注意到以恒定速度 v 垂直于振动面拉木板使沙粒有附加水平位移 $X(t)=v_0 t$ 是时间的正比例函数,由此,启发我们在水平方向加一随时间增大的电场 $E(t)=h_0 t$(也是时间的正比例函数),实际情况果真如此吗?与示波器的原理相对照,发现并不是 $E(t)=h_0 t$ 的形式,而是所谓的锯齿波信号的形式!这是否表明类比思想在这里的应用失败呢?其实,我们仔细比较函数 $E(t)=h_0 t$ 与锯齿波信号的这两个图像,还是能够找到一些共同点的——在时间变量 t 较小时,两个图

287

像还是完全重合的!这表明类比思想在这里还是有一定的指导作用的.那么,为什么时间变量 t 较大时,两种图像不再重合了呢?这是因为两种情况最后观察(展现)振动图像的空间有本质的差异,机械简谐运动(展现)振动图像的空间可理解为无限的(只要木板足够长),而电简谐运动观察(展现)振动图像的空间的窗口是有限大的(只有荧光屏那么大),故当水平偏转电场大到一定程度时,电子的最终落点已不在荧光屏内,从而看不到亮点,所以水平偏转电场没有必要很大;同时,若开机后,示波器内即有一个不断随时间正比例变大的电信号源,那么谁又能来操控这个仪器呢(请注意:任何绝缘材料都有一个最小的击穿电压)?电场大到一定程度就能将其击穿!因此,水平偏转电场随时间无限增大也是不可能的!

这表明,具体问题中,类比思想对我们研究、解决问题有一定的指导作用,要联系问题的实际情况对其做必要的修正,才能得到与实际情况相吻合的结果.

实验拓展 8 从可测量函数观点理解大学物理实验模型的理论建构

一、大学物理实验模型的理论建构必须遵循的基本原则

长期以来,关于大学物理实验模型(以下简称实验模型)的理论建构必须遵循的指导思想或原则等类似宏观方面的研究论文并不多见,我们在这方面做了一些探索性的工作.大家都知道:物理实验的核心工作是各种物理量的测量,其中,物理量的间接测量又是其最重要、最典型的情形,然而,实验研究工作的第一步不是进行具体的测量工作,而是首先要完成待测物理量的理论建构,为了下面描述的方便,先定义几个概念.① 目标函数:该实验要完成的核心测量量,记为 N.② 已知参量:已知常数或尽管是以字母形式出现在结果中,但其物理量的具体数值是已知条件.③ 可直接测量:表面上是未知的,但其值可由实验设备直接测出.不过由于实验操作人员对实验设备占有条件的不同,可直接测量参量可分为广义的和狭义的两种,前者指在当前全世界范围内实验设备最先进的一个实验室可以测量的,我们就称其为可直接测量参量,后者则仅指在当前条件下针对某个具体实验室的情况而言的(下面如不特别说明,可直接测量参量均是指狭义的),同时,对于函数关系非常简单的间接可测量的,如圆的面积 $S=\frac{\pi}{4}d^2$(其中 d 为直接测量量)等类似情形,我们也将其作为可直接测量参量处理.④ 可测量函数:目标函数 N 的表达式中,若只有已知参量或可直接测量参量,这个目标函数 N 就称为可测量函数.其实,实验模型的理论建构的实质就是要将目标函数 N 表达为可测量函数的形式,即

$$N = f_1(\boldsymbol{a}^{(l)}; \boldsymbol{x}^{m}) \tag{6-7}$$

其中向量 $\boldsymbol{a}^{(l)} \equiv (a_1, a_2, \cdots, a_l)$ 的各分量(相互独立,下同)是已知参量;$\boldsymbol{x}^{(m)} \equiv (x_1, x_2, \cdots, x_m)$ 的各分量是未知的但可以直接测量的参量.⑤ 不可测量参量:然而,在许多情况下,物理实验模型的理论建构初期,根据有关的基本物理规律,往往直接得到的是下面的形式:

$$N = f_2(\boldsymbol{a}^{(l')}; \overrightarrow{\boldsymbol{x}^{(m')}}; \boldsymbol{u}^{(n)}) \tag{6-8}$$

其中 $\boldsymbol{a}^{(l')} \equiv (a_1, a_2, \cdots, a_{l'}')(0 \leqslant l' \leqslant l)$、$\overrightarrow{\boldsymbol{x}^{(m')}} \equiv (x_1, x_2, \cdots, x_{m'}')(1 \leqslant m' \leqslant m)$ 的含义与式(6-7)中的 $\boldsymbol{a}^{(l)}$、$\boldsymbol{x}^{(m)}$ 对应相同,其中 $\boldsymbol{u}^{(n)} \equiv (u_1, u_2, \cdots, u_n)$ 是不属于 $\boldsymbol{a}^{(l')}$、$\overrightarrow{\boldsymbol{x}^{(m')}}$ 任一分量的所有参量构成的向量,将其定义为不可测量参量.对不可测量参量,应作辩证理解,即现在不可测量的参

量,未必将来就不可测量[1].对于甲实验室条件是不可测量参量,对于乙实验室条件就不一定是不可测量参量,为了将式(6-8)式最终转化为式(6-9),还另外需要 n 个相互独立的辅助方程(与原来的式(6-7)也独立),其表达式可一般地记为

$$u_j = g_j(\boldsymbol{a}^{(l_i)}; \boldsymbol{x}^{(m_i)}) \quad (0 \leqslant l_i \leqslant l; 1 \leqslant m_i \leqslant m, i,j=1,2,\cdots,n) \tag{6-9}$$

将式(6-9)的 n 个补充方程组与式(6-8)联立,一般地,就可能最终将目标函数 N 表达为可测量函数(6-7)的形式,因此,可将 $\{a_1,a_2,\cdots,a_l;x_1,x_2,\cdots,x_m\}$ 称为目标函数 N 的可测量完全集[2].换句话说,很多情况下,实验模型的理论建构过程,就是一个寻找目标函数 N 的可测量量完全集的过程.这就是我们进行一个实验模型的理论建构时必须遵循的指导思想或原则.

二、几个典型的实验模型理论建构例子

在上面的实验模型的理论建构原则指导下,很多普通物理实验的原理就比较容易理解了.比如,一般的物理实验参考书[3-5]等都会介绍《静态拉伸法测金属丝的杨氏弹性模量》(实验一)、《冲击法测通电长直螺线管轴线上的磁感应强度》(实验二)、《双臂电桥法测低阻值电阻》(实验三)等实验.这些实验均涉及不可测量参量问题,下面逐一具体讨论.

(一)实验一蕴涵的处理思路:建构辅助方程,将不可测量参量转化为可测量参量

在这个实验中,很容易由基本物理规律——胡克定律得 $\frac{F}{S}=Y\frac{\Delta L}{L}$,即目标函数(实验模型的理论建构初期表达式)

$$Y = f_2(F,S,L,\Delta L) = \frac{FL}{S \cdot \Delta L} \tag{6-10}$$

其中 F 是相邻加一个砝码金属丝端面上力的改变量,看作是一个已知常量,即在这个具体问题中,已知参量向量 $\boldsymbol{a}^{(l)}=(F)$ 只有一个分量;可测量参量向量 $\boldsymbol{x}^{(m')}=(S,L)$ 只有两个分量;然而 ΔL 由于其太小无法直接测量,不可测量参量向量 $\boldsymbol{u}^{(n)}=(\Delta L)$ 有一个分量,必须设法将其从目标函数模型中消去,而我们通过对测量系统引入光杠杆,就得到了一个与式(6-10)独立的辅助方程

$$\Delta L = \frac{KN}{2D} \tag{6-11}$$

于是,得到目标函数 Y 的可测量函数模型

$$Y = \frac{8FLD}{\pi d^2 NK} \tag{6-12}$$

其中 $S \to \frac{1}{4}\pi d^2$,与式(6-10)对照知本问题,已知参量向量 $\boldsymbol{a}^{(l)} \equiv (8,F,\pi)$ 有三个分量,可测量参量向量 $\boldsymbol{x}^{(m)} \equiv (L,D,d,N,K)$ 有五个分量,不存在不可测量参量分量,与我们预先假想的情况一致(为节省篇幅,后面两个实验与式(6-7)的对照工作从略).

(二)实验二蕴涵的处理思路:建构辅助方程,消去不可测量参量

在这个实验中,利用冲击电流计,很容易得到目标函数 B 的一个表达式 $B = \frac{R}{N_2 S}Q$,其中 N_2、S 均是已知参量,Q 是可测量参量.但在含有电感的电路中,其纯电阻部分 R 却不易测量,本实验中视为不可测量参量,必须从目标函数表达式中去掉.于是引入标准互感器,另外建立一个独立的辅助方程 $Q' = MI'/R$ 的思路就自然而然了,易得目标函数 B 的可测量函数

模型为 $B = \dfrac{MI'}{N_2 S}\dfrac{Q}{Q'}$.

（三）实验三蕴涵的处理思路：通过适当控制实验条件，建构辅助方程，使不可测量参量的系数为零，从而使不可测量参量自动从目标函数模型中消失.

双臂电桥平衡时，易得到三个电压关系方程，

$$\begin{cases} I_1 R_1 = I_3 R_s + I_2 R_2 \\ I_1 R_{3b} = I_3 R_x + I_2 R_{3a} \\ I_2 (R_2 + R_{3a}) = (I_3 - I_2) r_2 \end{cases}$$

从中消去电流项 I_1、I_2、I_3，即可得到目标函数 R_x 的一个理论模型.

$$R_x = \dfrac{R_{3b}}{R_1} R_s + \dfrac{r_2 R_2}{R_{3a} + R_2 + r_2}\left(\dfrac{R_{3b}}{R_1} - \dfrac{R_{3a}}{R_2}\right) \tag{6-13}$$

但其中的 r_2 是待测小电阻与标准电阻之间连接导线的电阻（未知，且不易测其大小，属不可测量参量），我们通过适当控制实验条件，得到两个辅助方程 $R_1 = R_2$ 及 $R_{3a} = R_{3b}$，于是式(6-13)中含有不可测量参量 r_2 的系数为零，从而 r_2 自动从目标函数模型中消失，于是得到目标函数 R_x 的可测量函数模型 $R_x = \dfrac{R_{3b}}{R_1} R_s$.

若没有这种物理实验的目标函数模型的建构思想作指导，一旦放手让学生单独做，立刻显现出弊端. 从传统的物理实验到完全放手让学生自主完成实验，这之间的跨度很大，如何进行过渡呢？笔者以为，传统的物理实验的教学内容中，适当渗透一些有利于培养学生设计性实验思想意识的内容是一种很好的处理方法.

参考文献

[1] 黄顺其. 自然辩证法概论[M]. 北京：高等教育出版社，2004.
[2] 曾谨言. 量子力学（Ⅰ卷）[M]. 北京：科学出版社，2000.
[3] 梁家惠. 基础物理实验[M]. 北京：北京航空航天大学出版社 2005.
[4] 江南大学物理实验室. 大学物理实验[M]. 江苏：东南大学出版社 2006.
[5] 原所佳. 大学物理实验[M]. 北京：国防工业出版社，2005.

实验拓展 9　一体型激光杨氏模量测定仪

一、引言

金属的杨氏弹性模量是表征金属材料抵抗弹性形变能力的重要物理量，是工程技术中的常用参数，也是选择材料的重要依据之一. 实验室中常用的拉伸法测定金属杨氏模量实验仪采用光杠杆原理，将金属丝的微小伸长量经镜面光杠杆放大，并通过远处附有标尺的望远镜进行观测. 该实验仪存在若干缺点，首先，不易在望远镜中找到由光杠杆上平面镜反射回来的标尺像，实验者常需耗费大量时间来调节仪器. 其次，望远镜离杨氏模量仪有一定距离，占用了较大的实验室空间，操作过程中需要一人在仪器处增减砝码，另一人在望远镜处观测并记录数据，或一人在仪器和望远镜之间来回跑动，因此无法独立而方便地完成实验测量. 上述问题给金属杨氏弹性模量的实验测量带来不便.

二、仪器设计

为解决上述技术问题,我们对传统杨氏模量仪的光杠杆和光路做了改进设计,开发了如图 6-8 所示的一体型激光杨氏模量测定仪. 主要改进如下:用一字线激光器代替传统杨氏模量仪中的平面镜,装在 T 形架上,构成如图 6-9 所示的激光光杠杆. 图中,激光光杠杆上的激光器竖直向上发出激光,经位于仪器上端支架横梁上的平面镜(图 6-10)反射后,投射到平面镜正下方底座平台的标尺上,用一字激光线作为标尺的读数标线. 当金属线在外力作用下发生微小伸长时,通过激光光杠杆带动一字激光光线做微小偏转,经平面镜反射后转化为标尺读数的变化,从而测出金属丝的微小伸长量,并由此进一步求出材料的杨氏模量.

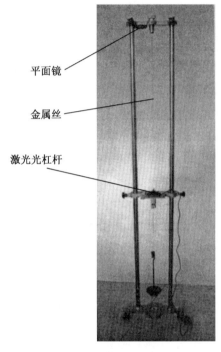

图 6-8 一体型激光杨氏模量测定仪实物图

图 6-9 激光光杠杆及标尺

图 6-10 设于横梁上的平面镜

一体型激光杨氏模量测定仪同样利用了光杠杆放大原理(参见本书"实验 2 金属杨氏弹性模量的测定"). 当待测金属丝在外力作用下发生微小伸长时,通过激光光杠杆带动一字激光光线做微小偏转,经平面镜反射后转化为标尺读数的变化,从而测出金属丝的微小伸长量,并由此进一步求出材料的杨氏弹性模量.

三、测量结果

我们分别用传统杨氏模量仪和一体型激光杨氏模量测定仪对同一金属丝的杨氏模量进行测量. 用传统杨氏模量仪的测量结果为 $Y=1.86\times10^{11}\mathrm{N/m^2}$. 表 6-4 为用一体型激光杨氏模量测定仪测量金属丝在砝码拉力作用下微小伸长的实验数据,其余测量数据如下:$d=(0.730\pm0.004)\mathrm{mm}$,$L=(72.66\pm0.05)\mathrm{cm}$,$D=(72.28\pm0.05)\mathrm{cm}$,$k=(6.61\pm0.02)\mathrm{cm}$.

表 6-4 实验数据

次数 n	砝码质量 m/kg	拉力 F/N （F=mg）	标尺读数/cm		
			加砝码时	减砝码时	平均值
1	2	2g	3.47	3.48	3.48
2	3	3g	3.69	3.70	3.70
3	4	4g	3.89	3.89	3.89
4	5	5g	4.10	4.10	4.10
5	6	6g	4.28	4.30	4.29
6	7	7g	4.49	4.50	4.50
7	8	8g	4.68	4.70	4.69
8	9	9g	4.91	4.90	4.90

用逐差法处理表 6-4 数据,得在拉力 $\overline{F}=4g$ 下标尺读数的变化量为 $N=(0.80\pm0.01)$ cm. 根据上述数据,由杨氏模量计算公式

$$Y=\frac{FL}{S\Delta L}=\frac{8FLD}{\pi d^2 NK}$$

求得该金属材料的杨氏模量为 $Y=(1.84\pm0.03)\times10^{11}$ N/m².

实验表明,一体型激光杨氏模量测定仪由于采用了一体化设计,因而不需使用望远镜就能直接在仪器上读数,可单人独立方便地进行实验,有利于简化实验操作,节省实验空间和实验时间,其测量精度与传统杨氏模量仪相同,测量标尺读数时同样能读到毫米以下位,完全可替代传统杨氏模量仪进行材料杨氏模量的测量.

一体型激光杨氏模量测定仪为 2010 年江南大学大学生创新训练计划项目(编号:1013222)的研究成果.一体型激光杨氏模量测定仪和激光光杠杆均已获批国家专利(专利号CN201020150310.9,CN201120054338.7),并在"江苏省高校第七届大学生物理及实验科技作品创新竞赛"中获特等奖.

参考文献

[1] 郝宏玥,刘洋,朱纯,等.一体型激光杨氏模量测定仪[J].物理实验.2012,12.
[2] 郝宏玥,陈健.一体型激光杨氏模量测定仪:中国,CN201020150310.9.
[3] 陈健,郝宏玥,朱纯,等.激光光杠杆:中国,CN201110051426.6,CN201120054338.7.

附录1 第1章练习题参考答案

1. 略.
2. (1) 76.1 (2) 7.9×10^2 (3) 2.5×10^3 (4) 2.98 (5) -93 (6) 7.330 (7) 7.393×10^{-7}
3. $u(a)=\Delta_a=0.5$ mm$=0.05$ cm,$u(b)=\Delta_b=0.05$ cm,$S=ab=98.32\times 26.47$ cm$^2=2\,602.5$ cm^2

   $u(S)=\sqrt{[au(b)]^2+[bu(a)]^2}=0.05\sqrt{98.32^2+26.47^2}$ cm$^2=5.1$ cm^2

   $S\pm u(S)=(2.602\pm 0.006)\times 10^3$ cm^2,$E_S=0.20\%$

4. (1) $\bar{d}=19.04$ mm,$\bar{m}=9.77$ g,$\bar{\rho}=\dfrac{6\bar{m}}{\pi \bar{d}^3}=0.002\,703$ g/mm^3 (2) $u_A(d)=1.9\times 10^{-2}$ mm,$\Delta d=0.02$ mm,

   $u_B(d)=\dfrac{\Delta d}{\sqrt{3}}=0.012$ mm,$u(d)=\sqrt{u_A^2(d)+u_B^2(d)}=0.022$ mm (3) $u_A(m)=1.1\times 10^{-2}$ g,$\Delta_m=0.01$ g,

   $u_B(m)=\dfrac{\Delta_m}{\sqrt{3}}=0.005\,8$ g,$u(m)=\sqrt{u_A^2(m)+u_B^2(m)}=0.012$ g (4) $E_d=\dfrac{u(d)}{\bar{d}}=\dfrac{0.022}{19.04}=0.12\%$,$E_m=$

   $\dfrac{u(m)}{\bar{m}}=\dfrac{0.012}{9.77}=0.12\%$,$E_\rho=\sqrt{E_m^2+3^2 E_d^2}=0.38\%$,$u(\rho)=\bar{\rho}\times E_\rho=0.01\times 10^{-3}$ g/mm^3 (5) $\bar{\rho}\pm u(\rho)=$

   $(2.70\pm 0.01)\times 10^3$ kg/m^3,$E_\rho=0.37\%$

附录2 物理实验常用数据

表1 海平面上不同纬度处的重力加速度

纬度 $\varphi/°$	g/(m·s^{-2})	纬度 $\varphi/°$	g/(m·s^{-2})
0	9.780 49	65	9.822 94
5	9.780 88	70	9.826 14
10	9.782 04	75	9.828 73
15	9.783 94	80	9.830 65
20	9.786 52	85	9.831 82
25	9.786 69	90	9.832 21
30	9.793 38		
35	9.797 46		
40	9.801 80	北京 39°56′	9.801 22
45	9.806 29	西安 34°16′	9.796 84
50	9.810 79	上海 31°12′	9.794 36
55	9.815 15	杭州 30°16′	9.793 60
60	9.819 24	无锡 31°07′~32°02′	9.794 26~9.794 99

注:上述数值根据公式 $g=9.780\,49(1+0.005\,288\sin^2\varphi)$ m·s^{-2} 计算(式中 φ 为纬度).

表2 20℃时一些物质的密度

物 质	密度 ρ/(kg·m⁻³)	物 质	密度 ρ/(kg·m⁻³)
铝	2 698.9	冰 0℃	917
锌	7 140	汽车用汽油	710～720
铬	7 140	乙醚	714
锡(白)	7 298	无水乙醇	789.4
铁	7 874	丙酮	791
钢	7 600～7 900	甲醇	791.3
镍	8 850	煤油	800
铜	8 960	变压器油	840～890
银	10 492	松节油	855～870
铅	11 342	苯	879.0
钨	19 300	蓖麻油 15℃	969
金	19 320	蓖麻油 20℃	957
铂	21 450	钟表油	981
硬铝	2 790	纯水 0℃	999.84
不锈钢	7 910	纯水 3.98℃	1 000.00
黄铜	8 500～8 700	纯水 4℃	999.97
青铜	8 780	海水	1 010～1 050
康铜	8 880	牛乳	1 030～1 040
软木	220～260	无水甘油	1 260
纸	700～1 000	氟利昂-12	1 329
石蜡	870～940	蜂蜜	1 435
橡胶	910～960	硫酸	1 840
硬橡胶	1 100～1 400	水银 0℃	13 595.5
有机玻璃	1 200～1 500	水银 20℃	13 546.2
煤	1 200～1 700	干燥空气 0℃	1.293
食盐	2 140	干燥空气 20℃	1.205
冕玻璃	2 200～2 600	氢	0.089 9
普通玻璃	2 400～2 700	氦	0.178 5
火石玻璃	2 800～4 500	氮	1.251
石英玻璃	2 900～3 000	氧	1.429
石英	2 500～2 800	氩	1.783

表3 20℃时某些金属的杨氏弹性模量

金属	$Y/(10^{10}\,\text{N}\cdot\text{m}^{-2})$	金属	$Y/(10^{10}\,\text{N}\cdot\text{m}^{-2})$
铝	7.0～7.1	灰铸铁	6～17
银	6.9～8.2	硬铝合金	7.1
金	7.7～8.1	可锻铸铁	15～18
锌	7.8～8.0	球墨铸铁	15～18
铜	10.3～12.7	康铜	16.0～16.6
铁	18.6～20.6	铸钢	17.2
镍	20.3～21.4	碳钢	19.6～20.6
铬	23.5～24.5	合金钢	20.6～22.0
钨	40.7～41.5		

注：Y 的值与材料的结构、化学成分及加工制造方法有关，因此，在某些情况下，Y 的值可能与表中所列的平均值不同.

表4 某些物质中的声速

物质	$v/(\text{m}\cdot\text{s}^{-1})$	物质	$v/(\text{m}\cdot\text{s}^{-1})$
空气(0℃)	331.45	水(20℃)	1 482.9
一氧化碳(CO)	337.1	乙醇(20℃)	1 168
二氧化碳(CO_2)	259.0	铝(Al)	5 000
氧(O_2)	317.2	铜(Cu)	3 750
氩(Ar)	319	不锈钢	5 000
氢(H_2)	1 279.5	金(Au)	2 030
氮(N_2)	337	银(Ag)	2 680

表5 常用光源的谱线波长

元素	波长/nm	颜色	元素	波长/nm	颜色	元素	波长/nm	颜色
氢(H)	656.28	红	氖(Ne)	650.65	红	汞(Hg)	690.75	红
	486.13	绿蓝		640.23	红		623.44	红
	434.05	蓝		638.30	红		579.07	黄
	410.17	蓝紫		626.65	红		576.96	黄
	397.01	蓝紫		621.73	橙		546.07	绿
氦(He)	706.52	红		614.31	橙		491.60	绿蓝
	667.82	红		588.19	黄		435.83	蓝
	587.56	黄		585.25	黄		407.78	蓝紫
	501.57	绿	镉(Cd)	643.85	红		404.66	蓝紫
	492.19	绿蓝		609.92	红	激光	632.80	红
	471.31	蓝		508.58	绿		514.53	绿
	447.15	蓝		479.99	蓝		487.99	绿紫
	402.62	蓝紫	钠(Na)	589.592	黄		693.40	红
	388.87	蓝紫		588.995	黄			

表6 物质的折射率(相对空气)

(a) 某些气体的折射率

气体	折射率 n	气体	折射率 n
氦	1.000 035	氮	1.000 298
氖	1.000 067	一氧化碳	1.000 334
甲烷	1.000 144	氨	1.000 379
氢	1.000 232	二氧化碳	1.000 451
水蒸气	1.000 255	硫化碳	1.000 641
氧	1.000 271	二氧化硫	1.000 686
氩	1.000 281	乙烯	1.000 719
空气	1.000 292	氯	1.000 768

注:表中给出的数据是在标准状况下,气体对波长 $\lambda_D=589.3$ nm 的钠黄光的折射率.

(b) 某些液体的折射率

液体	$t/℃$	折射率 n	液体	$t/℃$	折射率 n
二氧化碳	15	1.195	硝酸(+2%H_2O)	23	1.429
盐酸	10.5	1.254	三氯甲烷	20	1.446
氨水	16.5	1.325	四氯化碳	15	1.463 05
甲醇	20	1.329 2	甘油	20	1.474
水	20	1.333 0	甲苯	20	1.495
乙醚	20	1.351 0	苯	20	1.501 1
丙酮	20	1.359 1	加拿大橡胶	20	1.530
乙醇	20	1.360 5	二硫化碳	18	1.625 5
硝酸(99.94%)	16.4	1.397	溴	20	1.654

注:表中给出的数据是在标准状况下,液体对波长 $\lambda_D=589.3$ nm 的钠黄光的折射率.

(c) 某些固体的折射率

固体	折射率 n	固体	折射率 n
氯化钾	1.490 44	火石玻璃 F8	1.605 5
冕玻璃 K6	1.511 1	重冕玻璃 ZK6	1.612 6
K8	1.515 9	ZK8	1.614 0
K9	1.516 3	钡火石玻璃	1.625 90
钡冕玻璃	1.539 90	重火石玻璃 ZF1	1.647 5
氯化钠	1.544 27	ZF6	1.755 0

注:表中数据为固体对波长 $\lambda_D=589.3$ nm 的钠黄光的折射率.

表 7　固体的线膨胀系数

物　质	温度或温度范围/℃	线膨胀系数 $a/(10^{-6} \cdot ℃^{-1})$
铝	0~100	23.8
铜	0~100	17.1
铁	0~100	12.2
金	0~100	14.3
银	0~100	19.6
钢(0.05％碳)	0~100	12.0
康铜	0~100	15.2
铅	0~100	29.2
锌	0~100	32
铂	0~100	9.1
钨	0~100	4.5
石英玻璃	20~200	0.53
窗玻璃	20~200	9.5
花岗石	20	6~9
瓷器	20~700	3.4~4.1

表 8　液体的表面张力系数

(a) 在不同温度下与空气接触的水的表面张力系数

温度/℃	$\sigma/(10^{-3} N \cdot m^{-1})$	温度/℃	$\sigma/(10^{-3} N \cdot m^{-1})$	温度/℃	$\sigma/(10^{-3} N \cdot m^{-1})$
0	75.62	16	73.34	30	71.15
5	74.90	17	73.20	40	69.55
6	74.76	18	73.05	50	67.90
8	74.48	19	72.80	60	66.17
10	74.36	20	72.80	70	66.17
11	74.07	21	72.60	80	62.60
12	73.92	22	72.44	90	60.74
13	73.78	23	72.28	100	58.84
14	73.64	24	72.12		
15	73.48	25	71.96		

(b) 在20℃时与空气接触的液体的表面张力系数

液体	$\sigma/(10^{-3} N \cdot m^{-1})$	液体	$\sigma/(10^{-3} N \cdot m^{-1})$
石油	30	甘油	63
煤油	24	水银	513
松节油	28.8	蓖麻油	36.4
肥皂溶液	40	乙醇	22.0
氟利昂-12	90		

表 9　液体的黏滞系数

液体	温度/℃	$\eta/(\mu\text{Pa}\cdot\text{s})$	液体	温度/℃	$\eta/(\mu\text{Pa}\cdot\text{s})$
汽油	0	1 788	葵花子油	20	50 000
	18	530	甘油	−20	134×10^6
甲醇	0	817		0	120×10^6
	20	584		20	$1\,499\times10^6$
乙醇	−20	2 780		100	12 945
	0	1 780	蜂蜜	20	650×10^4
	20	1 190		80	100×10^3
乙醚	0	296	鱼肝油	20	45 600
	20	243		80	4 600
水	0	1 787.8	水银	−20	1 855
	20	1 004.2		0	1 685
	100	282.5		20	1 554
变压器油	20	19 800		100	1 224
蓖麻油	10	242×10^4			

表 10　几种常见电介质材料的相对电容率与击穿场强

电介质材料	相对电容率 ε_r	击穿场强/$(10^6\text{V}\cdot\text{m}^{-1})$（室温）
真空	1	
空气(20℃)	1.000 59	3
水(20℃)	80.2	
变压器油	2.2~2.5	12
纸	2.5	5~14
玻璃	5~10	5~13
聚苯乙烯	2.56	24
聚乙烯	2.2~2.4	50
氯丁橡胶	6.6	10~20
陶瓷	8.0~11.0	4~25
云母	3.0~8.0	80~200
钛酸锶	约 250	8

参 考 文 献

[1] 马文蔚.大学物理[M].5版.北京:高等教育出版社,2006.
[2] 钱峰.大学物理实验[M].北京:高等教育出版社,2005.
[3] 兆青书.大学物理实验[M].合肥:安徽大学出版社,1999.
[4] 周殿清.大学物理实验[M].武汉:武汉大学出版社,2002.
[5] 沈元华,陆申龙.基础物理实验[M].北京:高等教育出版社,2003.
[6] 李寿松.物理实验[M].2版.南京:江苏教育出版社,2000.
[7] 吴永华,霍剑青,熊永红.物理实验[M].北京:高等教育出版社,2001.
[8] 吴泉英.物理实验[M].苏州:苏州大学出版社,2007.
[9] 方建兴,江美福.物理实验[M].2版.苏州:苏州大学出版社,2009.
[10] 杨广武.大学物理实验[M].天津:天津大学出版社,2009.
[11] 崔益和,殷长荣.物理实验[M].苏州:苏州大学出版社,2003.
[12] 凌邦国,朱兆青.大学物理实验[M].苏州:苏州大学出版社,2008.
[13] 吴锋,王若田.大学物理实验[M].北京:化学工业出版社,2003.
[14] 周岚.大学物理实验[M].苏州:苏州大学出版社,2008.